鯰
―イメージとその素顔―

琵琶湖博物館ポピュラーサイエンスシリーズ

鯰
〈ナマズ〉
イメージとその素顔

川那部浩哉［監修］
前畑政善・宮本真二［編］

八坂書房

本書は、滋賀県立琵琶湖博物館により刊行された
宮本真二編『鯰－魚がむすぶ琵琶湖と田んぼ－』
(琵琶湖博物館5周年記念企画展・第9回企画展展示解説書)(2001)
の一部を加筆・再編したものである

目次

第3部　水辺のエコトーンをめぐる人と自然

はじめに

『琵琶湖博物館ポピュラーサイエンス』シリーズの第一冊目として、『鯰—イメージとその素顔—』を出すことになりました。これは、二〇〇一年に開いた企画展「鯰—魚がむすぶ琵琶湖と田んぼ」の展示解説書をもとにして、作り直したものです。

解説書の「ごあいさつ」で私は、次のようなことを書きました。「大きな地震があるたびに、博物館には必ずと言ってよいほど問合せがあります。〈そのときナマズはどうしていましたか〉。いったい、いつの頃からナマズは地震の〈真犯人〉にされてきたのでしょう？　数ある魚のなかでもスター的な存在とも言えるこのナマズについて、人びとの関心を集めてきたその力の源を解き、意外に知られていないその生活を紹介します。ナマズはまた、陸と湖の移行帯である岸辺を中心に陸と湖を結ぶ魚でもあります。したがってこの魚を通してここ三〇～四〇年の岸辺の変化を振り返り、それが湖に棲んでいるさまざまな生きもの、さらにはそのあたりに住んでいた私たちの生活や文化に与えた影響についても、考えてみたいと企画したものです。二〇世紀の価値観のいくつかが大きく揺らぎを見せている昨今、これからの岸辺環境のありかたを考え、ひいては自分たちの暮らしのありかたにも思いをめぐらせてくださるならば、まことに幸いです」、と。この考えはあまり変わっておらず、いや、最後の部分は今もなお、あまり進んではいないように愚考しています。お読み下さる、あるいはお読み下さった皆さんは、どのようにお感じになるでしょうか。

執筆者の皆さん、資料を提供して下さりご意見をいただいた国内海外の個人あるいは機関の皆さん、それに「展示解説書」に続いて編集を担当してくれた前畑政善さん・宮本真二さん、出版を引き受けられた八坂書房の皆さん、その他多くの方々に深く感謝致します。

二〇〇八年の元旦に

滋賀県立琵琶湖博物館館長　川那部浩哉

第1部　描かれた鯰とその系譜

鯰坊主考

気谷　誠

「暫」の道化役

安政二（一八五五）年に江戸で起きた大地震の際に、数多く描かれた鯰絵《なまずえ》には、地震を起こしたとされる鯰がおもしろおかしく描かれ、悲惨な災害を笑い飛ばすかのような、江戸庶民のたくましいユーモアが満ちている。鯰絵研究のパイオニア、オランダの文化人類学者コルネリウス・アウエハント氏は、一九六四年に発表した『Namazu-e and their themes』（邦訳『鯰絵』一九七九）のなかで、この民衆版画に描かれた鯰のイメージを分析し、善悪に通じる両義性をもった、道化的な性格を指摘した。鯰は地震を引き起こす悪玉であると同時に、金持ちを懲らしめて世直しをおこなう善玉でもある。善悪に通じた鯰は、両者のイメージを自在に使い分けながら、笑いによって世の中に活気をもたらすトリックスター的な役割を果たしているという。

しかしこうした鯰のイメージは、安政二年の地震とともに唐突に現れたわけではない。江戸歌舞伎の顔見世興行で毎年のように演じられた「暫《しばらく》」という人気芝居に、鯰坊主という奇怪な役があり、その鯰坊主のキャラクターが、善悪両義性をもった道化役であった。アウエハント氏は、鯰のイメージの背景にあった歌舞伎の世界について充分に触れていないのだが、当時の江戸の庶民が鯰絵に描かれた道化的な鯰から、まず真っ先に連想するのは、おそらくこの鯰坊主ではなかったか。

「暫」は元禄以来、江戸時代を通して二〇〇回以上も上演された人気の演目であった。当時は芝居の名題も筋も登場人物の名前も、演じられるたびに異なった。「暫」という名に統一され、台本が定まったのは明治以降のことだ。さまざまに演じられた江戸の「暫」に共通するのは、単純な荒事芸《あらごとげい》である。舞台のうえで権力者がまさに悪事を働こうとするそのときに、花道に「しばらく！」と唱えながら大仰な装束をまとった異形の英雄が現れ、「暫のつらね」と呼ばれる名調子の名乗りをあげるや、大太刀《おおたち》をふるって悪人たちを一掃する。見どころはただそれだけだ。そしてその悪人たちのなかに、道化役の鯰坊主がいる。

「暫」のなかに道化役の鯰坊主が登場するのは、江戸の中期頃と考えられる。初期の例としては、宝暦三（一七五三）年に上演された「暫」（『復花金王桜《かえりばなこんのうざくら》』）に、竹熊入道《たけくまにゅうどう》という名で鯰坊主が現れている。この時代にはすでに地下の鯰が暴れて地震を起こすという俗信が、江戸庶民のあいだに広く知られていたため、この鯰

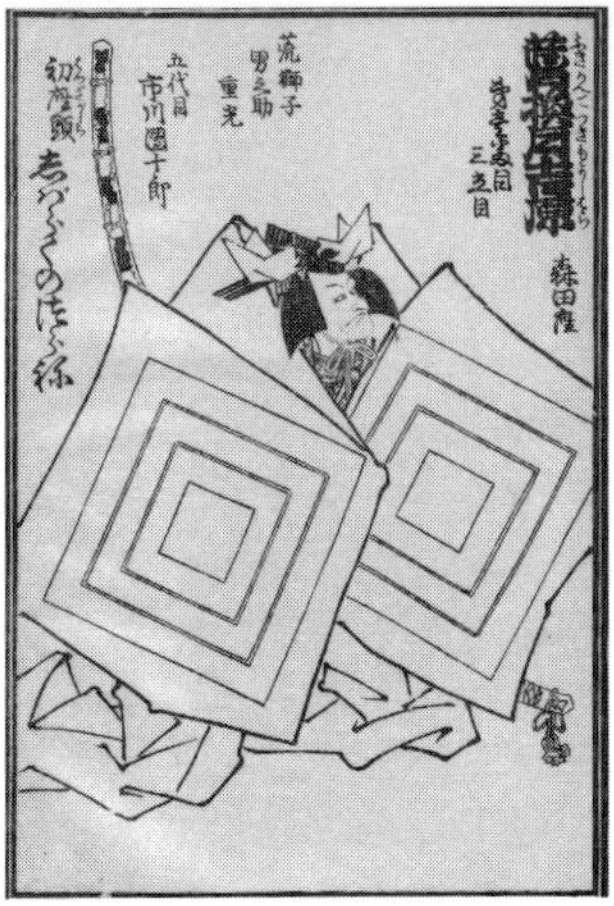

図1　五代目市川団十郎の「暫」（立川焉馬『歌舞伎年代記』より）（筆者蔵）

坊主は当然ながら地震のイメージにつながっていた。道化役の鯰坊主は、花道に現れた異形の英雄に向かって、おべんちゃらを使ったり、虚勢を張ったりして観客をわかせるのだが、天明二（一七八二）年の「暫」では花道に現れた上総七郎《かずさしちろう》景清《かげきよ》に対し、鯰坊主の「いかめ入道幽慶」が、次のような台詞《せりふ》で強がりを言う。

コレヤイ丁稚《でっち》め、汝《うぬ》がなんぼ関を据えて其処《そこ》を動くまいと思っても、おれが今この髭《ひげ》をちっとばかり動かすと、この秋のような地震がするぞ。

厄祓いとしての「暫」

歌舞伎の世界では毎年一一月が芝居の正月とされ、新春を寿ぐ顔見世芝居が演じられる。その顔見世に欠かせない演目が「暫」とされる。大仰ななりをした英雄が悪人たちを追い払うだけの単純な芝居が、毎年のように繰り返し演じられ、顔見世の吉例とされた。「暫」は市川家の歌舞伎十八番に数えられ、江戸のスーパースター、代々の団十郎がこれを演じた（図1）。

花道に現れた主人公が名乗りをあげる名調子の台詞を「暫のつらね」という。歌舞伎の民俗学的研究で知られる郡司正勝氏は、この台詞を一種の祭文《さいぶん》と見なした。そして「暫」という芝居を、この祭文を唱えるための儀式劇であるとした。儀式であると考える以外に、毎年のようにこの芝居が演じられた理由がわからない。「暫のつらね」の末尾で決まって唱えられる「ホホ、敬って申す」という台詞は、今も地方の祭礼に残る祭文の形式であるという。また、西山松之助氏は毎年一一月に興行が打たれる江戸の顔見世興行を同じ月に各地の村々で演じられる霜月神楽と同一視して「霜月神楽がその年の厄を払い来年の幸運を予祝して演じられたのと同じように、江戸の庶民たちが予祝芸能としてこれを後援した」と述べている。つまり民俗学的な研究に照らすなら、顔見世興行は厄を祓い幸を招く予祝芸能であり、「暫」はその祭文を唱えるための儀式劇ということになる。

「暫のつらね」は上演のたびに書き替えられた。筆を執ったのは立役者の団十郎だ。いくつかのパターンはあるが、内容は一定しない。代表的な例は「東夷南蛮《とういなんばん》北狄西戎《ほくてきせいじゅう》四夷八荒《しいはっこう》、天地乾坤《てんちけんこん》のその間に、あるべき人の知らざんや・・」という理解不能、ただただ大袈裟な一節で始まり、続いて自らの名を名乗り、おしまいは「ホホ、敬って申す」で締めくくる。上演のたびに書き改められたのは、新年の注連縄《しめなわ》や門松のように、そのつど新しくなければ呪術的な効果が薄れると見なされたからだろう。立川焉馬《たてかわえんば》の『歌舞伎年代記』（一八一一〜一五）に収められた江戸時代の「暫のつらね」を見ると、「悪魔祓い」「悪魔除け」「悪魔の厄祓い」といった言葉を散見することができる。天保三（一八三二）年の例では「江戸吉例の悪魔祓い」とまで書かれていて、この長台詞が厄祓いに通じていたことを裏づける証拠となる。

この芝居が厄を祓い春の訪れを予祝する儀式であるのなら、花道の主人公に迫

図2　鯰絵「志ばらくのそと寝」（筆者蔵）

い払われる敵役は、ゆく年の厄である。真っ先に一蹴《いっしゅう》される鯰坊主は、さしずめ地震という厄だろう。比喩的に言えば、江戸の呪術師団十郎は、毎年繰り返される顔見世の「暫」のなかで、まず鯰坊主を放逐して地震の厄祓いをおこなっていたことになる。

鯰絵のなかの鯰坊主

安政二（一八五五）年一〇月二日の夜に起きた、いわゆる安政江戸地震によって、江戸の下町は灰燼《かいじん》に帰した。猿若町《さるわかちょう》にあった江戸三座も類焼し、一一月の顔見世は興行の中止を余儀なくされた。地震の翌日から出まわったといわれる鯰絵のなかには、「三座芝居の御ひいきも、袖の露、顔見世ないとは口惜しや」と、この顔見世興行の中止を嘆いたものも見受けられる。

鯰絵のなかには当然ながら、鯰坊主を描いた「暫」のパロディーが見いだせる。代表的な例は「志ばらくのそと寝」（図2）だろう。鯰絵はすべて不法出版であったために、作者の名も版元の名も記されていないのだが、この鯰絵は後世の記録によって、仮名垣魯文《かながきろぶん》の文案によることが知られている。題名の「志ばらくのそと寝」は、「暫のつらね」に引っ掛けて、地震で家を失った罹災者がしばらくのあいだ屋外で寝ることを洒落ている。脇に小さく「野じゅく（野宿）」と書き添えられている。題名の上の三升《みます》の紋所は、市川家の家紋。その紋の上に「雨には困り」

とあり、升の紋につながって「雨には困りマス」と読む。野宿であれば当然のことだろう。背景を埋め尽す地の文は「暫のつらね」の巧妙なもじりである。「東医南蛮骨接外科日々発行、地震出火のその間に、けがをなさざるものあらざんや・・・」と、例の大袈裟な台詞を下敷きに始まって、長々と被災地の町尽しが続いた後、「まかりつん出たそれがしは、鹿島大明神の身内にて、磐石太郎いしずゑ」と名乗りをあげ、おしまいは「ホホ、連なって坊主」と、死者を供養する大《おお》施餓鬼《せがき》に掛けて締めくくる。

絵ではその「暫」の主人公、ここでは「磐石太郎いしずゑ」が、鯰坊主にまたがり、首根っこに要石《かなめいし》を打ち据えている。両者が身に付けた装束や、その顔の隈取りは明らかに「暫」のそれである。「暫」のなかの一場面に重ねながら、鹿島大明神が巨大な要石で地下の大鯰を押え地震を治めるという俗信を、ダイナミックな構図のなかに描いている。歌舞伎の「暫」のなかでは主人公が鯰坊主にまたがることもなければ、また要石も登場しない。穿《うが》った言い方をすれば、「暫」のなかで象徴的に演じられてきた主人公と鯰坊主による厄祓いの儀式が、ここではその本来の姿をあらわにしたということができるかもしれない。異形の英雄は実は鹿島大明神であり、鯰坊主は実は地震鯰であった。安政江戸地震によってイメージの古層が地表に露見し、鯰坊主が正体を現したわけである。

二〇〇点を超す鯰絵のなかで、歌舞伎の鯰坊主が描かれた例は、この「志ばらくのそと寝」を含めわずか数例にしかすぎない。それにもかかわらず、鯰坊主が

図3　大鯰を押さえる「暫」の主人公（顔に隈取りをした中央の人物、鯰絵「江戸鯰と信州鯰」部分）（筆者蔵）

鯰絵を読み説くための重要なキーパーソンのように思われるのは、この鯰坊主の背後に「暫」という厄祓いの儀式が見え隠れするからだ。それを敷衍《ふえん》すると、二カ月あまりで沙汰止みとなった鯰絵の流行自体が、江戸に降りかかった地震という大厄を祓う、象徴的な厄祓いであったかに思われてくる。顔見世が中止になったこの年は、実際に起きた地震という大厄を、吉例「暫」に代わって鯰絵が笑い飛ばしたのである。

参考文献

Ouwehand, C. (1964) Namazu-e and their themes : an interpretative approach to some aspects of Japanese folk religion. E. J. Brill, Leiden.（小松和彦ほか訳（一九七九）『鯰絵―民俗的想像力の世界』せりか書房）

気谷　誠（一九八四）『鯰絵新考―災害のコスモロジー―』筑波書林

気谷　誠（一九九六）「鯰絵と厄払い」『鯰絵見聞録　大江戸　幕末鯰絵事情』土浦市立博物館編、三九-四九頁

郡司正勝（一九五四）『かぶき―様式と伝承』寧楽書房

西山松之助（一九八一）『大江戸の文化』日本放送出版協会

幕末の浮世絵における鯰絵の系譜

加藤光男

鯰絵誕生につながる系譜

鯰絵《なまずえ》は、安政二（一八五五）年一〇月二日の震災の後に、江戸市中の世相を報じた浮世絵（＝木版多色摺り・錦絵）である。鯰絵のルーツについては、気谷誠氏が一九八四年の著書のなかで、三つの源流があることを明らかにした。[1]そのひとつは、『大雑書《だいざっしょ》』などに描かれた日本を取り囲む龍蛇図《りゅうじゃず》である。木版摺りの龍蛇図は寛永元（一六二四）年の「大日本国地震之図」を嚆矢《こうし》とし、安政二年の鯰絵「ぢしんの辨」（鯰18）[2]はこの構図を用いて作られている。その二は、鯰絵「志ばらくのそと寝」（鯰152）など、「暫《しばらく》」に代表される歌舞伎からの系譜である。その三は、大津絵などの庶民版画からの系譜で、瓢箪鯰《ひょうたんなまず》、藤娘など大津絵として描かれた画題をパロディー化した「地しんどう化大津ゑぶし」（鯰175）がある。

本稿ではまず、気谷氏の成果を受け、ほかの系譜について知見を列挙する。なお、作品に表題が記されていないものは、筆者が仮題をつけた。その場合には括弧（　）を付して表記してある。

図1　かわら版「文政二己卯年大角力」（筆者蔵）

震災を報じたかわら版や浮世絵からの系譜

地震災害を報じた木版摺りの系譜がある。まず、天正一三（一五八五）年の大地震の後に、関西において大津絵が流布したとの記録がある。震災情報のみを報じたかわら版は、江戸では元禄一六（一七〇三）年一一月二三日の大地震時の事例が知られている。一方、震災後の出版物に地震鯰が登場するのは、管見《かんけん》の限り、文政二（一八一九）年の伊勢・美濃・近江地震の後に刊行されたかわら版「文政二己卯年《つちのとうしどし》大角力《おおきいこと》」（図1）を初出とする。また、地震鯰を描き、単なる災害報道を超えて興味をかき立てる形で描いた浮世絵は、弘化四（一八四七）年三月二四日の信州善光寺《ぜんこうじ》地震を報じた、歌川国輝《うたがわくにてる》画「さてハしんしうぜん光寺」（鯰1）を含む国輝画の三点が初出である。嘉永六（一八五三）年二月二日の小田原大地震の後に出版されたかわら版「相州箱根山小田原城下大地震之図」（鯰3）には、地震除けの神である鹿島大明神が要石《かなめいし》を用いて地震鯰を押さえる図を載せており、鯰絵「（あら嬉し大安日にゆり直す）」（鯰38）などに構図が引き継がれている。嘉永七（一八五四）年一一月四日の東海地震の後に出版されたかわら版「ぢしんほうぼうゆり状の事」（鯰77）は、奉公人請状の書式を借りて作られているが、安政二年にも鯰絵「地震方々人逃状之事」（鯰79）など同様の作品が出版されている。

図2　鯰絵「（鯰を押さえる鹿島大明神）」（埼玉県立歴史と民俗の博物館蔵）

図3　鯰絵「（鯰と鹿島大明神の首引き）」（東京大学地震研究所蔵）

江戸市中の世相や風俗を映す絵からの系譜

次に、当時の流行を報じた浮世絵の系譜を挙げよう。鯰絵以前に江戸市中の世相を報道した浮世絵からの系譜につながるものとして、ひとつは、嘉永二（一八四九）年の流行仏に関する浮世絵がある。この年、江戸では奪衣婆《だつえば》・翁稲荷《おきないなり》・お竹大日如来への参詣がブームとなった。このときに作られた作品のなかで、江戸っ子が奪衣婆に願をかける絵「（奪衣婆に願をかける人々）」（流Ⅱ-02-03、流Ⅱ-02-08など）[3]や、お竹大日如来に願をかける絵「於竹大日如来」（流Ⅲ-03-10、流Ⅲ-03-11など）が作られている。この構図が、鯰絵「（鯰を押さえる鹿島大明神）」（鯰35）（図2）、「おそろ感心要石《かなめいし》」（鯰40）などに引き継がれている。

また、人気歌舞伎役者の死を報じた嘉永七（一八五四）年の死絵にも影響を受けている。鯰絵「大鯰後の生酔《なまよい》」（鯰62）は死絵「（八代目市川団十郎涅槃図《ねはんず》）」の影響が見える例であり、釈迦《しゃか》涅槃図をも念頭におきながら作成されている。

鯰絵は、当時、遊郭のお座敷遊びであった首引きや拳遊びも画題として採用している。首引きは、輪にしたひもを向き合って座った二人の首に掛け、互いに後ろに反り返り、前に倒れた者を負けとする遊びである。二者の力関係や拮抗《きっこう》・緊張関係を示す格好の表現として取り上げられた。嘉永二年の流行仏絵「（奪衣婆と翁稲荷の首引き）」（流Ⅳ-01-01）は奪衣婆と翁稲荷の参詣の賑わいの優劣を描いたものであるが、この構図を受けて作られた鯰絵に、地震鯰と鹿島大明神が競い合う「（鯰と鹿島大明神の首引き）」（鯰141）（図3）や、地震の象徴である鯰と外

図4　鯰絵「地震けん」（筆者蔵）

図5　鯰絵「流行三人生酔」（埼玉県立歴史と民俗の博物館蔵）

圧の象徴としてのアメリカ海軍将官ペリーの怖さ比べを示した「安政二年十月二日夜大地震鯰問答」（鯰142）などがある。

拳遊びは、現在のジャンケンにあたるもので、当時は体全体を使っておこなった。拳絵とは、拳遊びの様態を絵にしたものであるが、弘化四（一八四七）年一月に浄瑠璃で上演された拳遊びの演目が評判となって、同年二月に台詞《せりふ》とその振り付けを示した浮世絵が多数作られた。このように拳絵は元来、芝居絵の一種として生まれたが、その構図や台詞の節回しを借用して世相を興味深く描くようになった。そのはじまりは、同年三月に江戸四ツ谷の太宗寺《たいそうじ》で起こった盗難事件を題材にした「（閻魔《えんま》の目抜き）」であり、前述の信州善光寺地震を報じた浮世絵を経由して、鯰絵に引き継がれている。鯰絵に見られる拳絵には、「地震けん」（鯰135）（図4）などがある。この作品では、地震を象徴する鯰、雷を象徴する雷神、火事を象徴する炎がジャンケンの一種である狐拳《きつねけん》をおこない、かたわらで親父が酒を飲んで見物していて、地震雷火事親父が描き込まれている。

三人生酔を用いた作品もある。三人生酔とは、笑い上戸・腹立ち上戸・泣き上戸の酒酔い姿の三様を示したもので、人びとの喜怒哀楽を酔い姿にたとえて描いたものである。鯰絵「流行三人生酔」（鯰192）（図5）では、復興事業で潤った職人は笑い上戸、大損をした金持ちは腹立ち上戸、震災によって客を失った芸者は泣き上戸として描かれている。

図6　鯰絵「入用御間商売競」（東京大学地震研究所蔵）

図7　鯰絵「三職よろこび餅」（筆者蔵）

評判を呼んだ浮世絵や風刺画・かわら版などからの系譜

また、鯰絵は過去に評判になった浮世絵や風刺画からも多くの影響を受けている。天保改革期に出版された、天保一四（一八四三）年の歌川国芳《うたがわくによし》画「駒くらべ盤上太平棋」や「墨戦之図」は、前者は将棋の駒が、後者は公家たちが双方に分かれて戦う姿を描いた作品である。合戦図は、相対する立場の者が優劣を競う構図をとる。鯰絵には、地震で大損をした金持ちや職を失った芸人・花魁《おいらん》たちが鹿島大明神を頭とする側につき、復興事業が行われ日常より仕事が増えて儲けた大工や左官などの職人たちが鯰を頭とする側についた「入用御間商売競《いりようおあいだしょうばいくらべ》」（鯰109）（図6）や「大合戦図」（鯰133）などが作られた。

遊郭を雀のお宿として描き評判となった、弘化三（一八四六）年の歌川国芳画「里すゞめねぐらの仮宿」をもとにした鯰絵もある。「当世仮宅遊《とうせいかりたくあそび》」（鯰125）は、復興事業で儲けた職人が鯰の姿に置き換えられ、遊郭遊びをする様を描いたものである。江戸幕府を風刺して「織田がつき秀吉こねたる天下餅、座わりしままに喰う徳川」と時の狂歌に詠まれた浮世絵に、嘉永二（一八四九）年四月に歌川芳虎《うたがわよしとら》が描いた「道外武者御代の若餅」がある。その構図をコピーした鯰絵もある。「三職よろこび餅」（鯰105）（図7）は、本絵の絵柄をそのまま流用し、復興景気の恩恵を受けた土方・大工・鳶《とび》の職人たちが、地震鯰に餅を馳走する絵となっている。

見世物興行の引札（＝宣伝ビラ）の手法を用いて、水野忠邦《みずのただくに》の天保の改革を風刺した作者不明の「（水獣《すいじゅう》）」や、嘉永元（一八四八）年に起きた前老中宅の出火

図8　鯰絵「鯰の流しもの」（筆者蔵）

後の対応を茶化した歌川国芳画「欲という獣」が評判となった。この系譜を受け、地震を起こした化け物の容姿を絵解きした鯰絵に「上方震下り瓢磐鯰の化物」（鯰21）がある。また、多数の人の身体を集めて人の顔や体を描いた歌川国芳画「みかけハこハゐがとんだいい人だ」を受けて、鯰絵「（面白くあつまる人が寄りたがり）」（鯰104）は作られている。

さらに、開帳時の引札を元にした鯰絵「由来記」（鯰23）、店の引札を元にした「妙ゆり出し」（鯰197）などがある。この手法は、天保の改革を批判した落書《らくしょ》の手法としてすでに用いられていた。江戸時代の大名の名鑑である『武鑑《ぶかん》』の様式を用いて世相を表す方法もあった。黒船来航後に江戸湾内に砲台が築かれることに関連して「放題《ほうだい》家」などの作品があまれ、この系譜から進藤家をもじって鯰絵「震動家」（鯰絵199）が生まれている。野馬台詩《やばだいのし》は、並べられた文字を縦横斜めに読んで文意をとるものである。鯰絵「（野馬台詩）」（鯰80）では、「大地動　火地（→事）起　路地裂　親地（→父）恐」と、地震が発生した後、火災や地割れにより親父が恐怖におののく様を表現している。この手法も黒船来航時のかわら版で用いられていた手法であった。

黄表紙や歌舞伎からの系譜

鯰絵は、浮世絵のみならず、黄表紙の挿絵からも構図を借りている。安永四（一七七五）年刊行の恋川春町《こいかわはるまち》作・画『金々先生栄花夢《きんきんせんせいえいがのゆめ》』から構想を得て、地震災

図9　鯰絵「名石千歳刎」(筆者蔵)

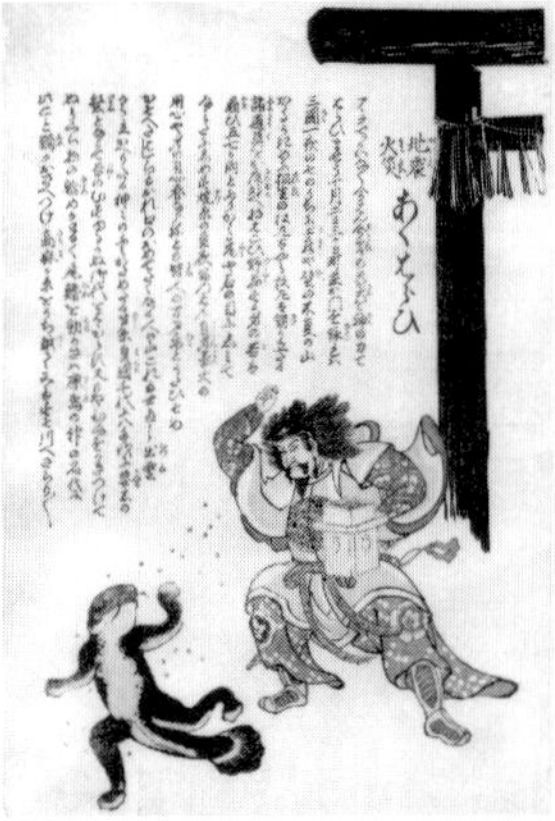

図10　鯰絵「地震火災あくはらひ」(筆者蔵)

害は一炊の夢のようだと諭した鯰絵「(鯰と要石)」(鯰44)がある。また、あるいは、天明の打ち壊しを題材にした天明八(一七八八)年の蘭徳斎春童《らんとくさいしゅんどう》画『新建《あたらしくたつ》哉亀蔵《やかめぐら》』では、評定所における町奉行の吟味の様子が描かれている。この構図を借りた鯰絵に「鯰の流しもの」(鯰65)(図8)などがある。

歌舞伎の演目を借りた鯰絵は多数有り、気谷氏が言及した「暫《しばらく》」、「常盤の老松」以外の演目に構図を得ているものも確認される。鯰絵「名石千歳刎《めいせきせんざいはね》」(鯰157)(図9)は歌舞伎「伽羅先代萩《めいぼくせんだいはぎ》」を、鯰絵「夜無情浮世有様《よはなさけなくうきよのありさま》」(鯰161)は「与話情浮《よわなさけうき》名横櫛《なのよこぐし》」を、鯰絵「さやあて」(鯰162)は「鞘当」を下敷きにしている。

詞書に見られる芸能からの影響

構図だけではなく、鯰絵に記載された詞書《ことばがき》も、過去に流行した台詞や節回しを受けて作られているものが少なくない。芸能「厄祓い」の台詞、手鞠《てまり》歌や「大津絵節」など流行歌の台詞をもとに世情を語る手法が確認される。この手法は、天保の改革期の落書にも見られ、その後ペリー来航時の世相風刺の際にも用いられている。鯰絵「地震火災あくはらひ」(鯰185)(図10)や「地震鞠うた」(鯰167)、「大津画ぶし」(鯰178)はこの系譜を引く作品である。相撲番付や取組をもとにした作品もある。人々の境遇を二つに分け、大儲けした方に「大関　ざいもく　材木問屋」、仕事が暇になった方として「大関　しばゐ　三座休座」とした作品(鯰149)や、「焼ケ原蔵なし」「野辺送施主ケなし」などと力士の四股名《しこな》にたとえて震災の様子を示した「両四時角力取組《りょうごくすもうのとりくみ》」（鯰147）がある。

　このように、安政二年に多量に作られた鯰絵の大部分は、その構図や詞書の表現方法についてみると、突然に生まれたものではなかったことが理解される。

鯰絵に影響を受けた幕末の風刺画

図11　はしか絵「麻疹厄はらひ」（埼玉県立文書館寄託、小室家文書6369-6）

はしか絵に見られる鯰絵の影響

　はしか絵は、文久二（一八六二）年四月から八月頃までのあいだに、江戸で麻《ま》疹《しん》（はしか）が流行した際に作られた浮世絵である。絵を用いて麻疹の流行した当時の世情や民衆の心理状況を視覚化し、記載された詞書では、麻疹流行中および発病中に食してよい食物、食してはいけない食物を記したほか、人々の思惑を的確に表現している（図11）。

　はしか絵には、鯰絵に影響を受けた作品が散見される。「即席鯰はなし」（鯰51）など鯰を懲らしめる図を本絵とし、麻疹の神を退治しようとする「はしか後の養生」（は77）[4]がある。また、麻疹の神を懲らしめようとする人々に対し、医者や薬屋がこれを制止する「毒だてやうじやう」（は22）があり、立場の異なる人々の麻疹流行に対する多様な思惑を明らかにしている。地震鯰が詫《わ》び証文に手形を押す「地震のまもり」（鯰68）をもとに、麻疹の神が詫び状に手形を押す「開運麻疹疫《かいうんはしかえき》神除之伝《がみのぞきのでん》」（は11）や、鯰が鹿島大明神に謝罪する「鯰の流しもの」（鯰65）（図8）

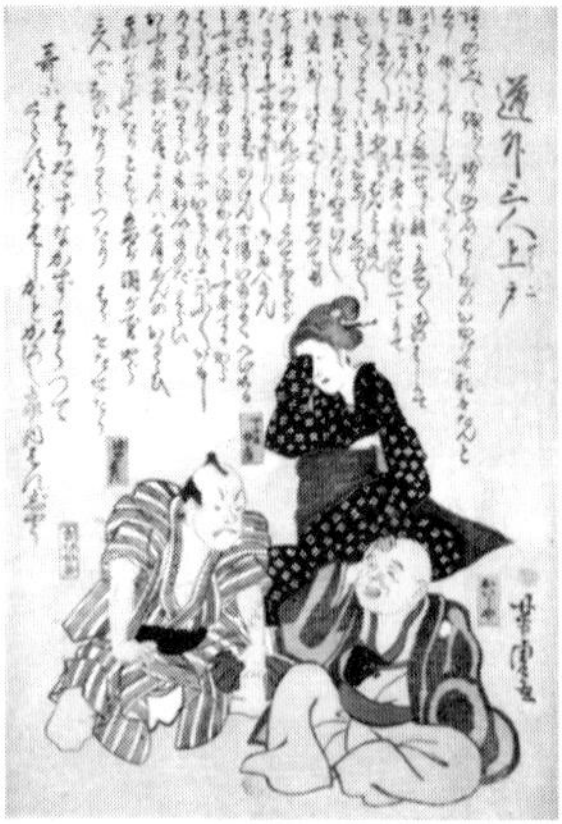

図12　はしか絵「道外三人上戸」（筆者蔵）

図13　鯰絵「難義鳥」（東京大学大学院情報学環蔵）

をもとに、麻疹の神が謝罪する「（食してよろしきもの）」（は96）が作られている。鯰の神に祈願する「（鯰の掛軸）」（鯰129）の構図を用いたはしか絵「（麦殿大明神）」（は13）などもある。鯰絵「二日はなし」（鯰170）は、鯰の咄家《はなしか》が震災後の状況を小咄にして語っているが、これをまねてつくられた作品に、医者が麻疹のいわれや療養方法を語る「妙医甲斐徳本麻疹之来記《みょういかいとくもとはしかのらいき》」（は86）がある。

拳絵の手法を用いた作品に、「流行麻疹けん」（は126）がある。また、首引きを用いた作品として「はしかはなし」（は133）が、合戦絵をもとにした作品として「はしかの毒合戦」（は140）などがある。

三人生酔の手法を用いた作品に「道外三人上戸」（は128）（図12）がある。この作品では、病気が感染すると恐れられ客が来なくなった湯屋番頭は腹立ち上戸に、客足の遠のいた女郎屋女房は泣き上戸に、病気が流行して患者が増えた医者は笑い上戸に描き分けられている。鯰絵「難義鳥《なんぎどり》」（鯰108）（図13）と同様、薬袋などの品々を集めて鳥を形作った「通神鳥《つかみどり》」（は152）、人を寄せ集めて作られた「おあひだが寄合人となる」（は23）もある。番付の形式を用いた作品に、「為麻疹」（は120）、「為御覧」（は121）、疱瘡《ほうそう》神と麻疹神が相撲を取る「はしかの養生」（は95）があり、『武鑑』の様式を借りた「麸瘡家《ふそうけ》」もある。鯰絵「かけ合あふむ石」（鯰160）と同様に、歌舞伎「浮世柄比翼稲妻《うきよづかひよくのいなずま》」の演目を借りて作られたはしか絵「かけ合権八長兵衛」も作られている。

鯰絵において、「地震御守」（鯰37）では呪《まじない》文字で「鹿島」の文字、「鯰退治」

図14　鯰絵「（太平の御恩沢に）」（埼玉県立歴史と民俗の博物館蔵）

（鯰61）などでは五大明王を表す五文字の梵字、「太平安心為」（鯰72）では「𪮷《じゃっ》抬𪮷《こうじゃっ》捛《かく》」（「さむはら」とも読む）と、三種類の呪符を示した作品があった。はしか流行時にも同様に、守札の要素も兼ね備えた「むぎどのハ生まれぬさきにはしかしてかせての後ハわが子なりけり」（は108）などが作られている。そして、この作品名となっている呪いをタラヨウという樹木の葉に書き、川に流すことによって御利益があると記されている。

詞書では、大津絵節を借りた「大津ゑぶし」（は125）、ないないづくしを用いた「ないものづくし」や、厄祓いを用いた「蒙不順《ふじゅんこうむる》」（は119）なども確認できる。

あわて絵にみる鯰絵の影響

あわて絵は、文久三（一八六三）年三月頃に作られた江戸市中の世相を描いた浮世絵であり、生麦事件に抗議したイギリス軍が横浜に停泊しておいた軍艦で幕府を威嚇《いかく》した結果、江戸庶民が一時的に郊外へ避難したことを題材にしている。

鯰絵では、持丸《もちまる》（＝金持ち）や仕事にあぶれた人々が鯰を懲らしめる一方で、復興事業により恩恵を受けた職人たちがそれを制止しようとする様を描いた「（太平の御恩沢に）」（鯰48）（図14）があった。同様にあわて絵には、仕事にあぶれた芸人などが異国人を懲らしめるのに対し、引っ越し先となった江戸近郊の地主や荷物の運搬で潤った車力などの運搬業者がそれを制止しようとする様を対照的に描いた「浮世の浪夢の占」（あ149）[5]、毛唐人（＝異国人）に三味線で殴りかかろう

図15　あわて絵「おつま八郎兵衛 難中時世の近在借家」（埼玉県立文書館寄託、小室家文書6369-9）

図16　あわて絵「流行たらめうけん」（埼玉県立文書館寄託、小室家文書6369-8）

とする芸者を制止しようとする車屋を描いた「当時盛衰競」（あ139）などがある。

また、歌舞伎の演目を借りた「おつま八郎兵衛 難中時世の近在借家」（図15）、忠臣蔵の台詞を借りた「三題咄当時新作」（あ146）、流行歌「ないない節」を借りた「（ないないぶし）」がある。また、あわて絵「（大家の槌《つち》）」は、大黒の槌をパロディー化したものであるが、鯰絵「持丸たからの出船」（鯰90）の影響を多分に受けている作品でもある。儲けた者の筆頭を「大関　鉄砲鍛冶」、損した者の筆頭を「大関　高利かし」などと番付の手法で当時の世相を描いた「善悪競」（あ142）なども作られている。拳絵の手法を用いた作品に「流行たらめうけん」（図16）があり、車力と芸者と福者（＝金持ち）が登場し、車力は芸者に勝ち、芸者は福者に勝ち、福者は車力に勝つという関係で描かれている。三人生酔の手法で描いた作品「善悪競」（あ142）は、雲助を笑い上戸、強い人（＝武士）を腹立ち上戸、唐人（＝異国人）を泣き上戸として描いている。また、大八車の車輪など物を寄せ集めて形づくった「泡喰鳥《あわくいどり》」もこの時の作品である。

以上のように、はしか絵やあわて絵は、鯰絵に見られるように、構図上は、二者の葛藤を描く合戦図形式の作品、拳絵をもとに当時の優劣を示す作品、番付による栄える者と困窮者の対比、三人生酔により当時の人々の喜怒哀楽を示す作品や、詞書においては歌舞伎や芸能の台詞のもじりの継承が確認される。

図17　鯰絵「(庶民を襲う大鯰)」
(東京大学地震研究所蔵)

安政二年に鯰絵が大量に作られた理由

ここまでに見てきたように、鯰絵とその系譜にある作品は幕末に多く見られるのだが、とくに鯰絵に限ると、安政二(一八五五)年に、作品が集中し、二五〇種類以上の鯰絵がこのときに作られている。

では、なぜ安政二年に、これほど大量の鯰絵が作られたのだろうか。これまで言及されることのなかった、この点について私見を述べてみよう。

ひとつは、作り手・販売する側、つまり板元《はんもと》側の理由にある。

安政二年当時は、役者の似顔絵や遊女を描いた美人画、および華美な浮世絵を禁止した天保の改革が失敗した後であったが、禁令の影響はまだ残り、板元は風景画や色板の少ない作品などほかの分野に活路を見出さなければならない状況にあった。さらに、株仲間の廃止による出版の自由競争も旧来の板元を窮地に追い込んでいた。また当時は、書物は高価であり、貸本屋に見料を支払い借りて読むのが主流であったため、いくら注目されたからといって売れる数には限界があった。一方、ペリー来航以降、時事を盛り込んだかわら版がもてはやされ、この分野を浮世絵に取り込めないかと板元は考えたにちがいない。

これらの状況を打開し売り上げを伸ばすために、絵のみならず文章によって世相を描き込んだ内容をもち、庶民が買い求める浮世絵を作ることになったのではなかろうか。かつて、天明期に隆盛した黄表紙という挿絵が重要な役割をもつ小

図18　鯰絵「恵比寿天申訳之記」（埼玉県立歴史と民俗の博物館蔵）

冊子の読み物があった。幕末浮世絵は黄表紙の技法を引き継いだのである。

また、普段であれば江戸市中では、地震の発生した一〇月以降は、歌舞伎や相撲が興行される時期にあたっていた。これに合わせて板元は、役者絵や芝居絵、力士絵や相撲絵を販売したのであったが、震災により興行そのものが中止となったため、この分野における収入の道が閉ざされてしまったのである。

このことも併せ、板元は、庶民を相手として、震災後の世相を描き、一枚物で価格を抑えた浮世絵である鯰絵を販売したものと思われる。鯰絵の価格は、現在の貨幣価値に換算すると一枚二〇〇円から三〇〇円程度と推察される。

一方、買い手である江戸庶民は、鯰絵を地震除けの守札として、また、笑い飛ばすことにより現実の悲惨な状況から一時的にせよ気を紛らわす素材として、そしてこれまで庶民を苦しめていた高利貸しの震災後の境遇を冷笑することにより、日頃の鬱憤《うっぷん》を晴らすという庶民の要望に応える商品として捉えたのであろう。

鯰絵には、地底の鯰が動くことにより地震が起こる、普段は鹿島大明神によって地震鯰は押さえられているのだが、今回は神無月で神が出雲に出かけていたため地震が起きてしまったことが記されている（図18）。この説に根拠のないことは、当時の人々も判っていた。しかし、出雲から鹿島大明神が戻って鯰を懲らしめたからもう大地震はこないという説を信じることによって、人々は安堵したのである。

このように、鯰絵は、災害状況を伝えるメディアというよりは、被災者の心を

図19　鯰絵「(鯰と職人たち)」(東京大学地震研究所蔵)

介護するもの、そして庶民の立場に立って世間を風刺するもの、世直し願望を示すもの、不安を取り除くものであった。このことから、不満解消および安心を得るための商品として、幕末の社会状況の時流に乗り爆発的に売れたのである。

最後に、この時期のかわら版と世相を描いた浮世絵の関係を述べておきたい。かわら版は、幕府の検閲を受けずに出版された非合法出版物である。一方、浮世絵は書物と同様に原則として検閲を通った作品のみが出版できた。

天明期には、幕府を風刺した黄表紙が評判を呼びおおいに売れたが、恋川春町作『鸚鵡返文武二道《おうむがえしぶんぶのふたみち》』に見られるように、作品は発禁処分となり、板元や作者は処罰を受けた。このため、天保の改革を風刺する落書は、その内容を書き留めた風説書が多数残っているが、かわら版や浮世絵などの出版物は確認されていない。

一方、嘉永六(一八五三)年のペリー来航時における黒船、異国人の似顔絵などは、かわら版により伝えられていて、写本も数多く残されている。また、文久元(一八六一)年、和宮下向に関するかわら版も作られている。幕府政治に対する風刺は出版物ではなく書写によって、異国人の来航や和宮の下向などはかわら版によって庶民に伝わったのである。

一方、世相を描いた浮世絵の作品数が、かわら版を上回る時期は、嘉永二(一八四九)年の奪衣婆・翁稲荷・お竹大日如来への参詣ブームを取材した浮世絵からと思われる。この作品は、お上を風刺するものではないことから、その多くは検閲を受けたことを示す改印や板元名・画工(=絵師)名が記載されている。

図20　鯰絵「（富八屋を崩し、職は身を潤すと八）」（筆者蔵）

このように、かわら版と時事を扱った浮世絵では、扱う内容によって棲み分けがなされていたことが判明する。つまり、検閲を受ける以上、浮世絵は市井の流行を取り上げることはできても、政治色の強い事柄は表立って刊行することはできなかったのである。

天保期は種本を人づてに書写して手元に残すという手法により情報を入手していたが、ペリー来航以降はこの手段とともに、時事速報としてのかわら版を購入することにより情報を入手できるようになった。また、流行仏の浮世絵をひとつの画期として、文久三（一八六三）年の将軍家茂の上洛や、慶応元（一八六五）年の長州征伐など、時事を取り上げているが検閲を経て刊行された浮世絵が数多く作られている。このような流れのなかで、安政二（一八五五）年、鯰絵が多種多様に作られたのであると考える。

しかし、多色摺りという浮世絵の手法で鯰絵を販売しようとした板元は、風紀を乱す出版物の発行を禁じた幕府法令があることから、検閲を受けず、このため改印がなく、また取締から逃れる手段として板元名、画工名を載せずに作成したものと考える。そして、この手法は、文久三年のあわて絵や慶応四（一八六八）年の戊辰戦争に関する浮世絵に引き継がれたのである。

【注】

（1）気谷　誠（一九八四）『鯰絵新考―災害のコスモロジー―』筑波書林

（2）この番号は、宮田　登・高田　衛監修（一九九五）『鯰絵―震災と日本文化』里文出版に収録される、

加藤光男編「鯰絵総目録　写真・読み下し・解説」における資料番号を示す（以下同様）
（3）この番号は加藤光雄（一九九七）「嘉永二年における江戸の流行仏と風刺画、資料編」『埼玉県立博物館研究紀要』二二、一〇六―一〇八頁における資料番号を示す（以下同様）
（4）この番号は町田市立博物館編（一九九六）『展示図録 錦絵に見る病と祈り』町田市立博物館における展示資料番号を示す（以下同様）
（5）この番号は、町田市立博物館編（一九九五）『展示図録 幕末の風刺画』町田市立博物館における展示資料番号を示す（以下同様）

参考文献

加藤光男（一九九三）「鯰絵に関する基礎的考察　その種類と異版」『埼玉県立博物館研究紀要』一八、九一―一二六頁
加藤光男（一九九七）「江戸っ子の『世論』形成と風刺画　鯰絵を素材として」『地方史・研究と方法の最前線』地方史研究協議会編、八八―一〇五頁、雄山閣出版
加藤光男（二〇〇〇）「浮世絵を読み直す　江戸っ子のマスメディア」『埼玉県立歴史資料館研究紀要』二二、七七―一〇八頁
加藤光男（二〇〇二）「文久二年の麻疹流行に伴うはしか絵の出版とその位置づけ」埼玉県立文書館『文書館紀要』一五、五五―七〇頁
加藤光男（二〇〇五）「鯰絵再考　研究の整理と新資料の紹介」『さいたま川の博物館紀要』五、三九―六二頁
さいたま川の博物館編（二〇〇四）『展示図録　ナマズ・鯰・なまず大集合』さいたま川の博物館
若水　俊（二〇〇三）『鯰は踊る　江戸の鯰絵面白分析』文芸社
若水　俊（二〇〇七）『江戸っ子気質と鯰絵』角川書店

縄文時代以降のナマズの分布変化

宮本真二

ナマズ科魚類の分布

日本列島のナマズ科魚類

ナマズ目魚類は世界に三四科、約四一二属に分類される二四〇五種以上もの種が確認され（第2部、小早川氏参照）、熱帯地域を中心に分布している。中緯度温帯地域にあたる日本列島に分布するナマズ属（*Silurus*）は、友田淑郎氏による形態比較からナマズ（*Silurus asotus*）、イワトコナマズ（*S. lithophilus*）、ビワコオオナマズ（*S. biwaensis*）の三種に分類された[1]。いずれも淡水産で、イワトコナマズとビワコオオナマズは、琵琶湖とその周辺の水系にしか分布しない琵琶湖水系特産種とされている。ナマズ属魚類に関しては、友田氏の形態比較による研究以降、琵琶湖沿岸域をはじめとした各水系で産卵生態に関する研究が蓄積されてきた。

ナマズは日本の本州以南から台湾に至る各地および、朝鮮半島の洛東江から中国南部にわたる広い範囲に分布しているが、琉球列島には見られない(2)。青柳兵司・井出嘉雄氏によれば、日本列島の分布北限地は、太平洋沿岸では青森県の市《いち》柳沼《やなぎぬま》、日本海沿岸では秋田県米代《よねしろ》川流域であるという(3)。青森県の青森市付近や岩木川水域に現在見られるものは、明治二〇（一八七七）年頃に高知県下から移殖され野生化したものであるという(4)。なお、北海道北見国常呂《ところ》川にナマズの漁獲記録があるが、これも自然分布によるものとはみなされていない。そのほか、ナマズは北海道には見られないとした報告や(5)、少なくとも青森県や北海道のものは移殖であるという報告(6)、さらに、沖縄には棲息しない(7)などが指摘されている。また、ナマズが人為的に北海道南部に搬入されたのは第二次世界大戦後らしい(8)とする報告もある。最近では、棲息が確認されていないのは沖縄県のみである。

このように、現在、ナマズは沖縄や島嶼《とうしょ》を除いて日本列島に広く分布しているが、北海道や東北地方については、自然分布の変遷によるものではなく、近代以降の移殖によって分布域が拡大されたものと考えられる。

ナマズ目のうちギギ科は日本列島で四種が確認されている。ギギ（*Pseudobagrus*（*Pelteobagrus*）*fulvidraco*）は、中国地方以西の本州、四国の吉野川《よしのがわ》、仁淀川《によどがわ》水系中流域、さらには信越の阿賀野《あがの》川にも不連続に分布する。また、ギバチ（*P. takiensis*）は日本固有種で、岩手・秋田県下から神奈川県小田原付近および富山県までの本州に分布し、近縁種のアリアケギバチ（*P. aurantiacus*）は、九州西部と長崎県壱岐《いき》に、ネコギギ（*Coreobagrus ichikawai*）は、伊勢湾と三河《みかわ》湾に注ぐ河川に分布するとされている。

フォッサマグナと淡水魚の分布

日本列島本州の純淡水魚の種類数は、北上するにつれて減少することなどから、フォッサマグナ帯（糸魚川―静岡構造線）が分布の境となっていることが、一九六二年に水野信彦氏によって指摘された。[9] つまり、この境界が現在本州中部で繁栄している多くの淡水魚の北方への分布拡大をストップさせていると考えられている。さらに、現在このフォッサマグナ帯以北（東北日本）に分布しているナマズをはじめとする純淡水魚一〇種の北方への分布拡大は、西村三郎氏によれば、第四紀末の沖積平野の発達と、水田耕作にともなう各種の開発行為との関係が想定されるという。

ナマズをはじめとした淡水産魚類の分布は、フォッサマグナ帯が重要な境界になっていることや、その境界を超えた分布の変遷（北上）には、過去数万年間の沖積平野の地形発達と、稲作の拡大が密接に関係すると考えられる。

このように、生態学や動物地理学的研究からは、現在東日本地域に分布するナマズは、移殖や水田耕作など、人為的な要因によってもたらされてきたと推定されるのである。

遺跡から見つかった動物遺存体

ナマズの化石資料は、古琵琶湖層群から見つかった約三〇〇万年前のナマズ属の頭骨の前部片の化石[10]があるのみで、それ以降の過去数万年間は、ナマズ属魚類に関する情報がきわめて乏しかったと推定できる。その原因として、ナマズ類が食物連鎖の頂点に位置しているため、総個体数自体が少なかったと、小早川氏は指摘している。

しかし、縄文時代以降については、発掘調査によって貝塚遺跡をはじめ動物遺存体が数多く見つかっている。こうした遺跡から見つかっている動物遺存体は、人類にとっての食物資源や当時の古環境を解明するうえで重要な情報をもたらすと指摘されている。たとえば、小池裕子氏は、貝殻の成長曲線の解析から貝類の死亡季節などの推定を試み、縄文時代の生業形態の復原に一定の成果をもたらした[11]。また、中島経夫氏ほかは、淡水産魚類に関しては、遺存体として見いだされたコイ科魚類の咽頭歯《いんとうし》の形態比較から、当時の漁撈活動を考察している[12]。

このように遺跡から見つかる動物遺存体は、先史時代以降の分布の変遷について直接的資料をもたらす。そこで、われわれは、遺跡の動物遺存体記録を用いて、ナマズの分布の変遷について検討を試みることにした。

日本列島では開発行為にともなう事前発掘件数が増加していて、膨大な数の発掘調査報告がもたらされている。しかし、現状では全国規模のデータ・ベースが

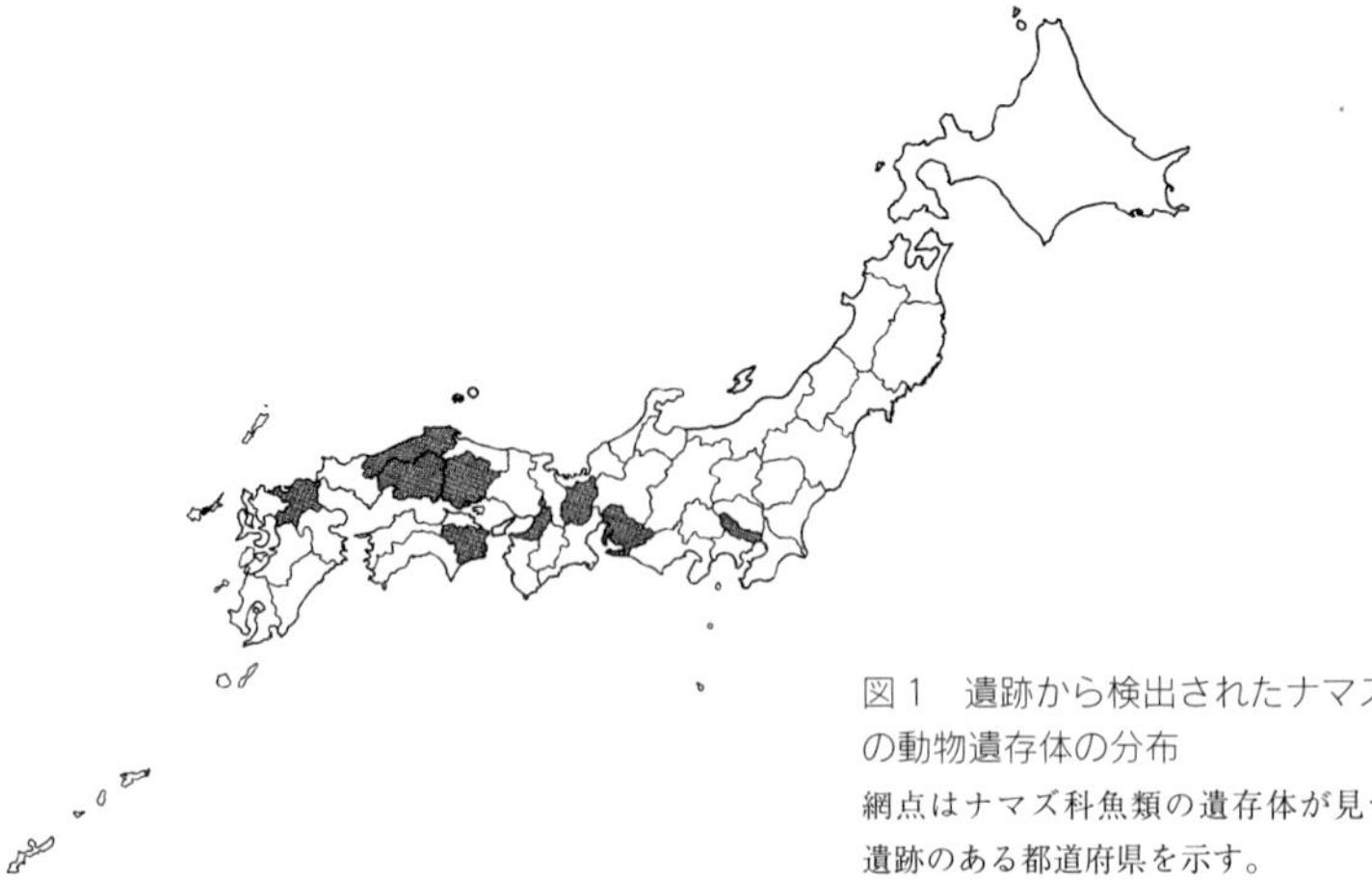

図1　遺跡から検出されたナマズ属魚類の動物遺存体の分布
網点はナマズ科魚類の遺存体が見つかった遺跡のある都道府県を示す。

整備されていないため、系統的な動物遺存体の検索は不可能である。ここでは、立命館大学および琵琶湖博物館に収蔵されている発掘調査報告を可能なかぎり渉《しょう》猟《りょう》し、ナマズおよびギギ科魚類の遺存体を検索、整理し検討した（表1）。

ただし、淡水魚魚類遺体の検出件数は、海水産魚類にくらべ非常に少なく、同定に関しても信頼性に乏しい遺跡も少なからず存在する。それらをふまえて、現時点での公表成果をもとに検討をおこなうことにした。

ナマズ科魚類の遺存体発見状況

調査対象のうち、ナマズ科・ギギ科と同定された動物遺存体が見つかった遺跡数は三九であった（表1）。図1にナマズ科魚類の遺存体が検出された遺跡がある都道府県を示した。東端は東京大学構内で見つかった遺存体で、江戸時代のものである。西端は福岡県の四カ所の遺跡で、縄文・弥生～古墳・江戸～明治の遺跡にナマズの椎骨などが見つかっている。愛知県の名古屋城三の丸遺跡からも、江戸時代の遺存体が見つかっている。先史から古代の遺跡からのナマズ科魚類のすべてが、滋賀県以西の西日本で出ている。注目されるのは、滋賀県の粟津《あわづ》湖底遺跡第三貝塚からのビワコオオナマズと同定された遺存体である。

ギギ科魚類の遺存体

ナマズ科に近縁のギギ科魚類の遺存体の検索結果も表1に示し、図2にはギギ

表１　遺跡発掘調査報告書で公表されたナマズ属およびギギ科魚類の動物遺存体

所在地	遺跡名	魚種	同定部位・数	時代
岩手県	貝鳥貝塚	ギギ科の一種	鎖骨4点、背鰭5点、胸鰭10点、歯骨2点	縄文後期～晩期
宮城県	中沢目貝塚	ギバチ	椎骨2101点、胸鰭棘864点、背鰭棘120点、F.P15点、S.P3636点、S.O120点、E.81点、前上顎9点、鰓蓋骨85点、擬鎖骨733点	縄文後期～晩期
茨城県	吉沢大六天貝塚	ギギ	胸鰓棘	縄文後期
	城中貝塚	ギギ	胸鰓棘、背鰓棘、咽頭骨、椎骨	縄文後期～晩期
	神生貝塚	ギギ	胸鰓棘	縄文中期～晩期
	原堂貝塚	ギギ	胸鰓棘2点	縄文後期
埼玉県	神明貝塚	ギギ科	1点	縄文後期～晩期
千葉県	西広貝塚	ギギ科の一種	胸鰭1点	縄文後期
東京都	伊興遺跡・東伊興遺跡	ギギ科	胸鰭第一棘1点	古墳前期～平安初期
	西ヶ原貝塚	ギギ類		縄文後期末～晩期
	東京大学本郷構内（理学部７号館地点）	ナマズ科	鱗棘2点	江戸（17～19C）
愛知県	名古屋城三の丸遺跡	ナマズ	1点	江戸（19C）
滋賀県	粟津貝塚湖底遺跡	ナマズ科	歯骨片1点	縄文早期～中期
	粟津湖底遺跡第３貝塚	ビワコオオナマズ	胸鰭棘、擬鎖骨、歯骨、椎骨等多数　その他ナマズ属、ギギ属	縄文早期～中期
	赤野井湾遺跡	ナマズ属、ギギ属	胸鰭棘、擬鎖骨、歯骨、椎骨等多数	縄文早期
大阪府	亀井遺跡	ナマズ、ギギ		弥生中期
	長原・爪破遺跡	ナマズ科の一種	歯骨	5C後半
	森の宮遺跡	ナマズ亜科	骨片	縄文後期～弥生中期
	宮ノ下遺跡	ナマズ属、ギギ属	ナマズ（胸鰭棘24点、脊椎6点、擬鎖骨1点、背鰭棘1点）　ギギ（上後頭骨2点、胸鰭棘2点、背鰭棘1点）	縄文晩期～弥生中期
	水走遺跡・鬼虎川遺跡	ナマズ、ギギ	ギギ（左胸鰭）	縄文中期～弥生前期？
兵庫県	大開遺跡	ギギ属	胸鰭棘1点	弥生前期
島根県	西川津遺跡	ナマズ	胸鰭条	弥生中期
	上長浜貝塚	ナマズ	胸鰭棘	奈良後期（8C後）～平安末期（12C後）
岡山県	矢部奥田遺跡（矢部貝塚）	ナマズ、ギギ	ナマズ（歯骨1点）、ギギ（胸鰭1点）	縄文中期末
	足守川遺跡群*	ナマズ、ギギ科、ギギ属	加茂A遺跡（ギギ科胸鰭棘3点）　加茂B遺跡（ナマズ歯骨1点、ギギ属（ギバチを含む）胸鰭5点、歯骨2点、擬鎖骨2点）	弥生～古墳
	百間川沢田遺跡	ナマズ	腱鎖骨1点、胸鰭骨1点	縄文晩期
	吉野口遺跡	ギギ類	胸鰭棘1点	弥生中期
広島県	草戸千軒町遺跡	ナマズ、ギギ		14C中期～後半
徳島県	城山貝塚	ナマズ？		
	三谷遺跡	ナマズ		縄文晩期～弥生前期
	若杉山遺跡	ナマズ	胸鰭	弥生後期～古墳前期
福岡県	新延貝塚	ギギ**	68点	縄文早期末～縄文晩期
	下林西田遺跡	ナマズ	椎骨9点	弥生
	楠橋貝塚	ナマズまたはギギ		縄文前期
	常盤橋西勢溜り跡	ナマズ	歯骨2点	江戸末期～明治初期
	下稗田遺跡	ナマズ	胸鰭棘1点、歯骨1点	弥生前期～古墳後期
熊本県	黒橋貝塚	ギギ（？）	胸鰭棘1点	縄文中期～後期

*：足守川加茂A・B遺跡、足守川矢部南向遺跡を含む。

**：ギギとあるが、ナマズ、ゴンズイの可能性有り。

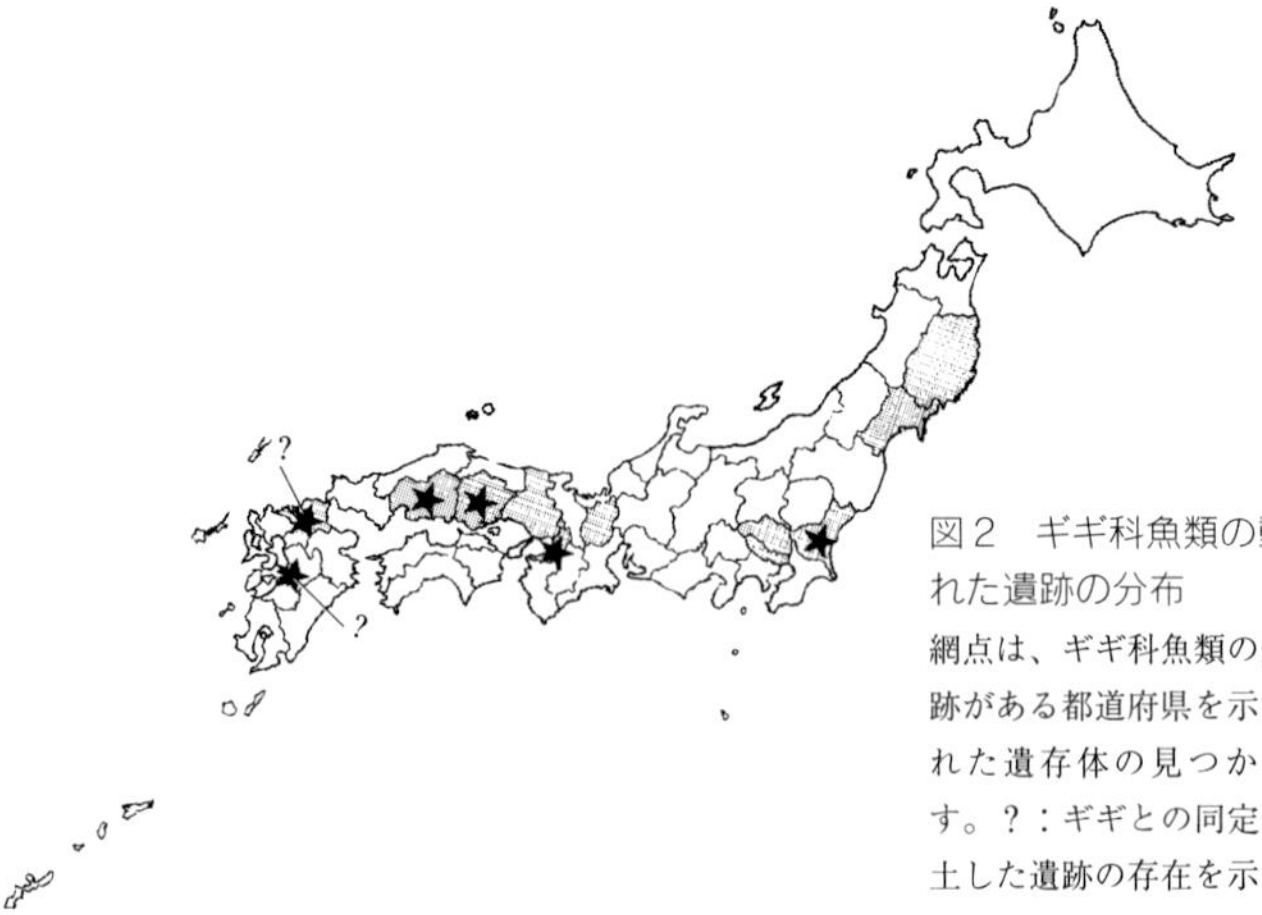

図２　ギギ科魚類の動物遺存体が検出された遺跡の分布

網点は、ギギ科魚類の遺存体が見つかった遺跡がある都道府県を示す。★：ギギと同定された遺存体の見つかった遺跡の存在を示す。？：ギギとの同定が疑わしい遺存体が出土した遺跡の存在を示す。

科魚類の遺存体が見つかった遺跡のある都道府県を示した。

ギギ科では遺存体が見つかった遺跡の東端は岩手県の貝鳥《かいとり》貝塚で、縄文時代後期から晩期の層から鎖骨などが見つかっている。西端は同定が不明瞭とされているが、熊本県の黒橋《くろはし》貝塚から縄文中期から晩期の胸鰭棘《むなびれきょく》が見つかっている。

ギギ科では、ギバチと同定された遺存体が宮城県中沢目貝塚の縄文後期から晩期から見つかっているのが注目される。ギギと同定された遺存体は、大阪の水走《みずはや》遺跡・鬼虎川《きとらがわ》遺跡（縄文中期から弥生前期？）、亀井《かめい》遺跡（弥生中期）や、岡山県の矢部《やべ》貝塚（縄文中期末）など、いずれも西日本で見つかっている。

とくに注目されるのが、現在東日本では分布しないギギが、茨城県の縄文時代中期～晩期の各地の貝塚で検出されていることである。

ナマズの北上と人間活動

先史から古代の沖積平野の発達とナマズの分布

ナマズ科魚類の動物遺体は、おもに西日本の各遺跡で見つかり、その時代は縄文時代から古代である。東海地方より東では、江戸時代の遺存体が愛知と東京で見つかっているにすぎない。このことから、先史～古代には、ナマズ科魚類の分布の中心は西日本地域にあったものと推定される。また、その棲息場所はナマズ科魚類の生態研究から、沖積平野の氾濫原《はんらんげん》など低湿地であったと推定される。とくに臨海平野域では、ナマズ科魚類の棲息場所は、縄文海進最盛期以降の地形環境の変遷と密接な関係があったと推定される。高橋学氏による地形環境分析のステージ変遷では、縄文晩期から弥生前期の短期間の洪水によって形成された起伏の凹地部が後背湿地化することが指摘され[13]、ナマズなどの淡水魚は、このような湿潤な場所を棲息域として自然分布していたものと考える。

本草学と民俗学資料にみるナマズの分布

これまでの研究では、先に述べたように生態学や動物地理学、または本草書や民俗学者の記録から、ナマズ科魚類は元来西日本に分布の中心をもつ魚で、東日本には水田耕作や江戸時代以降の移殖などの人為によって東進したという漠然とした「人為的東進説」が唱えられてきた。しかし、この「人為的東進説」のおもな根拠は、文献資料のみである。

ここでは、江戸時代にまとめられた本草学関係の書物や民俗学者柳田國男の著作から、ナマズの分布域の変遷にかかわる記録を取りあげてみたい。

安永五（一七七六）年に刊行された松平秀雲《まつだいらしゅううん》（君山《くんざん》、一六九七―一七八三）の『本草正譌《ほんぞうせいか》』には、「鮧（＝鯰《なまず》）魚名鮎魚和名ナマヅ鮎アユト訓ス非ナリ大和本草箱根ヨリ東ニ無レ之ト云近年東都甚多シ人恐レテ不レ食者多シ」（（　）内は筆者）とある。つまり貝原益軒《かいばらえきけん》の『大和本草《やまとほんぞう》』（一七〇八）が刊行された江戸時代中頃までは、鯰は箱根より東では棲息していなかったものと解釈できる。ほかにも同様の記録が報告されている。

木村重氏によると、元禄一〇（一六九七）年に刊行された人見必大《ひとみひつだい》（一六二二―一七〇一）の『本朝食鑑《ほんちょうしょっかん》』には、ナマズは淀川《よどがわ》と琵琶湖および信州の諏訪《すわ》湖に棲息するがほかの地方にはいないとされ、菊岡沾涼《きくおかせんりょう》（一六八〇―一七四七）の『続江戸砂子』（一七三五）では、昔から関東にはナマズはいないといわれるが、享保七・八（一七二二・二三）年頃から江戸の浅草川（隅田《すみだ》川）に多く見られるようになったと記録されている。さらに、小原良貴《おばらよしたか》（一七四六―一八二四）の『魚譜《ぎょふ》』（一八一四）には、享保一四（一七二九）年九月、井の頭池があふれて小石川あたりまで大河のごとく水が満ちて人馬が多く溺死し、その後ナマズがいたことも記されている。東北地方では山形の松森胤保《まつもりたねやす》（一八二五―九二）による『両羽博物図譜《りょううはくぶつずふ》』（一八四四）に、天保末（一八四〇）年に最上川下流にナマズが出現したとある。さらに、西村三郎氏は、ナマズは江戸中期まで関東以北にはいなかったが、享保一三（一七二八）年の江戸の大火以後多く見られるようになったことが神田玄泉《かんだげんせん》の『日東魚譜《にっとうぎょふ》』（一七三一）に記されていることを報告している。

これら江戸時代の本草に関する書物に残された記録から、江戸時代中頃まで、ナマズは東日本（関東）には分布していなかったことや、江戸時代中頃に関東にナマズが見られるようになったこと、東北地方では江戸時代後半になってナマズが確認されるようになったことが読み取れる。

ナマズの分布の変遷は移殖による人為的なものか、あるいは自然分布によるものかは、これらの文献資料からは判断できない。しかしながら、以下①〜④に引用した大正から昭和初めの柳田國男の著作は、江戸時代後期、東北地方にナマズが分布するようになったことを示唆している[14]（傍点、ならびに（　）内は筆者による）。

①「鯉は食へるから田舎の人も、昔から之を運んできたのかもしれぬ。併し秋田領では、鯉も金魚のやうに新参で、文化頃（一八〇四〜一八一七年）から多くなって来たと土地の人は言ひ、享和の末年に、命じて之を放つと、記録にもあるさうである。」

②「鯰は鯉よりも更に一段と後に来た。伊藤園茶話という書には、萬延（一八六〇年）のころより次第に多くなる。別に放した人はい無い。タナゴ其他の小魚、此爲に甚だ不足になるとある。」

③「矢立を北に越えて津軽の平野に下ると、鯰の移住は更に近年のことである。青森の川口君などは、二十何年前にはたしかに居なかつたが、今では津軽の川々に、鯰を見ないのは無いやうになつたと言はれた。」

④「秋田から津軽地方にかけてナマヅのはいつて行つたのは百年前の事ださうであるが、ナマヅが繁殖し出してから、彼處のコヒや其他の魚が減つて、川魚の関係が違つて来たと聞いている。」

先に述べたように、東日本では、江戸時代の遺存体が東京で見つかっているのみで、東北地方では一資料も見つかっていない。このことは安永五（一七七六）年の『本草正譌』の記録に見るように、江戸時代中頃までは少なくとも江戸にはナマズが分布していなかったことを支持する。東北地方に関しては、遺跡の調査件数や調査精度の問題も考えられるが、ナマズ科魚類の動物遺存体がまったく見つかっていないこと、一九三〇年代の淡水魚の分布調査で東北地域への移殖が指摘されていること、柳田の記録などから、江戸時代後期以降に移殖されたと想定される。

ギギ科魚類の分布については、宮城県の中沢目貝塚の縄文時代後期~晩期から見つかったギバチは、現在の分布域と一致する。また、岩手県の貝鳥貝塚の縄文後期~晩期のギギ科と同定された遺存体も、現在の分布からギバチと考える。西日本各地の遺跡でギギ属と同定された遺存体の多くは、現在の西日本に分布の中心をもつギギであると推定される。

しかし、ギギが茨城県の縄文中期~晩期の各地の貝塚で見つかっていることは、現在の分布域からみて誤同定の可能性が高いのではないだろうか。

今後は、遺存体の残存性の解明や、発掘調査精度、同定精度の向上など、環境考古学的な分析精度の向上のほか、ナマズ科魚類と同様な場所に棲息するコイ科魚類などの遺存体の分析によって、先史時代以降の水田開発と淡水魚の分布の変遷の関係が解析できるのではないだろうか。また、貝塚遺跡が数多く分布する臨海部のみならず、内陸部の沖積平野の詳細な地形環境変遷との関連や、淡水魚の捕獲に用いた考古遺物（漁具）からの検討、さらには、江戸時代の藩政資料の検討など、中世や近世においては文書記録を用いた実証的な検討が求められる。

［付記］

本報告は『動物考古学』に投稿した拙論、宮本真二・渡邊奈保子・牧野厚史・前畑政善（二〇〇二）「日本列島の動物遺存体記録にみる縄文時代以降のナマズの分布変遷」の構成を大幅に改変したものである。

【注】

（1）Tomoda, Y. (1961) Two new catfihes of the Genus *Parasilurus* found in Lake Biwa-ko. Memoirs of the College of Science, University of Kyoto, Ser. B 28: 347-345
友田淑郎（一九六二）「びわ湖産魚類の研究—I、びわ湖産三種のナマズの形態比較およびその生活との関連」『魚類学雑誌』五・六号、一二六—一四六頁

（2）森　為三（一九三六）「朝鮮産ナマズ（Siluroidae）の一新属三新種について」『動物学雑誌』kxviii: 671-675

（3）青柳兵司・井出嘉雄（一九三七）「秋田県の淡水魚類」『名古屋生物学会記録』V、二四—三三頁

（4）成田末五郎（一九三五）「最近に於ける青森県下の動物の変異」『青森博物研究会会報Ｉ』一—一八頁

（5）宮地伝三郎・石井四郎（一九三九）「樺太の所謂ナマズ *Lota lota* に就いて」『植物及動物』七、六八頁

（6）後藤　晃（一九八二）「北海道の淡水魚相とその起源」『淡水魚』（八）、一九—二六頁

（7）瀬能　宏（一九八五）「沖縄の川魚滅亡の危機」『淡水魚』（一一）、七三—七八頁

（8）Sato, S. and K. Kobayashi (1954) Note on the ichthyofauna of fresh waters in Hokkaido, Japan. Bull. Fac. Fish., Hokkaido Univ. 4: 268-272

（9）水野信彦（一九六二）「カジカとカワヨシノボリの分布、とくに陸封と分化の特異性に関して」『大阪学芸大学紀要』一一、一二九—一六一頁

（10）小早川みどり・奥山茂美（一九八四）「古琵琶湖層群伊賀油日累層産のナマズ属魚類の化石について」『瑞浪市化石博物館研究報告』一一、一〇七—一一〇頁

（11）小池裕子（一九八三）「貝類分析」『縄文文化の研究２　生業』加藤晋平・藤本　強・小林達雄編、二二一—二三七、雄山閣出版

（12）中島経夫・内山純蔵・伊庭　功（一九九六）「縄文時代遺跡（滋賀県粟津湖底遺跡第三貝塚）から出土したコイ科のクセノキプリス亜科魚類咽頭歯遺体」『地球科学』五〇、四一九—四二一頁

（13）高橋　学（一九九五）「臨海平野における地形環境の変貌と土地開発」『古代の環境と考古学』日下雅義編、一五八—一八五頁、古今書院

(14) 柳田國男(一九六三)「魚の移住」『定本 柳田國男集第三巻』三二四-三二六頁、築地書館
柳田國男(一九六四)「江湖雑談」『定本 柳田國男集第二二巻』二八六-二九一頁、築地書館

参考文献

青柳兵司(一九七九)『日本列島産淡水魚類総説(復刻版)』(財)淡水魚保護協会、青泉社
上野益三(一九七三)『日本博物学史』平凡社(一九八九、『年表日本博物学史』八坂書房)
上野益三(一九七三)『日本動物学史』(一九八七、八坂書房)
加藤晋平・小林達雄・藤本 強編『縄文文化の研究2 生業』雄山閣出版
川那部浩哉・水野信彦編(一九八九)『日本の淡水魚』山と渓谷社
日下雅義編(一九九五)『古代の環境と考古学』古今書院
中坊徹二編(一九九三)『日本産魚類検索、全種の同定』東海大学出版会
西村三郎(一九九〇)『日本海成立、生物地理学からのアプローチ(改訂版)』築地書館
西本豊弘・松井 章編(一九九九)『考古学と動物学』同成社
琵琶湖自然史研究会編著(一九九四)『琵琶湖の自然史』八坂書房
松井 章・牧野久美編(二〇〇〇)『古代湖の考古学』クバプロ
環境庁自然保護局編(一九九三)『第四回自然環境保全基礎調査、動植物分布調査報告書、淡水魚類』環境庁

本草学のナマズから鯰絵の鯰へ

北原　糸子

ここに一つの不思議がある。ナマズは江戸時代の中頃までは関東にはいなかったといわれるが、地震鯰絵《なまずえ》では、古代蝦夷に対する東の守りとして鎮座する鹿島神宮の要石《かなめいし》に鯰が押さえられ地震が治まったことになっている。現在沖縄を除き、西日本から東日本、北海道にもナマズの棲息は確認されているが、東北、北海道の分布は人為的にもたらされた可能性が高いことが、文献資料、遺跡発掘に伴う動物遺体の検討などから指摘されている。(1) 琵琶湖のイワトコナマズ、ビワコオオナマズは琵琶湖水系特産種である。これらを含む日本列島の純淡水魚は、フォッサマグナ帯が西と東の分布の境になっているという。ナマズはむしろ西日本でなじみの存在だったということになる。では、ナマズになじみのなかった東日本で、地震鯰が鹿島の要石によって押さえられるアイディアはどうして生まれたのだろう。地震を起こした鯰が懲らしめられる地震鯰絵は、幕末の江戸安政地震（一八五五）で爆発的に流行するだけで、それ以前の西日本の地震ではほとんどといってよいほど現れない。これを実態としてのナマズと観念のなかの鯰のあり様の違いと捉えるとすれば、なぜそうなったのか考えることもなかなか興味深い。このテーマは、一九八二年に網野善彦氏が日本列島における西と東の対立として提起した問題の後追いであると考えられるかもしれない。しかし、出発点が西と東の違いであるから、その理由についてどんな回答が得られるかが問題なのである。

歴史学の立場からこれを考証する方法は、ひとつには文献に現れたナマズを追うことである。系統的にたどれる文献として、まず本草学のなかのナマズを追うことから始めてみよう。そのうえで明らかになった点を踏まえ、地震を起こす鯰が描かれる鯰絵が、京都やほかの地域での地震の際に出版されず、なぜ安政江戸地震で爆発的に発行されたのか、それは本草学のなかのナマズとどう関係するのか、その社会的歴史的背景を考えることにする。これによって、本草学という実学から、さらには江戸時代の人々の観念のなかの鯰を追うことになるだろう。

なお、ここでは、すべてに「鯰」の字を使うことは避け、生物としての〝ナマズ〟と地震鯰絵の〝鯰〟は区別して表記することにした。

本草学の領域

本草学とは近代以前、人体にとって有用な薬の元になるものを体系化した学問である。これが学問の一分野を成す前、薬の元になるものを植物、動物、鉱物などあらゆる自然界の産物から直接得ていた時代には、食生活、病気に対処する食餌など、日常生活の基本的なところで関心がもたれていた領域である。生命の維持という共通課題であり、近代以前の日本では、学問的先進国中国で体系化されたものはただちに輸入され、それを典拠にこの分野も徐々に学問の形を成した。江戸中期には、薬物学からさらに地方振興策の一環として物産学の興隆が推し進められ、人々の嗜好の多様化などが多くの料理本を生むなど、横への広がりがつけられた。本草学の対象は必ずしも植物だけではないが、薬の元として利用されたものは植物が圧倒的に多かったから、日本の近世本草学は植物を主体に体系化が図られた。さらに、一八世紀以降幕末には、近代植物学や動物学の基礎的文献が幕府や大名を通して輸入され、博物学への道筋がつけられた。江戸時代の本草学の発展を促し、近代西洋医学が導入された幕末に至るまでの約三〇〇年間、さまざまな分野の典拠として利用されたのは、一五九六年に刊行された李時珍《りじちん》の『本草綱目《ほんぞうこうもく》』（一五九〇成る）である。これが日本にもたらされたばかりのとき、長崎で手に入れた林羅山《はやしらざん》（道春、一五八三―一六五七）は早速家康に献上し、家康は自身の健康維持の書としてこれをきわめて重用したという。[2] 羅山自身は、『本草綱目』が中国におけるものの名称で示されているため、早速この和名に当たるものがなんであるかを示すことも兼ねた一種の辞典『多識編《たしきへん》』（一六三〇）を著した。さらに、『本草綱目』に挙げられているものが日本の山野河海では実際になに当たるかを調べ、集大成したのが貝原益軒《かいばらえきけん》の『大和本草《やまとほんぞう》』（一七〇八成る）である。

ここではまず、本草学のなかから、近代動物学の基礎となる学問的関心の発展過程を初めて体系化した『日本動物学史』（一九八七）の著者上野益三氏（一九〇〇―八九）の論述に沿って、本草書のなかの「ナマズ」に注目してみよう。幸い、上野氏の動物学史を成す基礎的文献である「上野益三文庫」（以下「上野文庫」と記す）を蔵す甲南女子大学図書館の全面的なご協力を得られるという幸運にも恵まれた。

『大和本草』が出版される一〇年前、日本における食物本草の集大成といわれる人見《ひとみ》必大《ひつだい》の『本朝食鑑《ほんちょうしょっかん》』が刊行された。『本朝食鑑』の漢文体の叙述を現代口語体に訳された東洋文庫版の訳者、島田勇雄氏はその訳注で、「鯰」について、①ナマズを表す漢字の多様さ、②食餌・料理、③ナマズの形状・生態、④ナマズの伝説、などこれまでの文献から得られる情報を網羅的に紹介していて、余すところがない[3]。本草学の守備範囲は①から③、ときに④に及ぶところも含むことが示されている。したがって、ここでの問題も、①の漢字表現の歴史的経緯はともかくも、②の食餌、さらには料理、③の生態的観察記録に見られる変容過程を追いながら、④琵琶湖岸の生活のなかで身近に接してきた人々のナマズに対する考え方から探ることになるだろう。

一七世紀の本草学のなかのナマズ

一七世紀初頭、『本草綱目』の輸入に促され、漢字に対応するための和訓辞書が発刊され、また、『本草綱目』以前から伝えられる食物本草やその大衆普及版の発刊、あるいは絵入り百科事典の類など、一七世紀の後半には、社会的安定の結果として、学問の普及が急速に進み、女・子供を対象とする段階に至る。一七世紀末年に『本朝食鑑』が出て、次の段階への転換点を画することになる。一八世紀初頭の『大和本草』の出現は日本に本草学が根づいたことを証明するからだ。以下、エポックを画した書物のなかのナマズの叙述を具体に追ってみよう。

李時珍『本草綱目』：万暦二四年（一五九六）初版、寛永一四（一六三七）年和刻初版

『本草綱目』では、まず神農本草以来語り継がれてきた薬効ある諸物をまとめた『神農本草経《しんのうほんぞうきょう》』（紀元五年頃成立と推定され、五世紀陶弘景《とうこうけい》校訂）以降に成立した三五〇に近い引用医書を挙げ、それらの書物に載せる本草目の数値を調べ、過去の説に対して、著者時珍が誤りを正し、どれだけの本草目を増加させたかを示すという、いわば研究史の徹底整理をしている。この態度は徹底され、ひとつひとつの本草目に対して「時珍曰く・・・」として自説が述べられる。この内容を見れば、本書の成立に三〇年を要した理由がきわめてよく納得できる。凡例では、過去の整合的でない分類を正し、綱《こう》の下に目《もく》をつける工夫をしたこと、初めに「釈名」（名称）、「集解」（産地や形状、採集方法）、「正誤」（これまでの学説の誤りと時珍の正説）、製法を示し、「気味」（温・涼・寒・熱の別、甘・辛などの味）で性能を明らかにし、「主治」で薬効を示し、「発明」でこれまで不明のものの意義を解釈し、「附方」で薬としての用法を記述するとしている。

李時珍は、唐、宋の本草では魚類を虫と区分していないが、自著の『本草綱目』では虫とは区別し、魚を鱗部として以下の四類に分類したとする。四類とはそれぞれ龍類九種、蛇類一七種、魚類二一種、無鱗魚二八種、付録九種である。

ナマズは、『本草綱目』では無鱗魚の部に属し、鮧魚と表記される。「釈名」つまり、名称に関する来歴は、鯷魚、あるいは鰋魚、あるいは鮎魚という字が当てられている。現在、私たちが使う「鯰」という字は国字であり、ここには出てこない。なぜ、現在「あゆ」を指し示す鮎がナマズを意味するのかについては、涎《よだれ》がねばねばしているからだと説明されている。ナマズに関する説明の出発点になるものであるから、時珍による説明を白井光太郎校註『頭註国訳本草綱目』によって引用しておく[4]。ただし、引用は、この後の日本の本草学で引用される箇所の多いものに限っておきたい。

> 「釈名」 鯷魚 音は題《タイ》である。鰋魚 音は偃《エン》である。鮎魚 時珍曰く、この魚は額が平夷で低く偃し、その涎が粘滑なものだ。鮧魚は夷、鰋は偃、鮎は粘である。古は鰋といひ、今は鮎といふ。北方では鰋といひ、南方では鮎といふ。
>
> 「集解」(中略)弘景曰く、鯷とは鮎のことだ。また、鱯といふ鯷に似て大きいものがある。鮠は鯷に似て色が黄色だ。人魚は鮎に似て四足がある。(後略)
>
> 時珍曰く、(中略)鯷魚鮎といふは無鱗の魚であって、首は大きく、額が偃し、口大きく、腹太く、身は鮑のやう、尾は鱧のやう、歯があり、胃があり、

髭があり、流水に生ずるものは色が青白く、止水に生ずるものは色が青黄である。大なるものはやはり三四十斤に達するものがあるが、供に大口、大腹であって、いづれも口の小なるものはない。鱯といふは今の鮰魚のことで、鮎に似ているが口が頷下にあり、尾には岐がある。（後略）

肉・「気味」（中略）有毒だ。多く食ってはならぬ。寒にして毒あり。佳品ではない。目赤く、髭赤く、鰓のないものはいづれも人を殺す。牛肝と食合せてはならぬ。風噎を患ふものだ。涎を野猪肉と食合せてはならぬ。吐瀉を発すものだ。（後略）

肉・「主治」（中略）水腫を療じ、小便を利す。（中略）又、五痔下血、肛痛には、葱と共に煮て食ふ。（後略）

「附方」鮎半斤のもの、一尾を腸を去り、粳米と塩、椒で普通のやうに鮓に作り、荷葉で三包にして縛り、更に荷葉で二重に包んで置いて臭爛させ、まづ布で患部を拭って赤くしてから、その鮓を炙いて包んで熱に乗じて熨し、汗を出してから綿布で患部を包んで風に当たらぬやうにする。（後略）

ナマズに関する以上の説明は、これまでのさまざまな本草書の蓄積を集約したものであるから、当然これ以後の本草書もこれを典拠にするという仕組みになる。「上野文庫」のものは、正徳四（一七一四）年、加賀藩前田家の医師稲生《いのう》若水《じゃくすい》（一六五五－一七一五）の校訂に掛かる和刻本である。(5)

林羅山『多識編』：寛永七（一六三〇）年古活字版、寛永八（一六三一）年整版初版

「上野文庫」に所蔵される寛永八年整版初版本に沿って内容を見ていく。内題は「新刊多識編」、書名の下に「古今和名本草並異名」と割書されているように、本草についての和名索引であり、五巻全三冊から成る。一巻から四巻までは、李時珍『本草綱目』に挙げるものの和名を万葉仮名で著し、五巻は元時代の王禎《おうてい》『農書《のうしょ》』によって田制門以下、舟車門、灌漑門など本草以外のものの漢名と和名の対比をしている。

ナマズの項の実例で示せば以下のようである。(6)

鮧魚　那末豆《なまづ》（異名）鯷魚　鮎魚

なお、儒者林羅山の編纂するこの『多識編』では、国字の鯰は登場しないが、すでに七〇〇年をさかのぼる平安中期、天皇の侍医深根輔仁《ふかねすけひと》（生没年不詳）が勅を奉じて編纂、九一八年頃成立したという『本草和名《ほんぞうわみょう》』では「鯰」の国字が登場し、(7)また、同じ頃成立したというわが国最古の辞典である源　順《みなもとのしたごう》（九一一―九八三）『倭《わ》名類聚鈔《みょうるいじゅしょう》』（以下『和名抄』と表記）にも鱗介部の龍魚類に「鯰」の国字で表記されている。なお、左記の引用は元和古活字版による。(8)

鯰　崔禹錫『食経』云、「鯰、奴霑反、和名奈万豆、『漢語抄』用鮧字、所出未詳、貌似鮔而大頭者也」

『和名抄』で説くところは、崔禹錫《さいうしゃく》（六世紀前梁代）の『食経』では、鯰を奴霑《ぬてん》の反切つまり発音の未知の漢字に対しての説明を奴霑を用いて説明し、和名ではなまずに当たると万葉仮名で説明を付し、『漢語抄』（刊年不明）では鮠の字を用いているが出典は不明だという注釈をしている。『多識編』の説明も『和名抄』に典拠を置いていることがわかる。また、「鮎魚」は、『和名抄』ではアユを指す。(9) なお、『和名抄』では、動物分類は、羽族、毛群、鱗介、亀貝、虫豸の五部に分けられ、ナマズは鱗介部龍魚類に属している。

曲直瀬道三『宜禁本草』：刊年不明

曲直瀬道三《まなせどうさん》（正慶、一五〇七–九四）は足利学校に学び、京都で歴代の将軍に厚遇された医者である。『宜禁本草《ぎきんほんぞう》』は、『本草綱目』が輸入されるより早く成立し、いわば、『本草綱目』導入以前の本草学がどのようであったのかを示している。学としての体系化以前に、食を医学的立場からみて宜、禁すなわち能、毒に当たることを説く書としての到達点を示すものであるという。上野益三氏によれば、本書で挙げる動物類は五〇種、このうち魚類は一三種で、ナマズは以下のように説明されている。

鮧魚　甘く平で、毒なし、百病を主る。鮎魚は羹に作らしめ、之を食さしめ補す。○鱨《ぎぎ》魚は相似て口腹倶に大なり　○鮠魚は相似て黄にして美なり、人に益あり　○陳士良が云うには鹿肉を忌む、赤目赤髭にして鰓無き並に人を殺す　○鮧は温にして大首、方口にして鱗無く涎多し、水の浮腫を主り小便を利す、三魚羹にして美なり且つ補す　○牛肝猪肉を忌む、三魚大抵

寒にして毒あり、食品の佳味に非ず

曲直瀬がナマズについて説くところは前半部分であり、後半は、陳士良《ちんしりょう》（一〇世紀中国の五代十国時代の人）の説の紹介である。上野氏は、『宜禁本草』について分析した結果から、曲直瀬は多年京都に居住したから、琵琶湖産の魚の名を挙げるものが多いと指摘している。ナマズの項に、ギギやイワトコナマズに比定されるものが挙げられている点はこの指摘どおりである。

『宜禁本草』の内容を一般に普及する目的で、本草のそれぞれの品目を米穀類、草類、木類、菓子類、諸鳥類、獣類、魚類、虫類に分類し、それをいろは順に編集して平仮名で著された『宜禁本草集要歌』（寛永年間刊）がある。集要歌と題されるが、いろは歌に沿って本草の説明を編集したということであって、歌で表現されているわけではない。「な」の項の魚類に鮧魚が挙げられているが、内容は『宜禁本草』を簡略にしたものである。同様な趣旨でいろは順に編纂された『和歌食物本草』上下（国立公文書館蔵）も寛永七（一六三〇）年に開版されている。もちろん、ナマズも鮧魚として登場する。『本草綱目』が普及する以前にすでに民間でこうした食物本草が多用されていたのである。

中村惕斎『訓蒙図彙』：寛文六（一六六六）年刊

本書は、現代流にいえば絵入り百科事典である。惕斎《てきさい》（敬甫、一六二九－一七〇二）は、その叙文で物の形象は図に表すともっともわかりやすいと述べている。

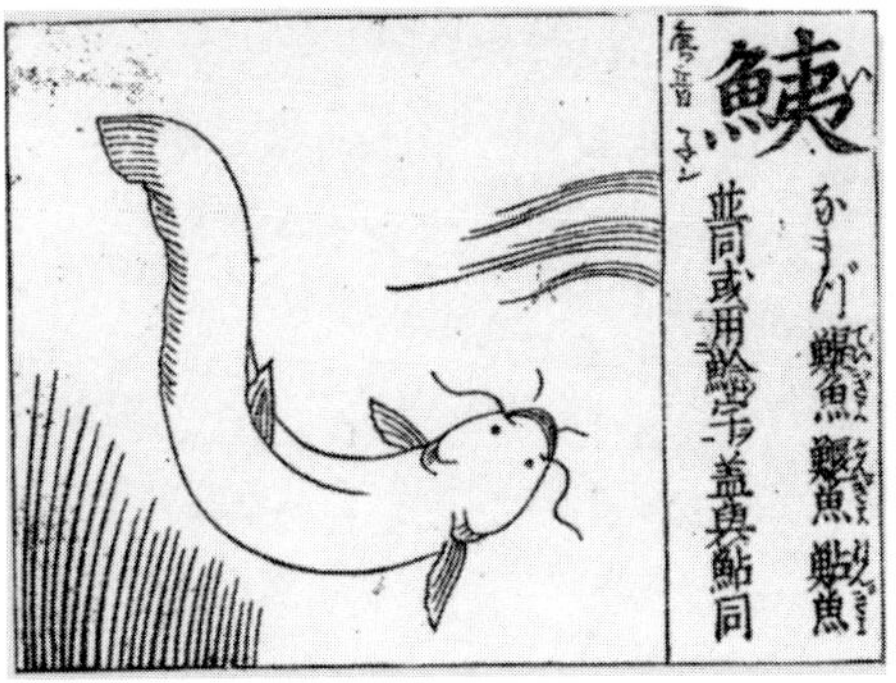

図1　中村惕斎『訓蒙図彙』に描かれたナマズ。この書は本草に限定されていない絵入り百科事典というべき文献である（甲南女子大学図書館「上野文庫」蔵）

吾家に児女有り、まさに垂髪、焉んぞ内に姆の従うべき無く、傅の就くべき無く、乃ち対照之制に倣うに、四言千字を連綴し、副えるに国字を以て傍らに画象を以てして之を授ける、児女盡日す、焉んぞ玩覧して釈ざらんや、自より後稍物を観て名を呼び名を聞きて物を弁じて以て字様を略識するに至る、噫芸文の学も猶実践之暇に及びて多識之資けは又文学之余を得る（後略）

要するに、子供が家庭のなかで物の名を知り、文字を覚えていく場合にも、図を用いた説明があれば一人で遊びながらでもいろいろなものを認識していくことができるではないか。遊びながら学ぶ。これぞ知識を得ていくための基礎ではないかというわけである。また、凡例では、千に及ぶ項目に図を付し、物の名のいくつもある場合は一般的に慣用されている和名を採ったこと、図は『三才図会』、『農書全書』、本草諸家の図説などから引用し、『和名抄』や『多識編』、『壒嚢抄』や節用集その他を利用したこと、また日本にいる中国人にも問い、博く物を知る友人たちにも問いただし、実際に漁業や林業に従事している人たちにも聞き合わせた。自分の考えで叙述したものについてはその旨を注記したとしている。

ナマズは、一四巻の龍魚の部にあり、鮧として、平仮名で「なまづ」と和名が記るされ、図のごときナマズが描かれている（図1）。

先の『宜禁本草集要歌』が食療本草を、医を職業とする者から解放して一般の人たちに広く普及させようとしたものと捉えれば、その動きが一世代後の『訓蒙図彙』の段階では、さらに進んで、女・子供の啓蒙教育という目的で出版されるに至ったことを示している。寺子屋的な学校教育の普及以前に、家庭での子弟の教育が都市上層階層において社会的課題となってきたと考えてよいだろう。江戸時代の学問の普及、大衆化という点できわめて意味のある動きと位置づけられる。

国内ばかりではなく、元禄初期に来日したケンペルの著書『日本誌―日本の歴史と紀行―』上・下(10)には、この『訓蒙図彙』第二版から七四図が引用され、そのうち四〇件は動物図であると上野氏は指摘している。西欧先進諸国のアジアへの眼差しが侵略や開発を主眼に強化される一七世紀、オランダ貿易の拠点長崎に医師として滞在したケンペルは出版されたばかりのこの書の図版の見事さに衝たれたのである。日本が諸外国にその存在を知られていくまず第一の典拠となった書物であり、世界的視野から評価される図版を含む書物ということにもなる。

人見必大『本朝食鑑』：元禄一〇（一六九七）年刊

著者人見必大（野《や》必大ともいう、一六二二―一七〇一）の父賢知《かたとも》は、元和七（一六二一）年に禁裏の医師、寛永一六（一六三九）年には幕府に招かれ、一八（一六四一）年の家綱誕生に際して侍医となり、大蔵卿法印《ほういん》の位を得た人物である。禄高は当初五〇〇石、後に二〇〇石加増、併せて七〇〇石であった。兄の宜郷《よしたか》、通称友元は家綱幼少時の御伽衆となり、儒者として『続本朝通鑑』や『武徳大成記』の編集に携わっている。次男も七〇〇石から二〇〇石を割いて儒者として別家を立てさせた。必大は四男で、諱《おくりな》は篤《あつし》、別家を立て、禄米三〇〇俵。『本朝食鑑』は元禄五（一六九二）年に成立し、同八（一六九五）年に幕府に献じられた。[11]

『本朝食鑑』は、内外の著名な古書類の渉猟《しょうりょう》、そしてなによりも実際の観察と経験、見聞によって著されたが、それに三〇年という歳月をかけたのであった。これは父賢知が一家を儒者の家系として固めることを目指し、二代をかけて創出した優れた学的環境でこそ可能な成果だったといえるのではないだろうか。

序や凡例で強調されるのは、漢の『本草綱目』に倣いながら、日本には自ずから違うものがあるから、「華和異同」の項を設けたこと、用法は『本草綱目』に挙げられていても必大が試したものだけを挙げたとして、必大自身の頭脳と身体を通して集大成された食の本草書だということである。『本朝食鑑』の意義は、食療本草の最後の本格的著述であり、この出版を機に本草学が本来の薬学としての方向を深めるなかで、物産学を派生させ、魚類、貝類、鳥類などの博物学的専門化を促したことといえる。同時に、それまでの本草学の発展の拠点であった京都ではなく、江戸で成就されたことも意味深いと指摘されている。[12]

本書では、ナマズは鱗部の河湖無鱗部八種のうちにある。以下は島田勇雄氏訳の東洋文庫版からの引用である（ルビは原本のママ）。ここでは、国字の「鯰」で表記されている。

鯰　奴霑《ぬてん》の反切。奈末須《なまず》と訓《よ》む。

「釈名」鮎《なまず》。『漢語抄』。○源順（『和名抄』）は、「鮎の出所は未詳。崔禹錫『食経』に、鯰の貌《かたち》は鮠《いしぶし》に似て、大頭の魚とある」といっている。

「集解」鯰は大きな首、偃額《ひくいひたい》、大きな口、大きな腹してい、背は蒼黒、腹は白く、口は頷《あご》の下にある。尾には岐《また》がなく、鱧《はも》に似ている。歯があり、鬚《ひげ》があり、鯰の大きいものは三・四十斤にもなる。粘《ぬめり》が多く、捕らえにくい。(中略)味は稍《やや》佳いとはいえ、但鱠《ただなます》や蒲鉾《かまぼこ》にするにすぎない。それ以外では食べるによくない。我が国では、流水に存生するものは未だ見ない。惟《ただ》止水にのみ生存しており、洛《きょうと》の宇治川・淀川、近江の琵琶湖、信州の諏訪湖でとれる。余州には未だ存在しない。

淀川の漁人は多く鯰魚《なまず》を釣る。その釣り方は、蛙を小縄で繋《つな》いで水上に放つのである。蛙が跳《はね》ると、鯰が啄《ついば》みに浮かんでくる。啄んだところを縄を引いて得《と》る。それで、この釣り方のことを識っている洛人《きょうとのひと》は、避けて食べないのである。[13]

これまでの本草学の蓄積を踏まえ、日本での棲息分布の情報が盛り込まれている。京都を中心に蓄積された本草学の視野に、新しく江戸に視点を置く広がりがもたらされたことがわかる。つづいて、竹生島《ちくぶじま》を守る伝説の龍が実は鯰であったという話が紹介されている。

昔、江州海津《かいず》の浜に、越前の漁夫で水練に達者なものがあり、その者が里人に語っていうことには、「我《わたし》は、越州の海底のうちで、見ていないところはありません。平生《ひごろ》から水練の誉《ほま》れを得ていますのに、今この湖底を見なかったら、何の面目あって衆人に顔が合わせられましょうや。いつまでも遺《こころ》憾《のこり》に思うことでしょう。」と。里人は、「往年《むかし》にも水練の達者が湖水に没《もぐ》ったことがあったが、竹生嶋の深い処に到って、偶然に群竜を見て驚怖《びっくり》し、息も絶えだえになってやっと帰ってきたのです。今、子《あなた》もやはりそうなるでしょう。どうか、やめて下さい。」といった。すると、漁夫の言うには、「曾《かつ》て竹生嶋は、水の中間に泛《うか》んでおり、水底は空曠《がらんどう》で四方に通じていると聞いたことがある。してみると、これが見られるのも甚だ幸《しあわ》せなことであります。たとえ、群竜がいたとしても、神物がどうして人を害するようなことがあるでしょうか」。そう言って、海津の浜から水中へ入り、二・三時《とき》を過ぎても出てこなかった。巳（午前十時）より未の刻（午後二時）になって、彦根の水上に浮かび出、舟に乗って黄昏《たそがれ》に村に帰ってきた。そして里人に次のように言ったという。「嶋の底には竜はいないで、但《ただ》群鯰がいた。その巨大さといったら、量ることも出来ないほどだ。ここを衝《つ》きぬけて、巌に傍《そ》うて嶋の北岸に出たところ、風が悪く波が高くて、すぐに帰ることができなかった。そこで彦根まで行って帰ってきたのです」と。

また、琵琶湖八月中旬月明の夜、鯰魚《なまず》が数千匹、みずから跳ねて竹生嶋の北の洲の砂の上に身を投げ出し、踊躍転倒する、というが、これはなぜそうなるのか、よくはわからない。

以下、肉の「気味」、「主治」と続くが、ここは『本草綱目』と変わりない。記述の項目立ては『本草綱目』に倣い、「気味」、「主治」はこれまで見てきたものと変わりないが、注目したいのは、「集解」すなわち、形状、産地などの解説項目であり、これまでの『本草綱目』をそのまま踏襲したものではない、日本での鯰の実態があげられている。さらに興味深いのは、琵琶湖の竹生島の龍伝説は実は鯰の大きな群であったこと、八月中旬月明かりの夜は竹生島の砂浜にたくさんの鯰が上がり、跳びはねまわることなど、実際の生態の観察に基づくと思われる記述があることである。

鯰の項にみるように、『本朝食鑑』は創見に満ちたところがある。「俚諺云」として積極的に民間の伝承を取り入れる点も、単なる食餌本草を目指したものではなく、日本の現状を把握した一書とする意図がうかがえる。その条件をなしたのは、先に述べたような幕府の侍医や儒者などを勤めた父や兄、叔父などに囲まれた学問環境に加えて、それまで京都を中心に発展してきた本草学に対して、消費文化の中核になりつつあった江戸という地点から食療文化を見る視点を積極的に導入したことではないだろうか。時代の趨勢《すうせい》もまた、東漸の傾向にあった。

なお、鯰は関東にはいないという点は、時を置かず出版された『大和本草』はもちろんのこと、以降の本草書のナマズの記述にはこの言が取り入れられていく。

一八世紀の本草学のなかのナマズ

『大和本草』と名づけられた書名が示すように、四〇年という歳月を掛け、本草学の枠組みを脱して、日本の本草を主体に博物学的観点を打ち出したと評価される仕事が一八世紀の初めに成立した。本草学は、さらに吉宗の殖産興業策に支えられて物産学を派生させ、また従来研究手薄であった動物学の分野の開拓がおこなわれた。一八世紀は本草学から多様な学問的成果が生み出された時期と捉えることができる。ここでは、日本博物学の創始とされる『大和本草』と、日本の魚類に関する初めての専門書『日東魚譜《にっとうぎょふ》』のナマズの項を見ることにする。

貝原益軒『大和本草』‥宝永六（一七〇九）年刊

『大和本草』（一七〇八成る）は、貝原益軒（篤信、一六三〇－一七一四）七九歳のときの著作である。内題は「大倭本草」である。全一六巻、付録二巻、諸品図二巻の一八冊。序には、『本草綱目』に載るところは一八九二種だが、天下の品物は限りなく、それに載らないものも多いこと。中国にあってわが国にないものもあること。したがって、ここでは多年実際に見てきたことに基づき、本草の民用を第一と考え、国字を以て表したことなど、これまでの本草書の革新を意図したと宣言している。一三カ条の凡例では、具体的に自著の方針を述べ、本邦の産物はそれぞれ方言で呼ばれ、名称が異なるものもあり、また、著者益軒自身が黒田藩に仕える儒者であったため、西国の方言によるものが多いという難があるが、形状の叙述、図版によって判断して欲しいなど、率直な物言いをしている。また、すでに必大の『本朝食鑑』に論じられた食品について取り上げないこと、向井元升《むかいげんしょう》

（一六〇九-七七）の『庖厨《ほうちゅう》備《び》用《よう》倭《わ》名《みょう》本草《ほんぞう》』（一六八四刊）、稲生若水の本草書などはわが国本草書のトップレベルの書物であり、多くを引用したがその場合は断り書きを入れたこと、その他、和訓にはまちがった文字が多いのでできる限り糺《ただ》したことなどを断っている。そして、『神農本草経』以来のこれまでの本草書についての本草学としてのあり方に批判を加えた本草論をまず展開した。これは、いわば研究史の整理に当たる。そのなかで、ナマズについて、日本の各地でも産物は多様である一例として、「箱根より東北鮧魚を産さず」と指摘している。

本文では、ナマズは「河魚」に属するが、そこで、まず、魚類についての総論が述べられている。魚類は実際にはたいへん多く、所により異なり、形状、性味もまた異なる。また、地方で呼ばれるものには古来称せられてきた文字を誤って使われてきた例も多い。本草には河魚、海魚に限らず、挙げる品種が少なく、また、その性についても詳しくわからないものが多く、考証を必要とする。その他、魚は腐敗しやすく、臭いの悪いものは食すべきではない、海魚は長く食べても飽きないが、河魚は飽きやすい、などと記述されているが、ここでは省略する。

ナマズについては、以下のように叙述されている。

鮧魚《ナマツ》　甚大ナルモノアリ、本草曰ク、毒無シ、或イハ曰ウ、毒有リ、肉羮《カマボコ》トスレバ病人ニモ害ナシ、瘧疾ニナマツヲ食ヘバヨクオツル妙方ナリ、箱根ヨリ東ニ無シト云フ。

これだけから全体を論ずることはできないが、少なくともナマズの項は『本草

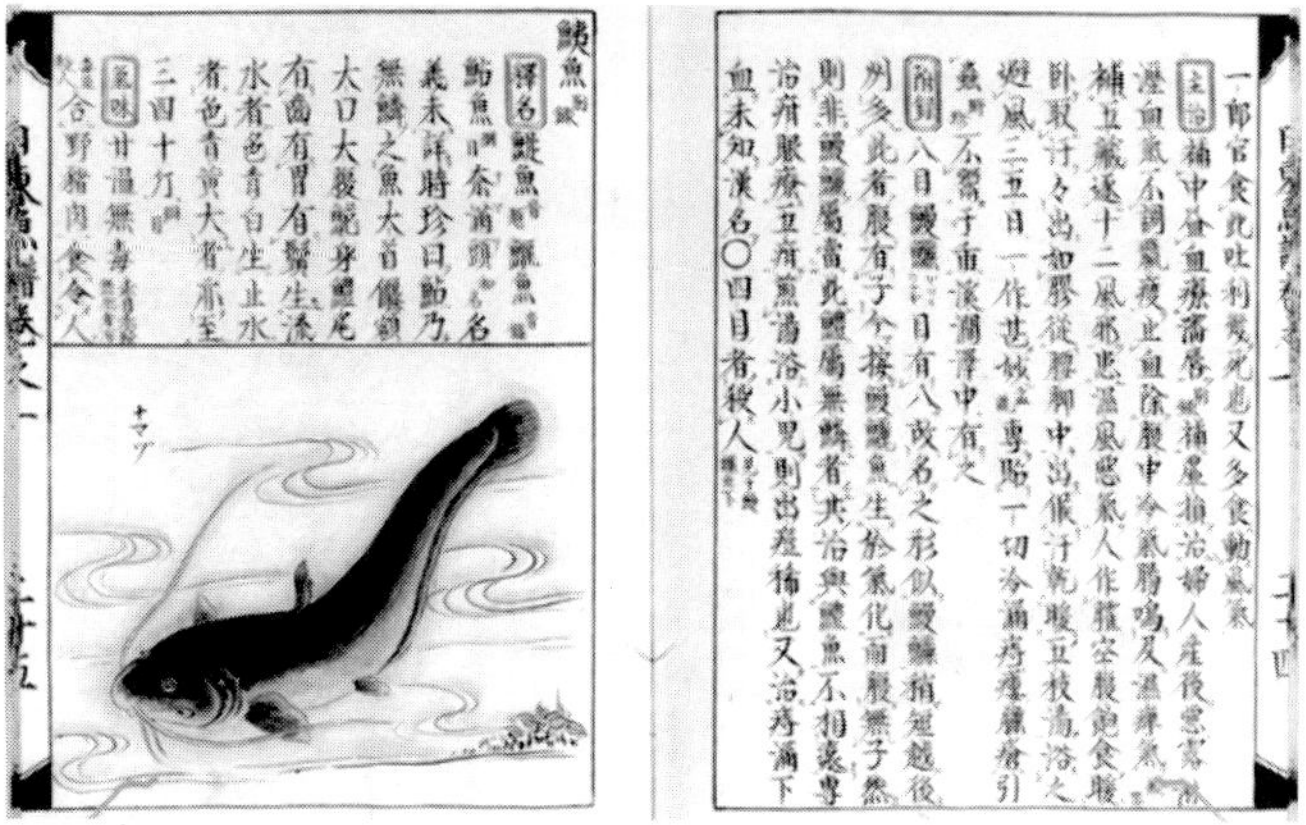

図2　神田玄泉『日東魚譜』の鯰の項（国立公文書館蔵）。初めての魚譜を含む魚類専門書と評価されている。この蔵本は将軍への献上本であるが、著者玄泉の本草学者としての系譜には不明なところが多いとされている。

綱目』の枠組みから脱し、それまでの諸書の内容を要約した簡にして要を得た記述となっている。ナマズは諸品図に掲載されていないが、本書が素朴ながら、諸品図をもつことが、本草学を実際の観察が必要とする方向に定めた点で、高く評価される理由である。本書が本草学の書というよりは実証を踏まえた博物学の方向に一歩踏み出した点が博物学者に高く評価される理由は納得できる。(14)

神田玄泉『日東魚譜』：享保六（一七二一）年成立、刊本なし

神田玄泉《かんだげんせん》（生没年不詳）の『日東魚譜』は、これまでの本草書が本草全般に及ぶものであったのに対して、魚譜を含む魚類専門書という点で注目される。刊本はないが、美しく彩色された魚譜は、本草書に新しい時代が訪れたことを示唆する。

上野文庫本は、本来五巻四冊のものが、三冊しかない零本《れいほん》であるので、享保一一（一七二六）年の国立公文書館蔵本によった。『日東魚譜』のいくつかの自筆本、伝写本については、島田勇雄氏や磯野直秀氏の考証がある。(15) 両氏の評価に違いはあるが、考証により、享保一一年の国立公文書館蔵本が玄泉の自筆本であること、将軍吉宗への献本であることが指摘されている（図2）。

上野氏によると、本書の魚類の分類は河魚、河虫、海魚、海虫、ほかにこれらを使った食品を含め、四〇〇種余であり、ナマズは、河魚無鱗部に属す。記述は「釈名」、「気味」、「主治」などから成り、ナマズの項で見る限り内容的に『本草綱目』を出るところはないが、注目すべき点は、次のような記述である。

此の魚素関西にあり、関東に絶えて無し。然るに享保一三戊申《つちのえさる》秋九月二日武州大洪水にして高田川の水上に破れて民屋を流し人馬多く死す。是に従い以来鮎魚所々に生ず。就中武州千住川多く産す。是により前、嘗て関東に之が有るを聞かざる也

享保一三（一七二八）年九月の洪水は、本所《ほんじょ》・深川《ふかがわ》など洪水常習地に被害が少なく、小石川近くの江戸川・神田川辺りに水が溢れ、小日向、牛込で一丈二尺（三六〇センチ）ほどの出水、市谷御門辺りでは外堀にも水が上がり、堀筋がわからなくなるほどだったという。「高田川」とは、神田川を指すと推定される。能役者福王《ふくおう》茂《も》右《う》衛《え》門《もん》盛有《もりあり》の書留によれば、被害地が山の手の神田川流域低地の武家地・町地に集中するという前代未聞の洪水で、神田上水は各所で破壊され、水源の井の頭も清流を保てなくなった。この書留は、沼地を干拓し大規模な新田開発をした飯沼新田がその原因だと記し、秘かに政治批判をしている。[16] 生態学的にみて、洪水がナマズを関東にもたらし繁殖させたことについて上記の記述が妥当かどうかは筆者の判断の及ぶところではない。しかし、以下の類推は成り立つのではないだろうか。江戸にあってこの未曾有の洪水を経験した玄泉は、従来の本草書のナマズは関東にいないという記述に信頼を置いていた。しかし、ナマズを江戸で実見した。そこで、彼は例の大洪水が原因だと考えた、と。あるいはこの大洪水は山の手辺の生態系に変異をもたらすほどのものであったのかもしれない。

本書について、食物本草の流れに属するため、食餌のことに重点が置かれ、形

態上の記述は簡略だが、自説に富むとは上野氏の指摘するところである。上に引用したナマズが関東に出現した理由などはこれまでの本草書には指摘されていない。洪水による繁殖かどうかは断定できまいが、まさにこうした記述が本書ならではの独自のものだということであろう。また、本書は刊本がなく、転写本が多く残るが、磯野氏は、写本によって転写された生態図で本書を評価することには問題があり、献上本の生態図は実物を観察して描いている場合が多いこと、分類についても工夫が凝らされていることなどを評価している。[17]

一九世紀の本草学のなかのナマズ──琵琶湖への眼差し

近世初期に限らず、食餌としての本草学が日本に根づいていく過程で琵琶湖の魚が本草学者に与えた影響が大きかったことは、上野氏が折々叙述のなかで触れており、その実例も前述したとおりである。日本における米の神聖視と肉食の穢視は裏腹な関係にあり、双方が対極的存在と位置づけられながら、実は相互に不可欠な関係性のなかで歴史的に形成されてきた観念であったことは原田信男氏が鋭く指摘している。[18]こうした肉食の排除が徹底するなかで、魚食は貴重な栄養源としてよりいっそう重要視されてきたこと、しかし、食物本草では薬餌としての要請から、こうした一般通念から比較的自由であったとも述べている。とはいえ、近代の西洋動物学の導入まで待たなければ、日本に動物学が成立しなかった一因は、こうした食物禁忌の根深さが作用していたことは無視できないだろう。
　動物学のなかでも魚類については一八世紀後半にようやく専門的な分野が自覚的に立ち上げられた。一九世紀には再び、初期本草学の発展に与った湖中の魚に新しい眼差しが注がれることになった。藩主の命を受けたとされるが、これは殖産興業的な発想の仕事として位置づけるべきものか、史料的裏づけを欠く現在、その事業の性格を明確にしえない。しかし、本居宣長《もとおりのりなが》門下の彦根藩士が、藩主の資金援助を受けて『湖魚考《こぎょこう》』を執筆したという事実から、本居学、平田学などの徒による一連の郷土復活の機運を背景にした事業とみることも可能ではないかと思われる。この郷土意識は後にみる『鹿島志』など地方誌編纂に連なる思想的胎動と見なせるかもしれない。さらに、この二〇年後の天保期には、膳所《ぜぜ》藩士がこれらの仕事に対抗的に儒医の立場から、琵琶湖の魚譜についての一書を成すという連鎖反応が起こる。いずれにしても、実物の観察と地元での見聞に基づく体験を踏まえており、文献学的本草学からの脱皮がより徹底した成果といえる。

小林義兄『湖魚考』：文化三（一八〇六）年成立、刊本なし

小林義兄《こばやしよしえ》（一七四三―一八二一）は彦根藩士印具《いんぐ》氏の従臣であり、井伊家にとっては陪臣となる。本居宣長の門人で、歌道に造詣があった。藩主井伊直中《いいなおなか》の命を受けて琵琶湖の魚介類を調査し、『湖魚考』を著したという。「上野文庫」の『湖魚考』は、「紀州藩畔田十兵衛伴存自筆」つまり紀州藩の著名な博物学者である畔田《くろだ》

翠山《すいざん》（伴存、一七九二―一八五九）の手沢本《しゅたくぼん》であったとする上野氏の注記がある。

本書は著者が本居門下であるため、平仮名、和名表記など国学者流のスタイルを徹底させ、凡例を「附ていふ」と表し、世に慣用されている表現を踏襲するとした。その例にまず「鮎」をナマズと表記してきた従来の漢学本草学の立場を取らない、異国（＝中国）にない小魚は「俗のいへるのミを名とす」ともと宣言している。上下巻で、三五種の琵琶湖に棲息する魚、貝類、亀、蟹などの甲殻類、蛙、金魚二三種の魚譜である。「なまづ」の項を引用する。

　なまづ　鯰

　　真なまつ　岩とこなまつ　きちやう　赤なまつ

すへて形頭大きく口も大きく細き歯なりてひけ上下ニ長短ハ筋有、色黒く黄のあり、下腹白黄にしてうろこなしハ大きなる物ハ沖ニあり、小なるものハ入江ニあり、大ハ二、三尺あまり、小ハ六、七寸より尺斗、肉色白し、子をうむ事鯉鮒の時と同しく子のいろすミありてねはりあり、この魚年中あり、しかれとも五、六月を盛とす、身にもねまりありてとらへかたし、

○真なます　少々頭ちいさく腹肥大にして魚おたやか也、惣て雄ハ少し雌は多し目形よりハちいさく雄魚ハ口歯ともきいにて見ゆ

○岩とこなまつ　小ハ色黒し、大ハ胡麻塩の如く黒き斑あり、大きなるもの二尺あまりもあり、味よろし、但冬の比甚よし

○きちやう　是入江又は池にあり、大きなるもの二尺はかり、身にむらむら

しげり、しらくぼの如し、色黄ありて黒し、腹は白し、味もよろし、惣てハ中品也、但尺三、四寸をよろしとす、大きなるもの八、九尺も又丈もある也、よろしからす

○赤なまつ　清水の池のうろ並川にあり、状常のなまつの如くして腹赤くひれに針あり大きサ二、三寸、五寸なる物ハいとまれ也、食品ならすたまたま網にかかる、是を取る手をさし血を出す、用心すへし

湖北竹生島の辺の深みは殊に大なまつ多し、又沖の島、竹島辺にもあり、是堅田の漁人すら得かたし、鯉魚のことにてたまたま連日大雨し洪水せし時深き入江又ハ湖近き水田に入洪水をよろこひころけあそふに水漸く涸あさくなり行事を不知あるを網して取、又ハ竹槍にてつきてむかふ也、さきつ頃の洪水に坂田郡長浜の市に南浜の辺にて取得しをもてこしを見るにその重さ十七貫目長サ九尺余その外四、五尺の物ハ八、九本あり、是をくらふニ五尺余の物はあつく少し能き味ありてうまからす、四、五尺の物に多くハ斑に白きあざの如くはけ有、世になまつはけといふも是よりや言ならん

これ以後の記述は、蒲鉾《かまぼこ》の材料として鯰がまず使われること、そのほか『大和本草』、『和名抄』、『本草綱目』、『本朝食鑑』からの引用を挙げている。

藤居重啓『湖中産物図證』：文化一二（一八一五）年成立、刊本なし

本書は、『湖魚考』の図版篇として、同じく彦根藩主井伊直中の命を受けて作

成したという。『湖魚図證《こぎょずしょう》』の書名が写本『湖中産物図證』として広く伝わっている。藤居重啓《ふじいしげたか》は彦根藩士であり、京都で小野蘭山《おのらんざん》について本草を学んだという。上野氏は、本書が一九世紀初頭の琵琶湖に棲息した魚を知るうえでも参考になるとし、「当時の学者が種の認識力をどの程度に持っていたかを知ることができる」と評価している。

藤居は『湖魚考』とは異なる説明の文章を図版につけている。各項の初めに『本草綱目』からの引用を掲げることからして、国学の徒である小林義兄とは異なり、本草学者だという立場を明確にしている。各図版には、観察、あるいは漁者から得た情報などが盛られている（図3～6）。

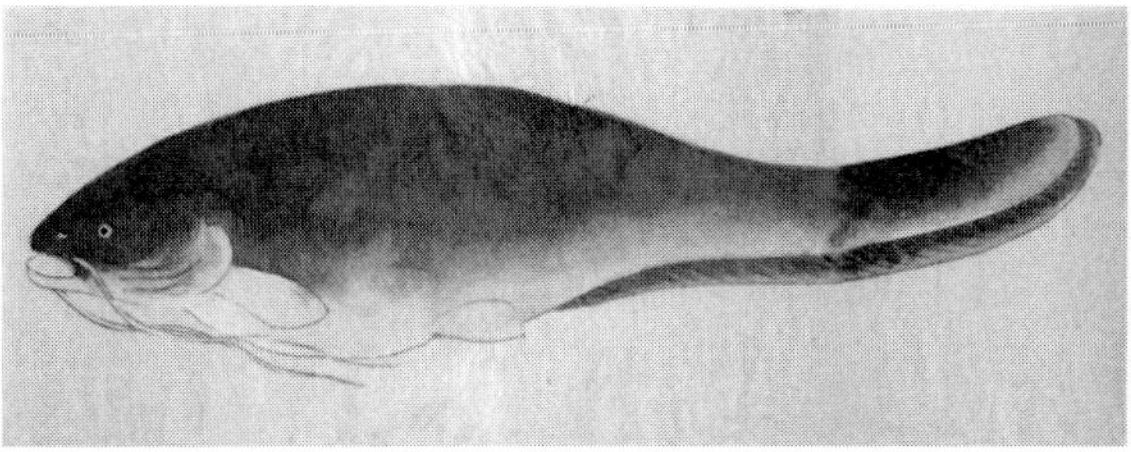

図3　鮧魚

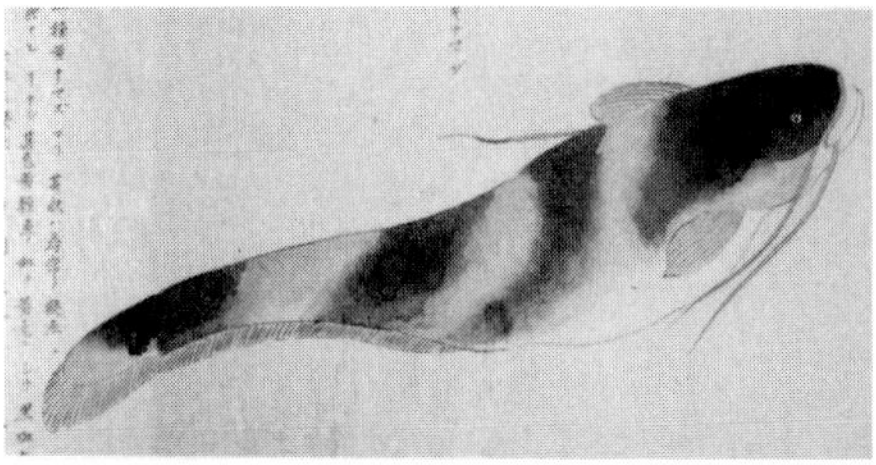

図4　キナマズ

図5　ゴマナマズ

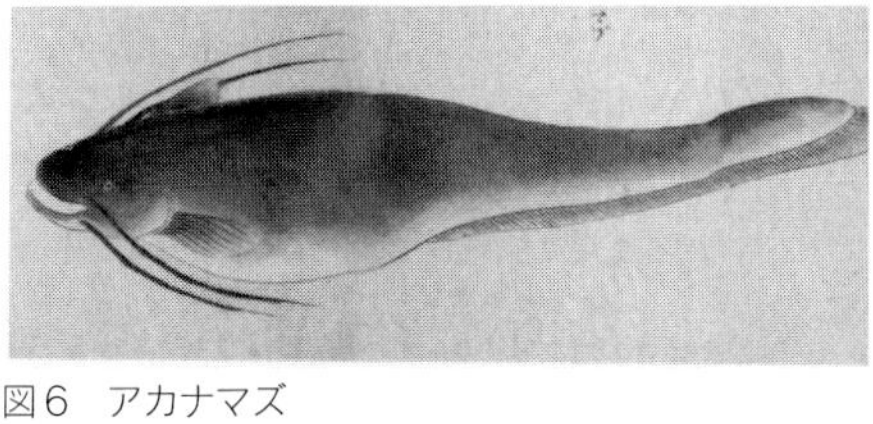

図6　アカナマズ

図3～6　藤居重啓『湖中産物図證』中の琵琶湖に棲息するナマズ四種。小林義兄『湖魚考』の魚図編としての意味をもつ（甲南女子大学図書館「上野文庫」蔵）

渡辺奎輔『淡海魚譜』：天保年間（一八三〇―一八四四）、刊本なし

著者渡辺奎輔《わたなべけいすけ》は膳所藩儒医である。先の二書が琵琶湖の魚鑑として実態を重視したものであったのに対して、ここでは、まず、目次に分類を立て、有鱗魚三三種付録三六種、無鱗魚一一種付録九種、介類一一種付録一一種、総計五五種を『本草綱目』から説き起こし、琵琶湖の現産物に記述を進める。ナマズについては、以下のとおりであるが、著者は、医者という立場から食餌としてナマズの効用を説くところがあり、前書とは異なる見解が含まれている。

ナマズ（中略）漁人蛙ヲ以テ釣ル、湖沢中ニ多シ、渓澗ニモアリ、四時共ニ捕フ、冬春尤モ多シ、梅雨ノ比ハ陸ニ上ル事アリ、又能ク眠テ鼾ヲ発ス、小者ハ五、六寸大者ハ八、九尺或イハ丈余ニ至ルモ稀ニアリ、…頭及骨ヲ去テ背ヲ剥ギ串ニ押テ炙ルヲ蒲ヤキト云、鮓トナシテ美味也、黒津ノ名産也、又煮テ食ス虚労及疳疾ヲ治ス、腸ト骨トヲ焼テ酒ニテ服ス、疳眼雀盲ヲ治ス

一九世紀の変動、本草学から博物学へ

小野蘭山『重修本草綱目啓蒙』：弘化元（一八四四）年
初版『本草綱目啓蒙』享和三（一八〇三）年

小野蘭山（職博、一七二九―一八一〇）は、京都に生まれ、松岡恕庵《まつおかじょあん》（玄達、一六六八―一七四六）に学んだ本草学の専門家であった。寛政一一（一七九九）年、七一

歳にして幕府の招請を受け、翌一二（一八〇〇）年に医学館で本草学を教えた。

小野蘭山の『本草綱目啓蒙《ほんぞうこうもくけいもう》』は本草学の日本における集大成とされる。「上野文庫」には、初版の『本草綱目啓蒙』は零本が一冊のみあるが、ほかに文化八（一八一一）年版、梯南洋《かけはしなんよう》校訂の『重修本草綱目啓蒙』弘化元（一八四四）年版、井口楽山《いぐちらくざん》校訂の弘化四（一八四七）年版が蔵されている。ここでは、弘化元年版によった。これらは蘭山の弟子による口述筆記の講義録である。上野氏は本書の動物の記載について、「形態の記述は一般に簡略で、習性生態などが比較的精し」いが、蘭山は動物学者より植物学者として卓越するところがあったのではないかとしている。だがもちろん、創見に富んだ博物誌としての評価にかわりはない。

ナマズは鱗部の無鱗魚二八種のうちに分類されている。

鮧魚　ナマズ

一名慈魚

ナマズハ淡水ニ産ス、ソノ形大頭偃額大口大腹背ハ蒼黒色一種斑文アルモノアリ、ゴマナマズト云、倶ニ腹白ク尾ハ岐ナクシテ鱧魚ノ如シ、髭アリ、鱗ナシ、歯アリテ肉食ス、漁人蛙ヲ以テ是ヲ釣ル、体涎滑ニシテ捕ガタシ、城州ノ宇治川、淀川、江州ノ琵琶湖信州ノ諏訪湖等ニ多シ、大和本草ニ箱根山ヨリ東北ニハ鮧魚ヲ産セスト云、魚譜ニ享保十四年九月朔日武州猪頭ノ池水氾濫シテ江武小石川辺塞満如大河人家数百人馬多死爾来多有此魚ト云

これに続いて、神功皇后の伝説が述べられているが、これは明らかに鮎のこと

を指しているという。[19] これまでの本草書の内容を網羅《もうら》し整理したもので、ナマズの場合には新しい点が加えられているところはない。しかし、取り上げた物産の網羅性、特にその地方での呼び名は当時の方言の収集という点からも、時代を代表する「国民的生活辞典」と高い評価がなされている。[20] このことはナマズの項では明らかではないが、たとえばウナギの項を見ると、

ムナギ　万葉集　　ウナギ　今名
ヲナギ　誤名　　ハジカミイラ　和名鈔
小者　メソ　江戸　　ミミズウナギ　京
メメズウナギ　同上　　カヨウ　上総
クワンヨッコ　同上　　ガヨコ　常州
スベラ　信州　　ハリウナギ　土州

各地のウナギの名称をまず挙げて、それから文献上のこれまでの名称を列挙するというスタイルを取っている。これには、蘭山自身が老齢の身を駆って幕命で各地の山野に採薬に出かけた見聞、あるいは全国に散らばる蘭山の門人たちから寄せられた情報であろうという指摘がある。

栗本丹洲『皇和魚譜』：天保九（一八三八）年刊行

栗本丹洲《くりもとたんしゅう》（昌蔵、一七五六―一八三四）は、将軍吉宗に従って紀州から江戸入りした奥医師栗本家の養子であり、自身も町医から宝暦一三（一七六三）年、幕府に

図7　栗本丹洲『皇和魚譜』のナマズの図（甲南女子大学図書館「上野文庫」蔵）

登用された本草学者にして物産家田村藍水《たむららんすい》（元雄、一七一八―一七七六）の次男である。養子先の栗本家は将軍やその子供たち、奥方の出産などの療治を勤める奥医師の家柄で、法眼の称号を受け、代々瑞見《ずいけん》を名乗り、筑波郡に三〇〇石の知行地《ちぎょうち》を得た[21]。実父田村藍水、実兄田村西湖（元長、一七四五―一七九三）など当代一流の本草学者に囲まれながら、従来本草学が手薄な動物を研究し、博物学への道を拓いたと評価されている。丹洲は絵図による描写に優れ、数多くの魚類、貝類、虫類などの図が残されている。もちろん、彩色された素晴らしいナマズの魚譜も残る[22]。死後出版された『皇和魚譜《こうわぎょふ》』唯一の刊本で、ナマズに関する記述は、もはや文章ではなく、その形状を絵で伝えることを主眼とするものになっている（図7）。シーボルトは、江戸参府の折に丹洲と会い、その画技を高く評価して、日記に次のように記している[23]。

> 四月二五日（旧三月一九日）（中略）幕府の本草家栗本瑞見はたくさんの植物の絵巻とたいへん多くの日本や支那の魚類・すばらしい甲殻類の画集を私に見せてくれる。

シーボルトは日本の動物、特に魚類を生きたままオランダにもっていくことができない状況で、彩色によって生きた状態を記録に留めることの学術的意義から、本草学を学び、画業に長けた丹洲の技量は自らの手の内に掌握しておきたい対象だったのではないだろうか。オランダのレイデン大学図書館、および民族博物館には、川原慶賀《かわはらけいが》（一七八六―一八六二）はもちろん、そのほかの画家による彩色魚譜が何点か所蔵され、そのうちには丹洲の手になるものも含まれている。[24]

本草学の大衆化――一八・一九世紀、薬品会の盛況

博物学の普及を支えた重要な媒体に博物図譜がある。これは洋の東西を問わず、わが国では、一八世紀後半から、博物趣味の大名から文人町人に至るまで、絵師に作らせるか自ら作成するかは別にしても、盛んにもてはやされた。リンネやビュフォンの博物学は記述、理論化であったが、わが国の博物学は個別を描き尽くすこと、図譜化すること自体に情熱が向けられたかのような様相であったという。この情熱を支える土壌とは一体なにか。そのひとつとして、西村三郎氏は庶民的なヴィジュアル・メディアであった絵入り本と浮世絵の流行を挙げている。[25]特に一八世紀後半、俳諧の大衆的流行が絵入り俳書を生み、その図像が人々の関心を文学から実見へ誘ったことは無視できないという。絵図、特に彩色絵図がもつ魅力については、先に挙げた『日東魚譜』、あるいは作者は不明であるが、『江海魚品』[26]のナマズの例にみるとおりである（図8）。

これに加えてもう一つの大衆化のきっかけを成したのは、物産会あるいは薬品会である。物産会の嚆矢《こうし》は、宝暦七（一七五七）年、田村藍水によって江戸で開かれた。その後続いて年ごとに江戸で開かれ、宝暦一〇（一七六〇）年の第四回物産会と時を同じくして大坂でも戸田《とだ》旭山《きょくざん》（斎《いつき》、一六九六－一七六九）によって第一

図8　『江海魚品』上下二冊。作者不明。文化五（一八〇八）年写本、大久保家蔵と下巻末尾に記されている。琵琶湖の魚譜。本図はアカナマズと一般にいわれているナマズ。「鯰は温にして微毒があるが、水腫を消し、痔を治す。赤目、赤髭のものはえらはなく、美味ではない」と説明されている（国立公文書館蔵）

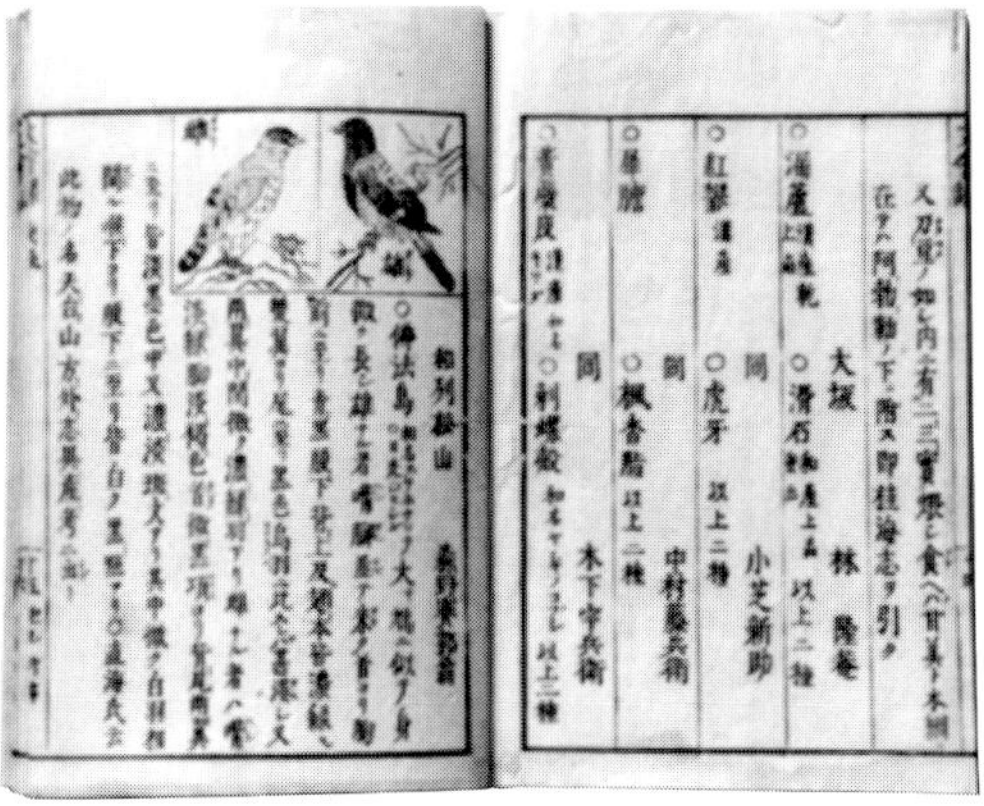

図9　大坂で開かれた戸田旭山の第一回薬物会の記録集『文会録』の本文第一頁（甲南女子大学図書館「上野文庫」蔵）

回薬物会が開かれた。これには、ほとんど全国から同好者が展示物を提供したという。このときの記録が『文会録』（一七六〇）として刊行された（図9）。これに刺激を受けて、すでに開催した五回の物産会も含め、その展示物に解説をつけ出版されたのが、平賀源内《ひらがげんない》（一七二三-七九）の『物類品隲《ぶつるいひんぴつ》』（一七六三）である（図10）。特に第五回の宝暦一二（一七六二）年の薬品会は全国に檄《げき》を飛ばし、二五カ所の物産取次所を設け、集まった点数は一三〇〇種におよぶ大盛況であったという。(27)要するに博覧会の始まりである。この伝統は、一九世紀になると、より大衆化し、名古屋では年中行事と化した。深田精一『尾張名所図会』前編二（一八四一）の「医学館薬品会」の項には、毎年六月一〇日、山海の禽獣虫魚鱗介草木玉石銅銭などのあらゆる奇品を集め、見物の貴賤老弱が隣国近在より群をなしたとある。名古屋には嘗百社《しょうひゃくしゃ》（薬の神である神農《しんのう》が百草を嘗《な》めて試したことに由来する）と称する博物同好会がある。水谷豊文《みずたにとよぶみ》（助六、一七七九-一八三三）をはじめ、その弟子大河内存真《おおこうちぞんしん》（重敦、一七九六-一八八三）、伊藤圭介《いとうけいすけ》（一八〇三-一九〇一）兄弟、大窪昌章《おおくぼまさあき》（舒三郎、一八〇二-四一）らが名を連ねる同好会への物品の提供は「草木金石虫魚獣ノ類其産地　方言並ニ形状ノ説或ハ図又培養ノ法ナド」を対象とし、材料を広く集めようと呼びかけしている一枚刷りが残されている（図11）。これら一群の人たちが文政一〇（一八二七）年二月二一日（新暦の三月一九日）熱田《あつた》でシーボルトを迎え、感激的な出会いを遂げた。(28)この時の出会いから、伊藤圭介がシーボルトの長崎鳴滝塾《なるたきじゅく》へ留学し、西洋博物学の窓口になったことは周知の事実であ

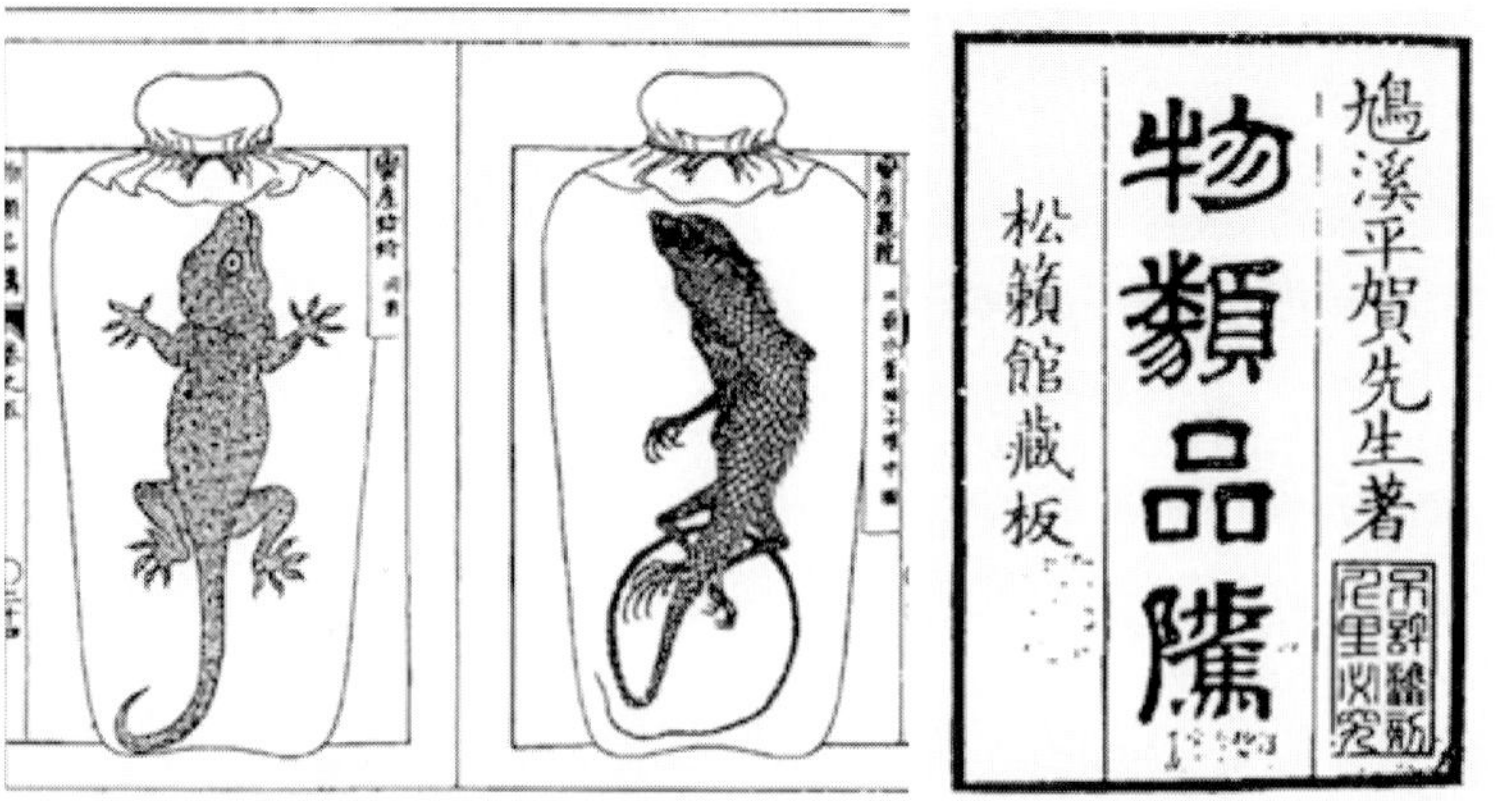

図10　平賀源内主催により、江戸で開かれた物産会の記録集『物類品隲』の表紙（右）と、著名なイグアナ（右）とトッケイヤモリ（左）の図（甲南女子大学図書館「上野文庫」蔵）

る。さらに、伊藤圭介に弟子入りした田中芳男《たなかよしお》（一八三八―一九一六）は日本近代動物学への道筋をつけた人物である。

　名古屋での物産会の成果を示す展示目録がある。嘗百社の中心人物であった豊文が天保四（一八三三）年に亡くなり、その三回忌を記念して天保六（一八三五）年に本草会が開かれ、約四〇〇点の出品目録『乙未本草物品目録《きのとひつじほんぞうぶっぴんもくろく》』が刊行され、うち七〇点が図版一八丁に描かれた。目録のうち一〇五点を圭介、七〇点を水谷光文（豊文の養子）、六八点を昌章、一八点を存真が出品しているから、大部分は嘗百会のメンバーによるものとはいえ、広く社会的関心を呼び、人々が珍奇なものを見る楽しみを求める機会を与え、それが人気のある年中行事と化していたことはなによりも本草会の大衆化を示す証拠であろう[29]。

　以上、一七世紀初頭の『本草綱目』の導入から一九世紀前半に至るまでの本草学の流れをナマズを軸に追ってきた。本草学の道筋からいえば、導入後一世紀を経て貝原益軒『大和本草』、さらに一世紀を経て小野蘭山『本草綱目啓蒙』などそれまでの学問的蓄積を踏まえ、それぞれの時期の社会的要請に見合った新しい観おこな行われていたことがわかる。それを担う個々人は寝食も忘れる努力によって形を成したものであっても、大きい流れのなかでは社会の向かう方向に即し、あるいはそれを先取りして進む道を示すものであったわけである。そのことがまったく新しい学問体系に出会い学問の体系的再編を迫られたとき、個人レベルでは敗退していく一群の人も生み出すかわりに、新しい動きにしなやかに呼応する

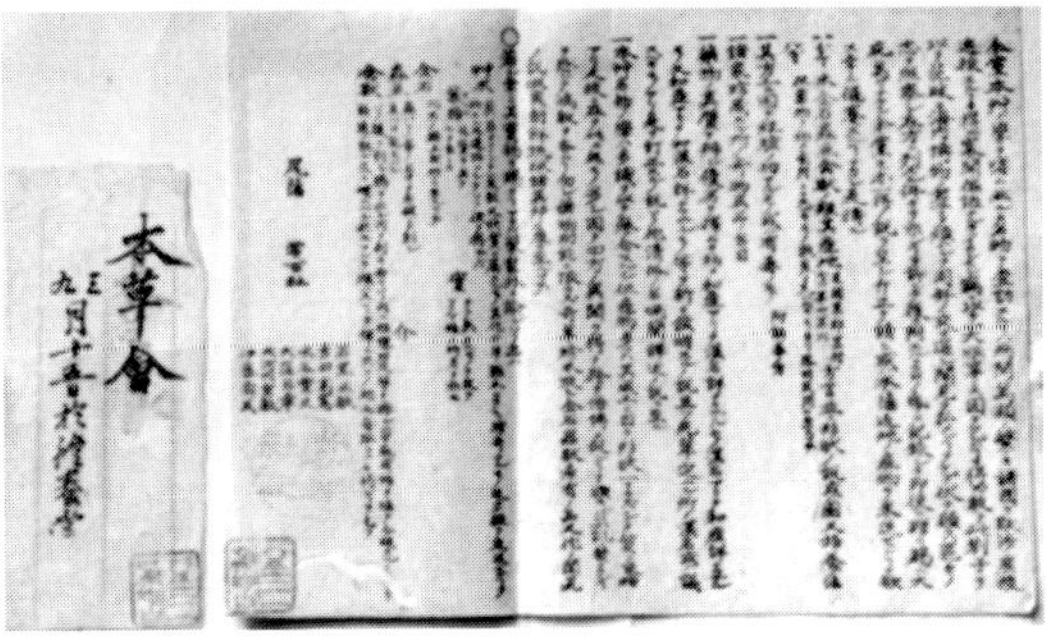

図11　名古屋嘗百社による本草会への物品提供を呼びかける一枚刷り（甲南女子大学図書館「上野文庫」蔵）

一群の人々を排出する力であった。

しかし、以上は、近世本草学という限られた学問的世界の出来事であり、ここでは、ナマズについて一般の人々はどんな観念をもっていたのかを関知しない世界であった。とはいえ、すでにその世界も『尾張名所図会』に見たように薬品会の大衆化はすさまじく、奇品を一見しようという一般の人々の好奇心を駆り立ててやまないところまで来ていたことも視野に入れておきたい。地震鯰絵の鯰はこうした人々の関心が生み出したものかもしれないからである。

琵琶湖のナマズ

さて、『本朝食鑑』の琵琶湖の竹生島のナマズに関する伝承は、本草学のなかでは具体的に記述された初めてのものである。そこでは、ナマズについて三つのことが述べられていた。まず、ナマズの生態分布、二つめは竹生島の底は龍が取り巻いているという伝承が漁師によって暴かれ、実はナマズであったこと、三つめには八月の中旬月明かりの夜に、竹生島の砂浜にナマズが湖から上がってきて砂浜で踊るように転げ回ることである。このうちの第一点が、関東にナマズはいないという記述になって、それが受け継がれ、享保の洪水で初めてナマズが関東、すなわち江戸に出現したという記述として展開することは、ここまでに見てきたとおりである。そこで、次に第二点の鯰伝説を見ていくことにしよう。

「竹生島縁起」と鯰

第二点は、「竹生島縁起」に典拠をもつものである。縁起によれば、琵琶湖ができたとき、浅井姫命《あさいひめのみこと》は浅井郡の北に天から降り、淡路國坂田郡の東に降りた気《い》吹雄命《ぶきのたけのかみ》と争い、負けたので、浅井郡の北を去って、さらに海中、竹生島に神座した。すなわち、浅井姫は都久夫須麻《つくぶすま》神社の祭神にして水の神である弁財天となる。この縁起によれば、都久夫須麻神社を守るのは、島のまわりを七周りするとぐろを巻く龍から変じた大鯰であるということである。(30)

爰《ここ》に海龍大鯰に変じて〈あるいは大鯰変じて海龍となりて〉島を廻ること七匝、蟠繞《ばんしょう》して首尾を相咋《か》む、(中略)乃往難波の海一大蛇有り、長さ数丈也、宇治川より此島の上に登り到る、来宿の人を呑み食った、時に件《くだん》の大蛇大松に尾を纏《まと》い、海岸に頭を垂れて頸を延ばして水を飲んでいた、爰に件の大鯰首を挙げ、口を開き、其の大蛇之頭を咋んで、奮迅して之を曳く(後略)。

漢文の読み下しには二通りの読み方が可能である。素直に読めば、龍変じて鯰となるのだが、ナマズにとぐろはないから、〈 〉内のように読めば、鯰が龍に変じてとぐろを七周りさせて自身の尾を噛んだ形で島を守る、ということになる。この尾を噛む龍の姿は後に述べる地震鯰の原型ともいわれる伊勢暦の龍をすぐに連想させる(後掲、図15参照)。

それはともかく、ここに語られる鯰は、龍と化すことの可能な鯰である。宇治川から上がってきて島を襲い、多くの人を喰ってしまった大蛇が松の大木に絡みなが

図12「鯰免状」の一例。文政三（一八二〇）年の竹生島宝厳寺蓮華会頭役西村家に残されたもの（長浜市長浜城歴史博物館「西村家文書」蔵）その内容は以下のとおりである。

竹生島免状之事
浅井郡西村
西村助三尉
鯰餌味之儀、任旧例令免許之者也、
文政三庚辰年六月十七日
権別当法印　円情（花押）
修理別当法印　随阿（花押）
上座法印　専覚（花押）
寺主法印　円亮（花押）

ら水を飲んでいたのを、龍から戻った鯰がその大口で引き下ろしてしまったというのである。これは応永二二（一四一五）年六月一五日の奉納にかかる縁起だが、これより五〇〇年ほど古い承平元（九三一）年の縁起も存在する。[31] ここでは明らかにナマズは神性を与えられている。さらにナマズでは神威を欠くという恐れが非実在の動物、水神としての龍への変異の連想を促したのであろう。龍、蛇は弁財天の使であり、さらに強い神性が保証された鯰は大蛇を呑み込むことも可能であった。ここでは龍・蛇・鯰は相互に変異可能な存在として、島の守りである。

古来聖なる竹生島を守るナマズを勝手に捕ってはならない。ナマズにまつわるこのタブーが生成される背景は現代のわたしたちにも理解できる。このタブーは、したがって、「鯰免状」によって解かれねばならないことになる。

「鯰免状」―ナマズ漁の解禁

現在残されている「鯰免状」の紹介と解説が付されている『竹生島宝厳寺』[32]によって、実際を見てみよう。図12は、文政三（一八二〇）年、竹生島宝厳寺蓮華会のこの年の頭役を勤める浅井郡西村の西村助三に対して、鯰を餌味すなわちナマズを食すことを旧例の通り許可するというもので、竹生島宝厳寺の最高責任者の僧侶から出されたものである。この免状をいただくことで金銭を奉納する仕来りであった。これは、蓮華会の頭役を勤める（頭役を「差す」と表現される）人物に対して出される頭役差状とともに出される。蓮華会は蓮華を神仏に捧げる花の祭礼の一種であり、全国的に見られるが、竹生島蓮華会の文献上の初出は貞元二（九七七）年だという。竹生島蓮華会は旧浅井郡（現在の東浅井郡と西浅井町）のなかから先頭・後頭役を勤める二組の夫婦が竹生島から祭神の弁財天を迎え、再び竹生島にお返しする行事である。現在も続く伝統の行事であり、近代以前は六月一五日に執行されたが、現在は盂蘭盆《うらぼん》の八月一五日におこなわれる。ただし、現在は「鯰免状」はない。頭役は過去の例では、室町幕府管領細川勝元、戦国大名浅井氏、近世初期では柳川城主となった浅井郡出身の田中吉政、小室藩小堀氏などの領主層や、同郡出身の長者がなった。新造の弁財天、御輿、弁財天像の仮屋などをつくり、供物を捧げ、盛大な振る舞いをおこなうのが勤めであり、名誉であるとともにそれに見合う財力がなければ勤まらない役である。

「鯰免状」の例では安政五（一八五八）年の塩津浜《しおづはま》沢田與左衛門が頭役を勤めた時のものが紹介されているが[33]、この「鯰免状」は、湖上の漁業権をもった漁民に与えられたものではないことに注目したい。頭役は浅井郡全体のなかから選ばれる富貴の家だから、漁民を特定するものではない。つまり、「鯰免状」は湖上権の二本の柱を成す回漕業と漁業権[34]とは関わりがない。「鯰免状」そのものは、頭役がナマズを食することを許可したものにすぎないが、これが意味するところは潔斎に努めることが求められている頭役に対して餌味としてナマズを食してよいということか、あるいは、竹生島を守護する神性ナマズを食することを許すことか、いずれかだということである。[35]

ところで、ナマズの捕獲に関して詳しく述べている小林義兄の『湖魚考』の引用にある、「大雨で水が溢れたとき、入江や水田に入ったのを網や竹槍で突いて捕る、坂田郡、長浜、南浜の辺でもとれる」という記述や、渡辺奎輔『淡海魚譜』の記述などにも示されているが、ナマズを捕る場合は専門の漁師の技術が必要なのではなく、水が増えれば、水田に遡上してくるところを誰でも簡単に獲れることがわかる。まさにエコトーンに棲息する動物としてのナマズと、人の関わりあいである。ついでに述べれば、『本朝食鑑』のナマズにある第三点目、八月の月明かりの夜のナマズの遡上とも関わっている。また、本草学では、ナマズは毒がある、あるいは無毒であっても人を刺す、味が悪いなど、積極的に食生活に利用されるような魚ではなかったとしている。ときにたんぱく源として食べられることはあったが、日常的に捕獲の対象になる鯉、鮒の類とは違っていたのである。

以上のように、琵琶湖のナマズは、今も昔と変わらず産卵期には水田や川に遡上し、それを狙って捕獲され、ときに人々の食卓に上ったのである。こうしたナマズと対局あるのが、次に述べる地震鯰絵の鯰である。

地震鯰絵のなかの鯰

地震鯰絵とは、一般には鯰が地震を起こすという寓話に基づいて、鯰を主役に安政江戸地震（一八五五）のときに出版された錦絵版画のことをいう。この絵は、現在確認されているものだけでも二〇〇種類を超える多様な構図がある。当時たいへんな人気で次から次へと版が改められたのである。この錦絵の出版史上のもうひとつの特徴は、錦絵でありながら作者名を刻さない、無許可の錦絵、つまりかわら版として出版されたという点である。

鯰絵の研究史には大きく三つの潮流がある。まず日本の研究者にショックを与えたオランダの文化人類学者アウエハント氏が一九六四（邦訳は一九七九）年に発表した、鯰絵の図像から日本の文化構造を読み解こうという研究である。第二は、気谷誠氏ほかによる、鯰絵そのものの図像学的実証研究[36]、第三は、北原による、鯰絵が生み出される社会的背景を探ろうという研究である[37]。このうち、第二の研究グループのなかでも文化の構造主義的解明に関心をもつ気谷氏は、研究を発展させ、鯰絵の歴史的生成過程を丹念にフォローしていた。

鯰と地震の習合

気谷氏の方法は、民間の地震に対するイメージの広がりを俳諧の手引書である付合語集から拾うというものである。それによれば、『毛吹草』（一六四五成る）では、鯰の見出語として竹生島が出てくる。この根拠は「竹生島縁起」でみたとおり古いものであろう。また、地震の見出語として鹿島は出てくるが、まだこの段階では地震と鯰絵は結びつけられていないという。それが、『便船集』（一六六九成る）では、鯰の見出語に竹生島、弁財天のほか、地震、瓢箪《ひょうたん》なども加わり、急に語彙が豊富になる。俳諧の流行は、人々の社会生活の広がりを反映している。気谷氏は、『便船集』にある「国土は鯰が支えている」という注記に注目して、この頃が地震鯰が誕生した時期だったのではないかと推定している。

しかし、わたしがここで注目したいのは、この間、寛文二（一六六二）年に琵琶湖西部の断層地震があり、葛川《かつらがわ》谷では四〇〇人にのぼる死者が出、また、琵琶湖西岸の大地変が介在したことである。この地震を京都で体験した浅井《あさい》了意《りょうい》（？―一六九一）は京都の様子を上巻、伏見、加賀、越前敦賀、江州、朽木、葛川などの様子を中巻に、各地での神社の地震の神託などを下巻にまとめた仮名草子『かなめいし』を出版した。刊記を欠くので、出版年は不明であるが、地震発生の五月一日から四カ月後の八月から年末にかけて執筆したと推定されている。(38)なお、了意には江戸市街を一変させた明暦大火の仮名草子『むさしあぶみ』（一六六一）もある。近江国の被災の様子は次のように語られている。(39)

江州にハ　海津の浦水うミのはたに立たる家ども七八家バかりハ　かたふきゆがみたつのみにて　たをれざりき　山の方にたちつづきたる家どもハ　一家ものこらず将棋だをしのごとく　一同にひしけくづれて　人の死する事百四十余人、　その外疵をかうふれしものはなハだおほし　今津の宿も　くづれざるハ　只四五家にて　のこりの家どもハひらつぶれになり　人も疵をかうふりし　地のゆりしつむ事五尺ハかりなり　大溝の宿も家々みなくづれその中に火事いできたり　これにうろたへて　人おほくうちころされたり

片田の宿　真野のうらべ村々の家　そんぜさるハなし　比良小松のあひだハなをあらけなくして　家たをれ　山くづれて打ちころされ　地にうつもれし人その数おほし　大津の浦々　町家どもかたふきやぶれ　大名がたの米倉くづれさるハなし

寛文地震の震源となった断層は、若狭三方《みかた》五湖および琵琶湖西岸に集中している。[40]この地震で葛川谷が崩れ、谷川の水を堰き止め、多数の死者が出た。「一村のうち他所に行けるもの　わづかに四五人バかり　かづら川の人種にのこりてそのほかのともがらハ残らずうづまれ果たり」[41]と語る。人種《ひとだね》が絶えるほどの地震だったという表現は地変のもの凄さを伝える。

こうした大きい災害で、身体感覚に残る地震の恐怖心を神仏への祈願を通して払拭しようという行為になって現れるのは当時きわめて自然なことと思われる。豊国神社がこの地震で損傷を受けなかった、おめでたい、あやかりたいと、多くの人々が参詣し始め、流行神化する兆しがあった。了意は、これの拡大を恐れた京都町奉行が厳しく取り締まる動きに出たことを批判的な眼差しで伝えている。なお、表題『かなめいし』について、中国の俗説に基づくことが記されている。[42]

龍王　いかる時ハ　大地ふるふ　鹿島明神かの五帝龍をしたがへ　尾首を一所にくぐめて　鹿目の石を　うちをかせ給ふゆへに　いかばかりゆるとても人間世界はめっする事なしとてむかしの人の哥に

ゆるぐともよもやぬけじのかなめいし　かしまの神のあらんかぎりハ　こ

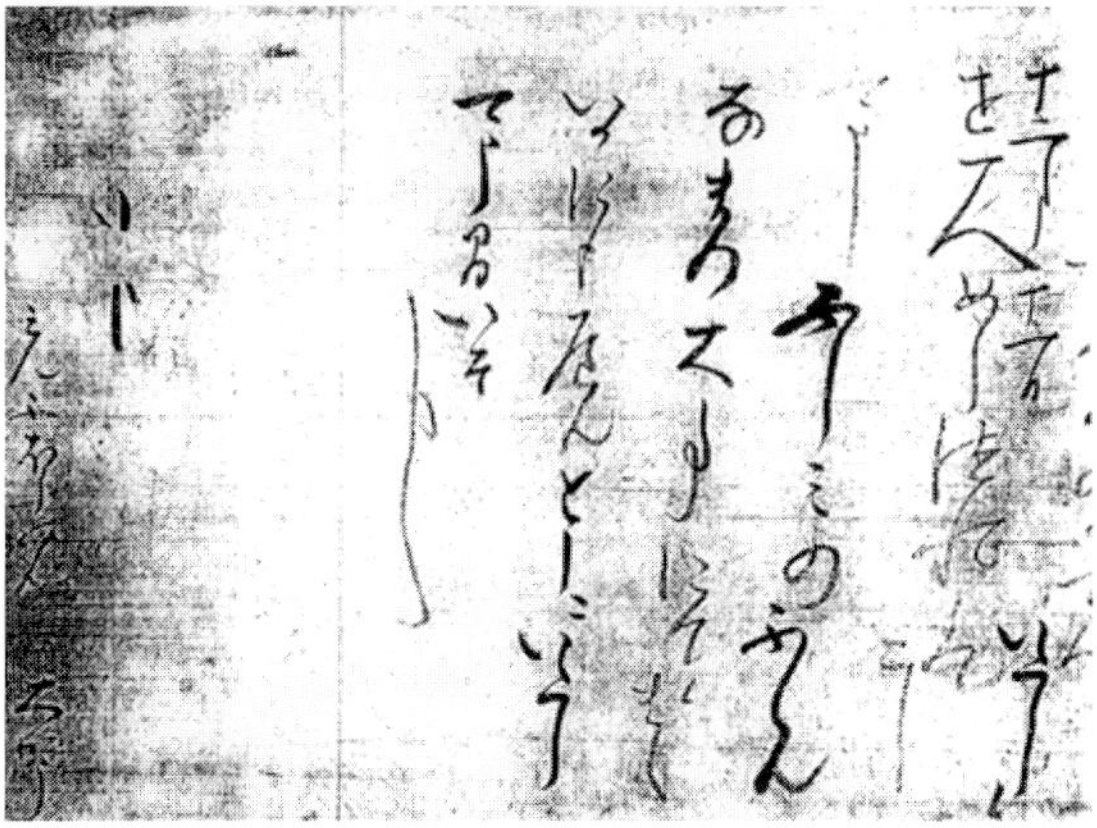

図13　「前田玄以宛秀吉消息」の一部（東京大学史料編纂所編『豊太閤眞蹟集解説』一三六号文書の一部）（東京大学史料編纂所蔵）

の俗哥によりて　地しんの記を記しつつ　名づけて要石といふならし

龍が怒って地を震わせ、鹿島明神がその龍の首と尾を要《かなめ》の石で打ち通してしまったので、どんなに揺れてもこの世は大丈夫だという俗説として、本書を『かなめいし』と題した理由を述べている。なお、ここに引用した歌は、安政地震の鯰絵には頻出する。この書の表題は要石による地震押さえを祈るという気持ちが籠められたものであろうが、鯰が原因だという表現はひとつも見あたらない。

しかし、これよりさらに古い例が秀吉の伏見城普請の書状（一五九二）にある。秀吉は、この書状を認める六年前の天正一三（一五八六）年に起こった天正地震を坂本城で経験し、大坂へ避難したという。この経験から、伏見城普請についても「ふしミのふしんなまつ大事にて候まま、いかにもへんとう（面倒）にいたし可申候間」[43]と、鯰の起こす地震に対しても大丈夫な城普請にするよう五奉行の一人前田玄以宛に書状で書いていて、これは地震学者のあいだではよく知られている（図13）[44]。この時期は、伏見、琵琶湖周辺などに巨大地震が集中的に発生している。天正二（一五七四）年、長浜城主となった秀吉は竹生島衆徒宛に三〇〇石を寄進し、また、永禄元（一五五八）年の火災による堂舎焼失の復興に奉加帳を家臣団に回している。[45]秀頼も竹生島への寄進を盛んにおこなっている。豊臣家と竹生島は縁が深く、竹生島縁起の鯰を知らぬ訳はないだろう。鯰に守られている島は鯰が動けば島も揺れることを含意している。秀吉の前田玄以宛書状の地震を起こす鯰がどこに淵源をもつものかは想像の域を出ないが、天正地震を経験した秀吉には、竹生島縁起の鯰から敷衍《ふえん》された要素があったのではないかと考えることもまったくの見当はずれではないかもしれない。

地震学者の石本巳四雄氏（一八九三―一九三九）はその広い趣味から地震が俳句にどのように詠まれているのかを調べた最初の地震学者である。[46] 寛文二年の地震について、伊賀上野出身の芭蕉はこの年一九歳、故郷にいてこの地震を体験したはずだが、俳句に詠んだ形跡がないと残念がっている。[47] しかし、石本氏は延宝六（一六七八）年の「江戸三吟」に「大地震つづいて龍やのぼるらん」の似春の前句に対し、当時桃青《とうせい》と称した芭蕉の「長十丈の鯰なりけり」の付句を見出している。この俳句に対して気谷氏は、龍王という空想的な存在を身近な鯰に置き換えたのは、庶民的リアリズムを好む俳諧師たちの洒落だという。[48] 秀吉が伏見城を造った時代より七〇、八〇年後の寛文・延宝期の社会は、多くの人が俳諧に興じ、言葉の連想遊びをする余裕をもてる時代になっていた。文献に見られるように初出が一六世紀末の秀吉の書状にあるとはいえ、ある程度の範囲で、鯰を地震と結びつけることが社会的通念までになるのはこうした俳諧の盛んになる一七世紀後半と考えてよいだろう。

ケンペルは、一六九二年、すなわち元禄五年に日本を去ったが、その著『日本誌』（一七二七刊）で、地震は日本では日常茶飯事であり、日本人は鯨が地下を這っているといって平気だと評している。この訳注としては、鯰の誤りかと注記されているが、この記述に続けて、ケンペルは注目すべきことを書いている。[49]

不思議なことに、この国に未だかって地震に見舞われたことのない地域が若干あるという。物の本によると、それはその地域が神聖にして侵すべからず、その地域を治めている神様ないし神霊の加護によるものだということである。この地方が地球の中心の固い地盤の上にあるので、揺れないのだと考えている者もいる。この無地震地帯として挙げられているのは、五島列島、日本で最初の仏寺が建立された竹生島、有名な僧院がある高野山、その他数カ所である。

典拠が示されていないのは残念だが、ここに、神の加護により神聖にして地震に侵されざる島として竹生島が挙げられている。これは明らかに「竹生島縁起」に基づく鯰が守護する竹生島のイメージの敷衍である。そして、俳句の付合語集では、鯰の見出語として、竹生島に加えて地震の語も登場するようになるわけだから、鯰が地震に結びつけられた根源的イメージは竹生島に由来することになる。

鹿島要石と鯰

問題は鹿島神宮の要石が鯰を押さえることで、地震が治まるという寓意はいつ出てきたのかということになる。文政六（一八二三）年成立の鹿島神社神官北條《ほうじょう》時鄰《ときちか》（一八〇一―七七）による『鹿嶋志』は、鹿島神宮の故事来歴を調べ、由緒の正しさを世にしらしめようという意図で編まれた。(50)『徳川実紀』の編者成島司直《なるしまもとなお》（一七七八―一八六二）の撰、当時著名な考証学者小山田与清《おやまだともきよ》（一七八三―一八四七）の序文

図14　北條時鄰『鹿嶋志』下巻の要石の図（国立公文書館蔵）

をもち、その筋の権威を揃えている。この時期に、地方に広がり始める平田国学の思想的環のなかでの地方誌の編纂、出版活動などの動きと連動したものと推定される。[51] そこにはもちろん、要石が描かれ、説明も付されている（図14）[52]。

○要石　ふるくハ石の御坐《みまし》といへり。地上に出たるところハいと小けれど、根深く埋れていといとおほ石なりとぞ。石頭すこし凹て丸き石なり。

ここでは、地上に出ているところは小さいが、根が深い大石だという形状は説明されても、これが地下の地震鯰を押さえるとはいっていない。古来からの神の座あるいは神を祀る磐としての要石という説明にすぎない。[53]『鹿嶋志』では、続いて『常陸国誌』を引いて、

土人相伝、大魚有りて日本を囲繞りて首尾斯地に会う、鹿島明神其首尾に釘して、以て之を貫き、動揺することを得ず、（中略）此石（「要の石」が鹿島の要石になることに注目：引用者注）即ち釘なりと、荒唐笑うべし云々

大魚日本を囲繞《いじょう》する図とは、従来から知られていた伝建久九（一一九八）年の伊勢暦のことであるが、当の鹿島神宮では龍が日本を地震から守るというのは俗間の話として真っ向から否定されている。龍が日本を地震から守るという話は否定されるにしても、この図については、龍が国土を巻くか否かではなく、国土の形態に関する認識の発展史上重大な問題をもつものとして日本地図史上ではその真偽が論じられてきた。これについて、秋岡武次郎氏が江戸時代後期に作られた偽作説を唱えた。[54]

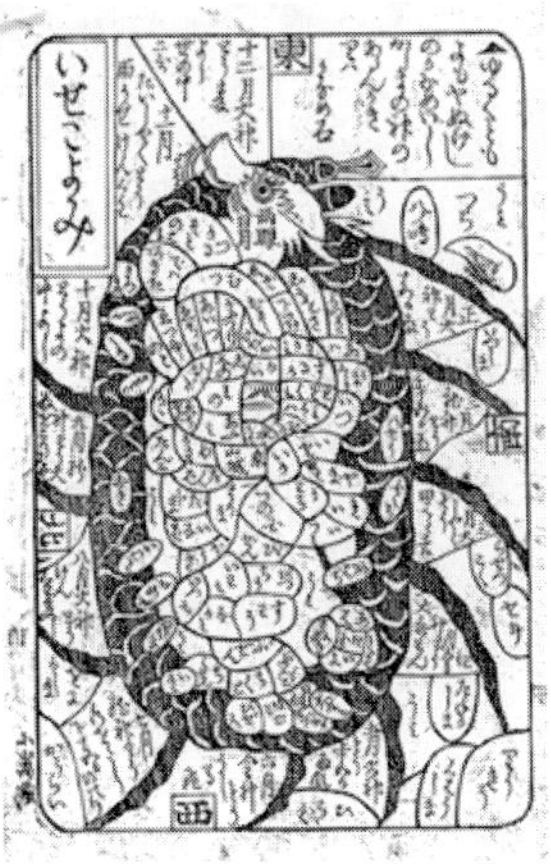

図15　小島濤山「地震考」に載る地震虫を象る伊勢暦。俗間に地震鯰という説があることも述べるが、それ以前の説として龍だという説のあることも紹介している（東京大学地震研究所蔵）

図16　高力猿猴庵「世直草紙」（文政二年地震誌、自筆本）の表紙の瓢箪鯰（国立国会図書館蔵）

その後寛永元（一六二四）年の「大日本国地震之図」が新たに発見されるに及び、野間三郎・室賀信男両氏による考証が進められ、少なくとも江戸初期の段階で「龍絵図」が版行されたことが確認されたとした[55]。その過程で「龍絵図」が伊勢暦に採用されるのは、地震のあった年に作成されるという伝統があることが指摘されたのである。文政一三（一八三〇）年の京都地震のときに出版された小島《こじま》濤山《とうざん》『地震考』に、伝建久九年の暦の図を載せていることは、紛れもなくその伝統が生きていることを証明している（図15）。しかし、濤山は鹿島要石による鯰押さえの図は採用していないことをここでは注視しておきたい。一九世紀も第一四半期を過ぎる頃になっても地震鯰絵の要石が鯰を押さえるという構図は、少なくとも京都では一般的に親しまれた絵柄でなかったことは確かである。

文政一三年の地震より一一年前の文政二（一八一九）年には琵琶湖東岸の彦根、近江八幡、安土などに、倒壊家屋多数の被害をもたらした地震が起きた。このときの名古屋市中の被害を尾張藩士の高力猿猴庵《こうりきえんこうあん》（種信、一七五六―一八三一）が描いたルポルタージュが残されている[56]。この表紙絵は、図の如く瓢箪鯰である（図16）。名古屋市中のスケッチを多く残した猿猴庵の手になる瓢箪鯰として、明和九（一七七二）年、朝鮮人行列が名古屋を通過したとき、大須観音境内に瓢箪鯰の巨大な作り物が出たことが「大津絵」の出し物として描かれている（図17）。江戸においても、祭りの山車に鯰が作り物として出されたことが知られているが、こちらのほうは石で押さえられている鯰であって、瓢箪鯰ではない（図18）[57]。

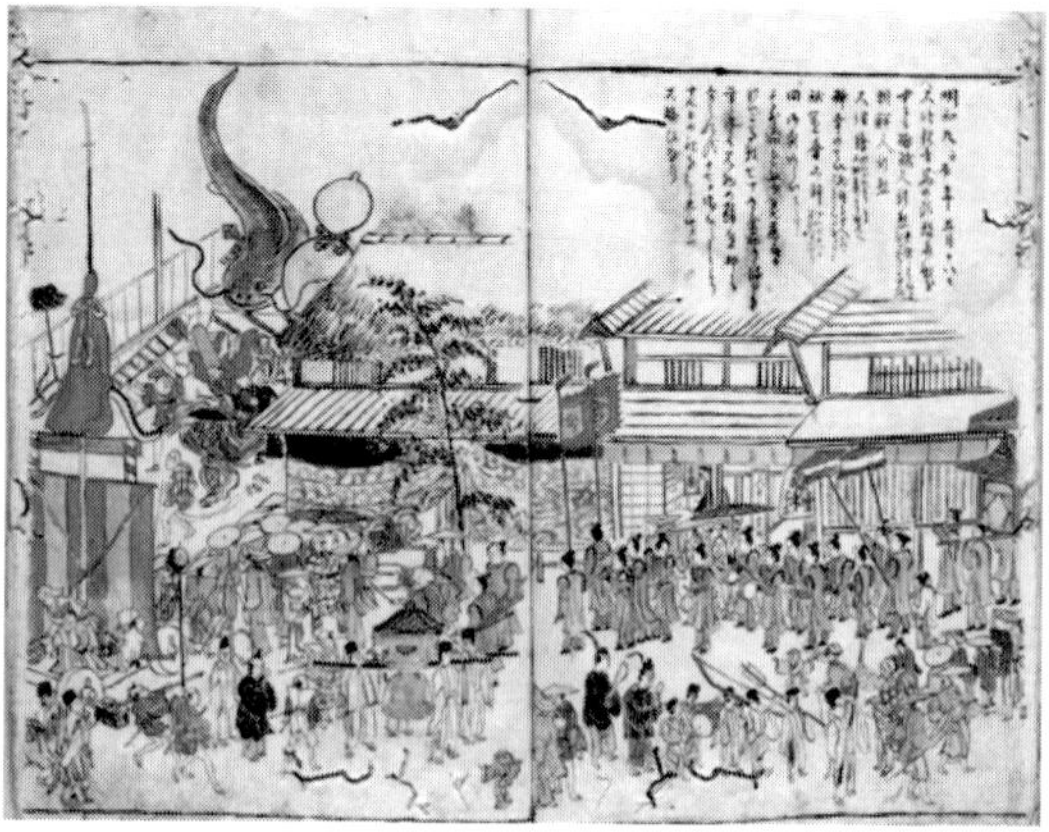

図17　高力猿猴庵「猿猴庵随観図会」に描かれる大須観音境内における瓢箪鯰の作り物（国立国会図書館蔵）

ここで私たちは、前項では本草学のなかの鯰をフォローしてきた結果、期せずして、鯰絵においても西の瓢箪鯰に対して東の要石鯰という二つの鯰絵の系譜が歴然としている事実にたどりついたことになる。

安政江戸地震と地震鯰絵

安政江戸地震で地震鯰絵の登場は知られているが、すでに弘化四（一八四七）年の善光寺地震以降集中的に発生した大地震や大津波でも、江戸地震の地震鯰絵の原型になる錦絵は出ていた。しかし、善光寺地震では、鯰を諫めるのは鹿島明神ではなく、善光寺釈迦如来である。[58]

六年後に起きた小田原地震（一八五三）では、鹿島明神が要石で鯰を押さえる構図が登場する。[59]さらに、江戸市中の話題をさらったのは、小田原地震と同年の七月一八日売り出された「浮世又平名画奇特」と題される大津絵の画題をもじった二枚続の風刺絵である。ここには、大津絵の画題である鯰と瓢箪が描かれている。[60]ここに登場する鯰は、黒船のイメージすなわちアメリカを指し、それが大筒を暗示させる瓢箪で押さえられたという解釈も可能だと、気谷氏は指摘する。幕末期の江戸で話題となった浮世絵の傾向性を分析した南和男氏は、嘉永期の新傾向として時事的なもの、風刺的なものが登場することだと指摘した。[61]画題の対象が大きく動き出したことを示している。画題の変容はなによりも時代の変容にほかならない。安政元（一八五四）年の安政東海、南海地震津波では「地震世直草

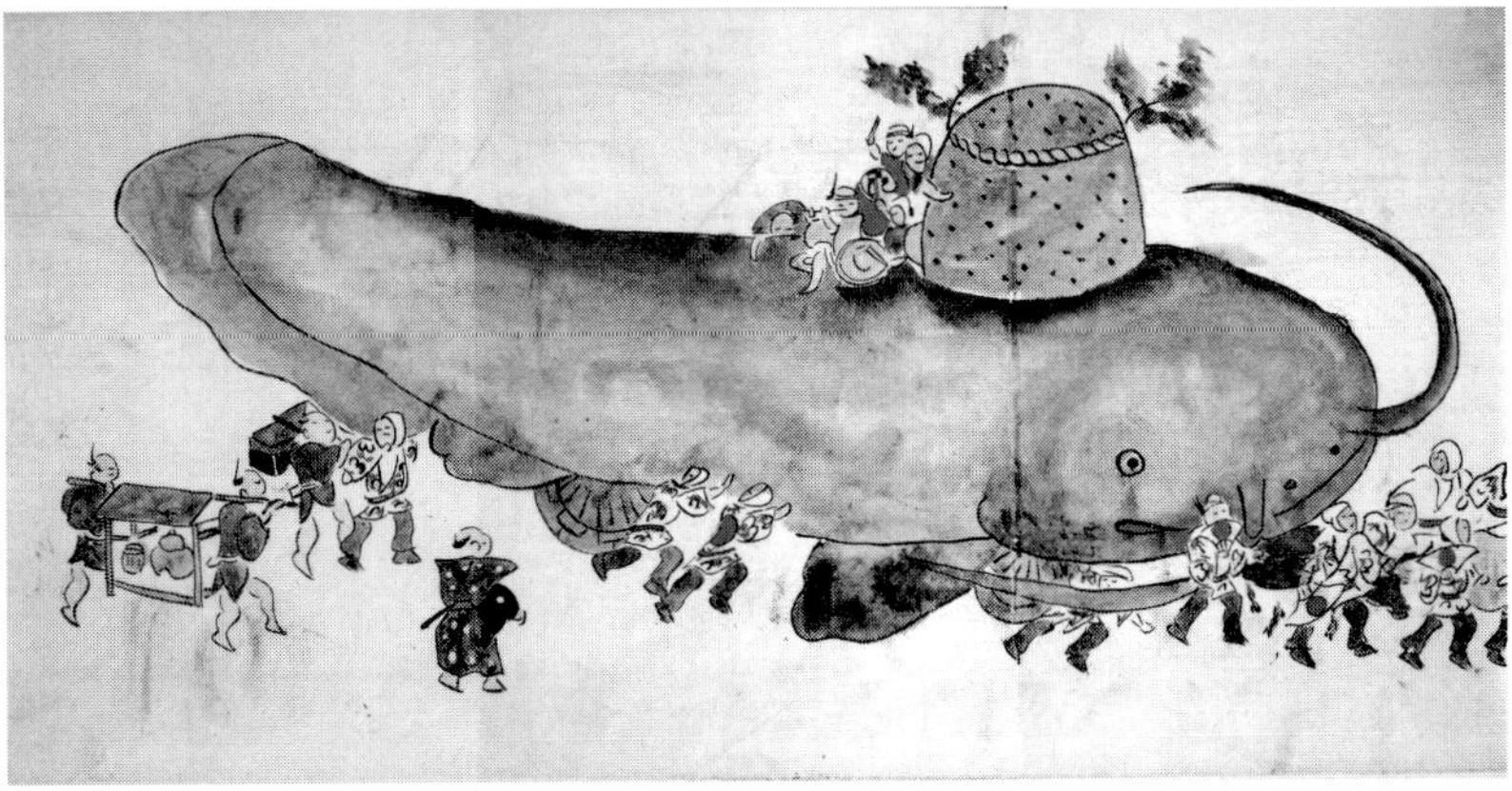

図18 「神田明神祭礼絵巻」の神田白壁町山車の要石鯰（龍ケ崎市歴史民俗資料館蔵）

紙」（東京大学地震研究所蔵）と題される地震記の表紙絵に瓢箪鯰が登場する（図19）。これら前駆的に登場する鯰絵に比べれば、江戸地震の鯰絵ブームはその量とバラエティーにおいて特異な社会現象といってもよい。しかも、その江戸地震の鯰絵の基本構図は、鹿島明神―要石―地震鯰であり、瓢箪鯰はそのヴァリエーションとして登場するにすぎない。

鯰絵ブームについての図像学的研究のなかで、民衆の世直し願望が表出したものと位置づけるこれまでの研究では、東西の鯰絵の違いが明確に指摘されることはなく、おびただしい数の鯰絵のストーリーをどう読み解くかが分析の中心課題であった。地震後の家屋の建て直しで大工、鳶《とび》、左官などの職人がにわかに金回りがよくなり、一瞬世直りがかなったかというほどの好況下の庶民の生態が描かれ、年中行事を取り込みながら巧みに地震後の推移を映し出したものという解釈が支持されてきたのである[62]。こうした鯰絵解読は比較的安定して一般的に受け入れられてきたが、この視点を批判する新しい鯰絵の読み解き方も登場している。阿部安成氏は、鯰絵を始源のあり方も確定し得ない「日本文化」が表出したものと捉え、地震鯰から世直し鯰絵へという作成時期区分を設定し、「その順にテキストを並べていくような博物館学的知」だとして批判して、鯰絵のなかに鹿島明神の上位神、つまり日本国の最高神たるアマテラスの存在に着眼する[63]。鯰絵が地震押さえの神としての鹿島に限らず、江戸庶民の守護神たる山王、神田明神、深川八幡などが登場しても、なおその上にアマテラスを登場させることこそ世が直る

図19　安政東南海地震の際に大坂で発行された瓦版地震誌『地震世直草紙』の表紙の瓢箪鯰（東京大学地震研究所蔵）

とするのは、単なる震災からの復興だけが目指されたのではない、というのである。リアルにそれとわかる形では、鯰絵に登場することの少なかったペリー来航問題がもたらす危機意識は実は根深いところで人々を捉えていたのであり、震災はこの問題との緊張関係で展開したからこそ、鯰絵があれほどブームとなり得たというのである。これは、アマテラスは実は戦国期あるいは一六世紀頃までは「虚言ヲ仰セラル、神」として、関東では最高神として安定した存在ではなかったことを新田一郎氏や佐藤弘夫氏が、武家起請文から論証されて以来、活発化したアマテラスをめぐる論議の一翼を担うものだろう(64)。

おわりに

最初に述べたナマズは少なくとも江戸時代初め頃まで文献上では関東での棲息が確認されていないという点にもう一度ここで立ち返りたい。ナマズに親しむ文化を育んできたのは、琵琶湖の竹生島縁起のナマズはもちろん、大津絵の画題の一つを成す瓢箪鯰に代表されるように西日本に根づいてきたものであることが明らかになった。これに対して、東の鯰は鹿島明神に押さえられる要石鯰である。阿部氏が鯰絵のなかに見出したアマテラスについての先行する諸論で一様に強調されているのは、アマテラスが大和政権の氏神ではあっても、少なくも戦国末期あるいは一六世紀頃までは東西日本を制圧する大神として安定的に受容されてはいなかったという事実である。とするならば、幕末に鯰絵に登場するアマテラスに仮託される力は日本全体に及ぶ神威をもつ大神としての存在以外はないということになる。阿部氏によれば、地震による破壊と黒船来航の危機は、単に地震を押さえるだけの鹿島神ではこと足りず、より強力な力、つまりアマテラスを登場させることによってこそ回避される、言い換えれば、幕府崩壊と統一政権としての天皇政権への見取り図すら暗示されていたから鯰絵は禁圧されたのだという。(65)

また、さらにもう一つの鯰絵の系譜として、伊勢暦の「龍絵図」があった。これは、現実のナマズがイメージ形成に関与したという類のものではない。人類の想像の動物、龍の起源を広く世界に求め、龍は政治化された蛇だと喝破《かつぱ》した荒川紘氏は、地球上に存在する蛇が龍となる場合は龍の姿態に多少とも似る動物がその地にいないことでこそ、龍に仮託される象徴的力が大きくかつ厳めしくなると指摘している。(66) これを私たちのナマズ問題に即していえば、現実にナマズが存在した地方には抽象化された鯰は生まれず、普段は見ることのないところで鯰の漫画化あるは変化自在な絵が活発化するといえそうだということになろう。竹生島の聖なるナマズこそ地震鯰の根源的イメージを生み出したものであったにもかかわらず、地震鯰が活躍したのは幕末江戸の地震であった。鯰絵の鯰は、江戸の守護神だけでなく、日本の武神でも事足りず、アマテラスを勧請することで、地震と外圧による危機を回避しようとする人々の意識が生み出した時代の産物であったということになる。

［付記］

本稿を成すにあたり、次の方々・機関に多大のご協力をいただきました。深く感謝します。

甲南女子大学図書館、国立公文書館、国立国会図書館古典籍室、長浜市長浜城歴史博物館、東京大学地震研究所、武田科学振興財団杏雨書屋、東洋大学図書館、名古屋市博物館、名古屋大学図書館、レイデン大学民族博物館、レイデン大学東洋学部図書館、川那部浩哉、小松原琢、富沢達三、中井えり子、橋本道範、藤本純、前畑政善、牧野厚史、宮本真二、山本祐子、Prof. Conn、P. Barrett、Dr. W. J. Boot、Dr. Harm Beukers、Dr. L. B. Holtbuis、Dr. Ken Vosno の各氏（敬称略）。

なお、本稿を脱稿した後、小島瓔禮氏の「鯰と要石―日本の地震神話の展開―」（『民俗学論叢』一一、四五-四七頁、一九九六）のあることを気谷誠氏よりご教示いただいた。地震鯰が要石によって押さえられているという民俗伝承を日本各地に求め、鹿島の要石に限らず多くの例証が得られること、また竹生島自体が島々をつなぐ要の役割を担う島であること、さらには海中に漂う陸地のイメージを大地生成にかかわる国生みの神話と関連させ、こうした類型は日本に限らず、広くインドの仏教、イスラム教などにも求められることなど、地震神話から広がる神話的世界の豊かなコスモロジーを説く貴重な成果である。教えられるところの多い論文であった。

本文中の本草書引用文には、漢文を読みやすく書き直した箇所、あるいは原著にある振り仮名を編集の都合上省略した箇所のあることをお断りしておく。

【注】

（1）宮本真二・渡邊奈保子・牧野厚史・前畑政善（二〇〇一）「日本列島の動物遺存体記録による縄文時代以降のナマズの分布の変遷」『動物考古学』一六、六一-七三頁

（2）『徳川実紀』一巻、慶長一一年四月の条　四三一頁

国立公文書館に蔵されている万暦二四（一五九六）年の初版金陵本が林羅山から家康への献上本であるという説もあるが、これには明治八（一八七五）年井口某氏から農商務省へ献本されたことが印されている。家康の愛用のものならば、紅葉山文庫に収められたはずとして、この説を疑問視する意見もある。

(3) 人見必大著・島田勇雄訳注（一九七八）『本朝食鑑』三巻、東洋文庫、三五三―三五九頁、平凡社

(4) 白井光太郎校註・鈴木真海翻訳（一九三〇）『頭註国訳本草綱目』第一〇冊、五二九―五三一頁、春陽堂

(5) 寛文一二（一六七二）年には貝原益軒校訂による和刻本も出版されたが、江戸時代の本草学者や医者がもっとも信頼を置き、利用されたのはこの正徳四（一七一四）年刊行の稲生若水校訂本だという（杉本つとむ編著・小野蘭山著（一九七四）『本草綱目啓蒙―本文・研究・索引―』早稲田大学出版部）

(6) 本書は古活字版に比べ、陰刻で「異名」の見出語を付し、万葉仮名に訓を施すなど、工夫された体裁であり、辞典的発展があると指摘されている（中田祝夫・小林祥二郎（一九七七）『多識編―自筆稿本・刊本三種―研究並びに総合索引、研究篇』勉誠社）

(7) 寛政八（一七九六）年の復刻版、日本古典全集（一九二六）

(8) 諸本集成『倭名類聚鈔　本文編』臨川書店、一九六五年所収、元和三年古活字本、七六八頁

(9) 神功皇后がアユを釣って戦勝を占ったから魚偏に占の傍、すなわち鮎が当てられた説のあることを渋沢敬三が「俄に信じがたい」とはしながらも紹介している（渋沢敬三（一九七三）「式内水産物需要試考」『日本常民生活資料叢書　二巻』三一書房、『重修本草綱目啓蒙』の項を参照）

(10) 今井　正訳（一九七三）霞ヶ関出版

(11) 以上は『寛政重修諸家譜』一七巻、二一七―二一九頁

(12) 人見必大著　島田勇雄訳注（一九七六）『本朝食鑑』一巻、東洋文庫、解説　二八三頁、平凡社

(13) 人見必大著・島田勇雄訳注（一九七六）『本朝食鑑』三巻、東洋文庫、三五三頁、平凡社

(14) 上野益三（一九八七）『日本動物学史』八坂書房

木村陽二郎（一九七四）『日本自然誌の成立』中央公論社、および『江戸期のナチュラリスト』朝日選書

(15) 島田勇雄（一九六八）「近世本草書における和名と方言（一）」神戸大学『近代』四、七二―八八頁、および「近世本草学における和名と方言（二）」神戸大学『近代』五、五五―七八頁

磯野直秀（一九九六）「神田玄泉の本草書」『慶應義塾大学日吉紀要（自然科学）』一九、一―五七頁

(16) 東京大学地震研究所蔵「享保十三年江戸洪水記」

(17) 前掲注（15）の磯野直秀（一九九六）

(18) 原田信男（一九九五）『歴史における米と肉』、平凡選書

(19) 川那部浩哉氏（琵琶湖博物館）のご教示による

(20) 杉本つとむ編著・小野蘭山著（一九七四）『本草綱目啓蒙―本文・研究・索引―』早稲田大学出版部

(21) 『寛政重修諸家譜』一九巻、三四八頁

(22) 『栗子魚譜』杏雨書屋文庫蔵

(23) ジーボルト著・斎藤信訳（一九六七）『江戸参府紀行』一巻、一八二六年四月二五日の条、東洋文庫、一九七頁、平凡社

(24) Kerlen,H. (1996) Catalogue of Pre-Meiji Japanese Books and Maps in Public Collections in the Netherlands, J. C. Gieben, Publisher, Amsterdam 国立公文書館蔵、文化一一年

(25) 西村三郎（一九九九）『文明のなかの博物学 上下』紀伊國屋書店

(26) 国立公文書館蔵

(27) 前掲注（14）の木村（一九七四）および、前掲注（25）西村（一九九九）

(28) ジーボルト著・斎藤信訳（一九六七）『江戸参府紀行』、東洋文庫、一六七－一六九頁、平凡社

(29) 『乙未本草物品目録』名古屋叢書一九巻、解説、一一－一五頁、一九八二；名古屋市立博物館（一九九三）『よみがえる尾張医学館薬品会』平成五年八月企画展示図録

(30) （一九〇三）「竹生島縁起」『群書類従』二五巻神祇部、経済雑誌社、八八四－八八五頁、平凡社

竹生島の成因については、寛文地震の調査をともに行った小松原琢氏（産業技術研究所地球科学情報部門所属）のご教示によれば、以下のようである。

竹生島は葛籠尾崎（つづらおざき）沖合いの小島です。この島は、水深七〇メートルあまりの湖底から山の頂き（湖面より約一一〇メートル）まで高さ約一八〇メートルの急斜面に囲まれて周囲から突出した地形をなしています。もし湖水がなければちょうど近江八幡の八幡山や、彦根の荒神山とよく似た雰囲気になると考えてよいでしょう。竹生島の周囲で行われた湖底の地形と地質調査によると、この島の周囲は琵琶湖粘土層と呼ばれる厚い湖底堆積物におおわれているのに対し、竹生島は湖底堆積物の下位に分布する花崗岩が露出しています。

琵琶湖の北部が沈降して湖となり、湖底に琵琶湖粘土層がたまり始めたのは、今から約四〇万年前とされ、これは地学的には比較的最近のできごとと言えます。そして、湖底の地質調査により、湖底堆積物の下には起伏に富んだ山地が埋もれていることが明らかになっています。竹生島は、琵琶湖北部が沈降し始める前から小高い山であったところが、周辺が沈降し湖水がたまっていくのに対して山頂が湖水に没しきらずに頭を出していると考えればおおむね間違いないでしょう。しかし、なぜ比較的風化しやすい花崗岩でできている竹生島が、長年の風化作用に抗して小高い山として残っていたのか、葛籠尾崎から竹生島に至る琵琶湖粘土層基底の尾根状の高まりの成因は何か、など謎は尽きません（以下の参考資料は小松原氏による）。

太井子宏和・井内美郎・目黒鉄雄（一九八七）「琵琶湖北湖湖底のユニブーム音波探査―堆積層の構造と顕著な音波反射面の由来」『北海道大学地球物理学研究報告』四九、二五一－二六八頁

国土地理院（一九六二）1：10,000湖沼図琵琶湖第四号「竹生島」

Japan Petroleum Exploration Co., Ltd. Geophysical Headquarters (1979) Multi-channel Seismic

Sections. Paleolimnology of Lake Biwa and the Japanese Pleistocene. 11
植村善博・太井子宏和（一九九〇）「琵琶湖湖底の活構造と湖盆の変遷」『地理学評論』六三、七二二-七四〇頁
中江　訓・吉岡敏和・内藤一樹（二〇〇一）「竹生島地域の地質」『地域地質研究報告』（5万分の1地質図幅）、七一頁、地質調査所

（31）峰　覚海（一九八〇）「竹生島宝厳寺の歴史と信仰」『古寺巡礼、近江』七八-一一〇頁、淡交社

（32）長浜市長浜城歴史博物館（一九九二）『特別展図録 竹生島宝厳寺』七一-八六頁、一三五による

（33）滋賀県教育委員会（一九七九）「びわ湖の漁撈生活」『琵琶湖総合開発地域民俗文化財特別調査報告書Ⅰ』五五二頁、文政、安政期のものとも、頭役の差状の文面は「天下泰平国土安全」あるいは「天下太平国家安全」のために衆儀の旨を任ずるとある。寛永一七（一六四〇）年の差状は単に「衆儀の旨を任ずる」であるから（前掲注（31）の七五頁、九四図）、この変化は一九世紀に入ってからのものとすれば、この文言が入ってくる社会的背景は何であったのか興味を惹くところである。

（34）新行紀一（一九六九）「中世堅田の湖上特権について」『歴史学研究』三四九頁
Hashimoto, M. (1999) A 13th-century Turning Point of Fishing Rights and Endemic Fish-trap ('ERI') Technology in Lake Biwa, in Relation to the Role of Village Communities, Kawanabe,H., G. W. Coulter, and A. C. Roosevelt eds. In: Ancient Lakes : Their Cultural and Biological Diversity 147-159. Kenobi Productions, Belgium.

（35）長浜市長浜城博物館学芸員太田浩司氏のご教示による。

（36）気谷　誠（一九八四）『鯰絵新考―災害のコスモロジー―』筑波書林
加藤光男「鯰絵に関する基礎的考察」『埼玉県立博物館紀要』一八、九一-一一六頁
富沢達三（一九九六）「鯰絵と民衆意識」『日本民俗学』二〇八、八五-一〇五頁
阿部安成（二〇〇〇）「鯰絵のうえのアマテラス」『思想』九一一、一一五-五一頁

（37）北原糸子（一九八三）『安政大地震と民衆』三一書房
北原糸子・富沢達三（二〇〇一）「『地震火災版画張交帖』と石本巳四雄」『東京大学社会情報研究所調査研究紀要』一五、一-五八頁

（38）土田　衛編（一九七一）『かなめいし』土田　衛解説、一九五-二一二頁、愛媛大学古典叢刊

（39）前掲注（38）『かなめいし』一七〇-一七一頁

（40）前掲注（38）『かなめいし』一七二頁

（41）古谷尊彦他（一九八四）「地震に伴う歴史的大崩落の地形解析」『京都大学防災研究所年報』二七B、三八七-三九六頁
井上公夫・今村隆正（一九九九）「琵琶湖西岸地震と朽木谷の土砂災害」『歴史地震研究会第一六回

研究会発表レジュメ』

(42) 前掲注(38)『かなめいし』一九二頁

(43) 東京大学史料編纂所(一九三九)豊太閤真蹟集一三六号文書、前田玄以宛秀吉消息

(44) 伊藤和明(一九九五)「故事来歴からみる鯰と地震」『鯰絵―震災と日本文化』一四一―一四七頁里文出版

尾池和夫(一九九九)「洛中洛外」『地球科学と俳句の風景』八五―八八頁、宝塚出版

右記の二書以外に、この秀吉の資料を除くそのほかの地震とナマズあるいは鯰との関係について論じた書物、研究などについては、戦前から今に至るまで多くの地震学者に利用されている震災予防評議会編『地震史料 増訂大日本地震史料』(一巻一九四一、二―三巻一九四三)、毎日新聞社(一九五一)『日本地震史料』の編集に携わった武者金吉(一八九一―一九六二)が『地震なまず』(東洋図書、一九五七)で詳しく述べている。武者は地震史料のなかの発光現象に関心をもち研究を進めた地震史学者だが、後述するように、地震学的関心から最初に地震鯰に言及した石本巳四雄の研究のほか地震を実際に感知して異常行動を見せる動物の研究にも言及、ナマズと地震との関係については畑井新喜司の研究を図入りで紹介している。なお、畑井の論文については、Hatai, S. and N. Abe (1932) The Responses of the Catfish, *Parasilurus asotus*, to Earthquakes. Proceedings of The Imperial Academy 8を参照されたい。このほか、物理化学者であるヘルムート・トリブッチが一九七六年五月六日、自らの故郷イタリア・フリウリで起きた地震をきっかけに世界の地震史上で見られた動物の地震予知能力を検証した書物『動物は地震を予知する』(渡辺 正訳(一九八五)朝日選書)がある。阪神淡路大震災の際の動物の異常行動に関するデータを集める研究も再会された。

(45) 長浜市長浜城歴史博物館(一九九二)『特別展図録 竹生島宝厳寺』71、72図および列品解説一二一―一二三頁

(46) 前掲注(37)の北原糸子・富沢達三(二〇〇一)

(47) 石本巳四雄(一九三六)「地震と俳人」『地理学』四巻一〇号

(48) 気谷 誠(一九九五)「黒船と地震鯰—鯰絵の風洞と時代—」、宮田 登・高田 衛監修『鯰絵—震災と日本文化』五二―六二頁、里文出版

(49) ケンペル前掲書、「第八章日本各地の気候および地下資源」二一八頁

(50) 北條時鄰『鹿嶋志』上・下(国立公文書館蔵)初版刊行の翌文政七年には、『鹿嶋名所図絵』のタイトルで刊行され、京都勝村治右衛門、大坂秋田屋太右衛門、江戸須原屋茂兵衛が売り出しの書林として名を連ねているから、世に出まわった書物と推定される

(51) 芳賀 登(一九八〇)「第四編Ⅱ 国学者の私撰地誌研究」『幕末国学の研究』二八七―三二一頁、教育出版センター

(52) 北條時鄰『鹿嶋志』下（国立公文書館蔵）
(53) 柳田國男（一九九〇）『柳田國男全集一五』「石神問答」ちくま文庫
藤本浩一（一九八二）『磐座紀行』向陽書房
(54) 秋岡武次郎（一九五五）『日本地図史』付録（河出書房一九五五年の復刻版ミュージアム図書編集部、一九九七年版、三三五―三三九頁）
(55) 野間三郎（一九六五）「寛永元年刊『大日本国地震之図』なるものについて」『人文地理』一七巻、七九―八九頁
室賀信夫（一九六五）「大日本地震之図私考」『人文地理』一七、九〇―九六頁
その結果、伝建久九年の伊勢暦には偽作性は否定できないがそこに描かれる日本図には寛永元年の「大日本国地震之図」との親縁性があるとして、両方がともに祖図としたものがあったはずだという結論に達している。したがって、今に伝わる伝建久九年の伊勢暦の偽作説は否定できないものの、当時龍が日本を取り巻く暦が刊行されたこと自体は事実と考えられるという結論になったわけである。その後こうした図の世間への流布状況を示唆するものとして元禄五、六年の「大雑書」への出現が指摘されている点は重要である（橋本萬平・小池淳一編（一九九六）『寛永九年版大ざっしょ』二〇二頁、岩田書院）
(56) この項は山本祐子氏（名古屋市博物館学芸員）のご教示による。名古屋市博物館（一九八三）『展示図録 猿猴庵とその時代』
(57) 黒田日出男、ロナルド・トビ（一九九二）「新発見の天下祭り絵巻―龍ヶ崎歴史民俗資料館所蔵「神田明神祭礼絵巻」の紹介―」『龍ヶ崎市史研究』（六）、一―二九頁
(58) 前掲注（44）宮田 登・高田 衛編（一九九五）『鯰絵総目録』二四〇頁
(59) 前掲注（44）宮田 登・高田 衛編（一九九五）『鯰絵総目録』二四一頁
(60) 藤岡屋由蔵著・鈴木棠三・小池章太郎編（一九八九）『藤岡屋日記』五巻「嘉永六葵 丑年七月の条」三五三―三五五頁、三一書房
(61) 南 和男（一九九七）『江戸の風刺画』一八四―一九四頁、吉川弘文館
(62) 富沢達三（一九九六）「『鯰絵の世界』と民衆意識」『日本民俗学』（二〇八）、八五―一〇五頁
(63) 阿部安成（二〇〇〇）「鯰絵のうえのアマテラス」『思想』（九一二）、二五―五二頁
(64) 新田一郎（一九八九）「虚言ヲ仰セラル、神」『列島の文化史』（六）、二一一―二二九頁
佐藤弘夫（二〇〇〇）『アマテラスの変貌』法藏館
(65) 阿部安成（二〇〇〇）前掲注（63）
(66) 荒川 紘（一九九六）『竜の起源』紀伊国屋書店

参考文献

アウエハント（一九七九）『鯰絵―民俗的想像力の世界』せりか書房
網野善彦（一九九二）『東と西の語る日本の歴史』そしえて（一九九八、講談社学術文庫）
上野益三（一九八一）『日本動物学史』八坂書房
上野益三（一九七四）『日本博物学史』平凡社
気谷　誠（一九八四）『鯰絵新考―災害のコスモロジー―』筑波書林
北原糸子（一九八三）『安政大地震と民衆』三一書房（二〇〇〇『地震の社会史』講談社学術文庫）
寒川　旭・佃　栄吉（一九八七）「琵琶湖西岸の活断層と寛文二年（一六六二）の地震による湖岸地域の水没」『地質ニュース』三九〇号
篠田　統（一九六三）「食経考」京都大学人文科学研究所研究報告『中国中世科学技術史の研究』角川書店（一九九八、朋友書店再刊）
H・トリブッチ著・渡辺正訳（一九八五）『動物は地震を予知する』朝日選書
芳賀　登『幕末国学の思想史研究』雄山閣出版、郷土誌と土木運動
橋本万平・小池淳一編（一九九六）『寛永九年大ざっしょ』岩田書院
原田信男（一九九五）『歴史における米と肉』平凡選書
藤本浩一（一九八二）『磐座紀行』向陽書房
山田慶児編（一九九五）『東アジアの本草と博物学の世界』上・下、思文閣書店

〈コラム〉
大津絵と『瓢箪鯰』

横谷　賢一郎

猿が、身の丈ほどもある大きな瓢箪《ひょうたん》を抱え、鯰を押さえ込もうとしている。猿と瓢箪と鯰の組み合わせも突飛だが、猿のとる行動がさらに不可解な絵である。それもそのはず、この画題は本来、禅の公案に由来しているからである。ひっかける個所がまったくない涙滴形状の瓢箪で、ぬるぬるした鯰を押さえるには「これいかに！」、という目的不明の無理難題をあえて問い、それに対して論理や常識を飛躍して答えてみせる禅問答である。室町時代（一五世紀）の相国寺《そうこくじ》の禅僧に

図１　大津絵「瓢箪鯰」（高橋松山画）軸装（個人蔵）

図2　紙本版画　大津絵図帖のなかの「瓢箪鯰」（大津市歴史博物館蔵）

して画僧、如拙《じょせつ》による「瓢鮎図《ひょうねんず》」（国宝）はこの公案を描いた著名な作品である。大津絵の場合は、人間のかわりに猿がこの難題に挑む。しかし、上手くいくはずもなく、思慮の足りない行動を猿知恵にたとえて風刺し、茶化した絵である。

東海道大津宿の追分・大谷（京都との境）で売られていた大津絵は、ユーモラスや風刺にあふれた表現で好評を博した民画（無款《むかん》の量産多売の土産物絵画）であった。絵には、警句をこめた歌（道歌と呼ばれる）や狂歌が添えられることが多かったが、瓢箪鯰も「ひゃうたんに似たる思案のさる知恵で　いつ本心のなまずおさへん」と詠まれ、要領を得ない人や思慮の足りない行動は、所詮、猿知恵だと皮肉って、禅の公案を現実くさい警句に置き換えている。ちなみに、『瓦礫雑《がれきざっ》考《こう》』（喜多村節信著、一八一八）に、「瓢箪鯰」という諺《ことわざ》について記述があるが、同書でもこの画題が本来、禅問答であったと指摘している。大津絵の世俗画としても早い画題であり、宝永六（一七〇九）年頃版行の『大津追和気《おおつおいわけ》』にはすでに登場し、安永九（一七八〇）年の『狂歌画本大津みやげ』などにも紹介されている。画題の人気も高く、「十種大津絵」のひとつにも選ばれ、幕末期には、画題の意味を反面教師としたのか、諸事円満に解決し、人と水魚の交わりを結ぶに験《げん》のある護符として用いられるようになった。

第2部　明かされたナマズとその生態

ナマズ類の研究史

前畑政善・小早川みどり

本草学に始まる日本のナマズ研究

江戸中期までの書物に登場するナマズは、多くの場合、地震を起こす魔物であったり、あるいは本草学的視点からの食物、薬物としての生き物であったが、江戸後期になると本草学的側面を引きつつも、ナマズの生態や分類に関してより具体的な記述が見られるようになる（「第1部、北原氏を参照」）。それらの記述は、確かに私たちが今日認識している純粋学術的な記述には乏しいといえる。しかし、上野益三氏がすでに述べた(1)ように、それまでのわが国の動物学が、もとをただせば中国から輸入された本草学に由来していることを考えれば、それも致し方がないといえよう。とはいえ、本草学とそれから発した博物学ともいうべき江戸後期の書物にこそ今日のナマズ学研究の萌芽をみることができるのである。

江戸後期になると、琵琶湖魚類誌を語るに欠かすことのできない一編の水生動物誌・図譜が出される。ひとつは小林義兄《こばやしよしえ》の『湖魚考《こぎょこう》』（一八〇六）であり、今ひとつは藤居重啓《ふじいしげたか》の『湖魚図證《こぎょずしょう》』（一八一五）である（詳細は、第1部、北原氏を参照）。

『湖魚考』は湖周辺に棲む魚貝類をほぼ網羅していて、琵琶湖産魚貝類の初の総説ともいうべき重要な地位を占めている。そこに書かれた内容は著者自らが実地踏査して魚貝類を観察し、聞き取り調査した結果を踏まえていることもあって、きわめて詳細にわたっている。まずは「なまづ」の一般的な外部形態、卵の色、主たる棲息場などが書かれ、次いで「眞鯰」、「岩とこ鯰」、「きちやう」、および「赤鯰」など四種類について、それぞれの特徴が簡潔に記述されている。これらの種類は、その書き方からして著者が、現在私たちがいうところの「品種」と認識していたと思われる。また、本著では「降雨時にナマズが水田に上ってくること」や現在でも私たちがよく耳にする「ナマズにはオスが少ないこと」など、生態についての詳しい記述がある。その内容・構成は、後年の『湖魚図證』出版の契機となったばかりか、ここに書かれたナマズの品種「岩とこ鯰」は、昭和期に入って友田淑郎氏が、「イワトコナマズ」を新種として発表する際、和名として用いる由縁となったものである[2]（第2部、友田氏を参照）。

『湖魚図證』は、これも『湖魚考』の著者と同じく彦根藩士である藤居重啓によって著されたカラー図譜であり、『湖中産物図證』はその写本であるといわれる（第1部、北原氏を参照）。上野氏は、この『湖魚図證』の目的はもっぱら医家の用をなすことにあり、琵琶湖の水生生物を明らかにするために描かれたものではないとしている。[3] しかしながら、先の『湖魚考』同様に著者自らが実地踏査したことが記載から読み取れ、それなりに立派な琵琶湖の水生生物誌（現代風にいえば、琵琶湖水生生物図鑑）となっている。ナマズの分類（品種）は『湖魚考』のそれとかなり異なり、「鮧魚」、「黄ナマヅ」、「胡麻ナマヅ」、「アカナマヅ」の四種類に分けられ、それぞれ美しい彩色で描かれている。また、それぞれについて著者独自の見解も書かれていて、たとえば「胡麻ナマヅ」は、一名「イハトコ」として「常ニ湖底ニアリテ水上ニ浮游スルコト稀ナリ」というぐあいである。岩場の住人であるがゆえ、普段は人々の目にとまることが少ないであろうこのナマズの特徴がつぶさに書き込まれている。この図譜で描かれた「黄ナマズ」あるいは「アカナマヅ」の多くは、現在ではイワトコナマズの黄変個体（俗にいう弁天ナマズ）であることがわかっている[4]（第1部、北原氏の図3〜6を参照）。

以上の二編の書物は、当時の巷における人々のナマズの分類や生態に関する知識が詳しく織り込まれている点で、近代ナマズ学の端緒ともなるべき重要な位置を占めている。

日本でナマズ学が独自の進展を始めたこの時期、オランダの派遣医師シーボルト（Philipp Franz von Siebold）が来日する。彼は文政六（一八二三）年から七年間日本に滞在し、多くの動植物を収集しているが、その収集物のひとつにナマズが入っていた。ここに至って日本産のナマズに初めて西洋の生物分類法（リンネによる自然分類、二名法）が適用され、ナマズは『Fauna Japonica』（日本動物誌）のPisces（魚部）に*Silurus japonicus*《シルルス・ヤポニクス》として正確な写生画とともに掲載されたのである。この間の経緯については、本書の第2部に収録された川那部氏の論考を参照されたい。なお、シーボルトが日本から持ち帰ったナマズは、今ではリンネ（Linnaeus）の記載した*Silurus asotus*《シルルス・アソートゥス》のシノニム（同物異名）とされている。

明治以降のナマズ研究の流れ

『近江水産図譜』とそれに続く低迷期

明治期に入っても日本の動物学は、西洋のそれが著しく進展していたのに対し、いまだ本草学の延長線上にあった。ただ、日本ではこの時期になるとナマズも含め琵琶湖の淡水魚は以前に増して、より水産物として意識されるようになる。その状況を示す代表的な著作が明治初期に出版された『近江水産図譜』（著者不詳）である。これは明治という新しい時代に入って、それまで慣行で認められていた漁業上の権利が揺るがされるなか、時の政府が新しい法律を整えるために全国の漁業実態を把握する必要に迫られたことから出されたものである。[5] ここでは、本種が「鯰魚」として綺麗なカラー図版とともに、形状（形態）・生育・産地・漁法・漁期・効用・雑説などの解説が簡単に記載されている。そこに描かれたナマズは、ヒゲが極端に長く、尾鰭《おびれ》の形状が丸くなっているなど、実物が正確に描写

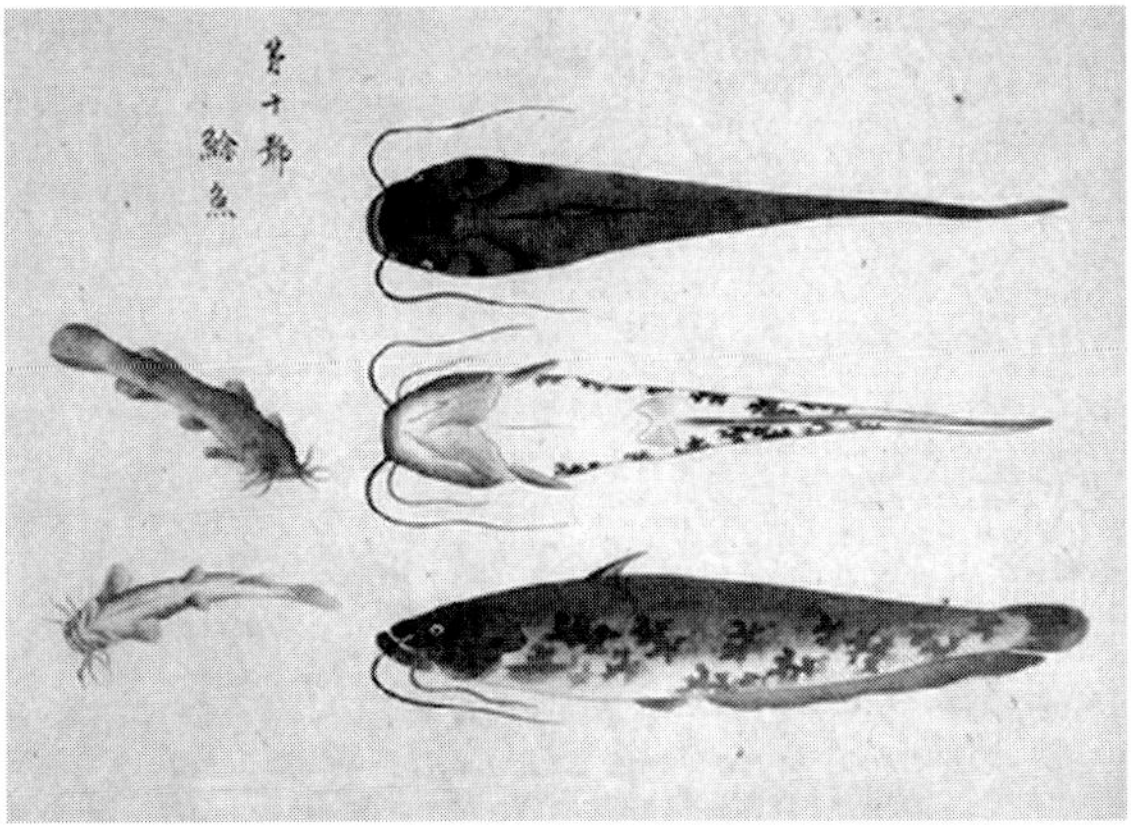

図1　『近江水産図譜』に収載された「鯰魚」の図（滋賀県水産試験場蔵、琵琶湖博物館撮影）

されていない点が惜しまれる（図1）。

小林義兄の『湖魚考』以後、琵琶湖の魚類相を西洋式分類法に則って初めて総括的にまとめたのは田中茂穂氏である。[6] 彼は幾度か琵琶湖を訪れ、ナマズとビワコオオナマズを実際に自分の目で観察し、その形態的違いを認めながらも、琵琶湖産ナマズ類を以後も一貫して *Parasilurus asotus*《パラシルルス・アソートウス》一種として扱っている。漁師の「ナマズには何種類かいる」という言葉は、彼の耳に入らなかったようである（第2部、友田氏参照）。田中茂穂氏の以後、日本産ナマズ類の分類は約半世紀にわたって停滞することになる。昭和初期、滋賀県水産試験場長である川端重五郎氏が『琵琶湖産魚貝類』（一九三一）を著すが、この著作においても田中氏の分類がそのまま取り入れられている。ただし、川端氏が琵琶湖産魚類の繁殖の専門家だったこともあって、湖内におけるナマズの棲息場や繁殖生態、成長などについてはより具体性に富んだ記述になっている点が注目される。その後、田中氏は、魚類では個体変異がきわめて広汎にわたることから、さかんに科や属の整理統合をおこなった。[7] このことは日本の魚類分類学に混乱をもたらしたとされるが、反面、国内の魚類学者のあいだに今一度欧米の魚類学者の業績から妥当な魚類分類学を見いだそうという機運を引き起こしたともいわれる。[8] 田中氏の分類体系の行きすぎはナマズの分類においても見られる。彼は、阿刀田研二氏が一九三五年に発見した[9]幼魚に口ヒゲが六本あることを根拠に、日本産ナマズを終生口ヒゲを六本有するヨーロッパナマズ *Silurus glanis*《シルルス・グラニス》と同種であると見なしていたようである。[10]

その後、岡田弥一郎・中村守純両氏が『日本の淡水魚類』（一九四八）を著すが、国内のナマズ類は依然として一種として扱われる。この時期、ナマズの形態、生態学などに一定の進展は見られたが、残念なことに、分類学では『湖魚考』や『湖魚図證』で記載されたナマズの分類（品種）の成果がまったく継承されなかったのである。

ナマズ類の分類学の進展

先にもふれたが、ナマズの卵・仔稚魚の発生段階を初めて詳細に記載したのは阿刀田研二氏で一九三五年のことである。[11] 彼は、それまで四本とされていた本種のヒゲの数が、仔稚魚期には六本あることを初めて明らかにした。彼の研究は、生き物のあり様を発育段階という視点から捉えた点で、当時としては抜きんでていた。その後、内田恵太郎氏は「朝鮮魚類誌」（一九三九）[12] において、朝鮮半島における日本産と同種のナマズの分布、形態、卵から仔魚の発生についてすぐれた知見を発表した。このように、ナマズ類の研究は除々にではあるが確実に進展していった。

やがて、田中氏の分類法の行きすぎを指摘する声が出てくる。青柳兵司氏もその一人であり、彼はその主著『日本列島産淡水魚類総説』（一九五七）のなかで、ナマズの学名について日本産ナマズとヨーロッパナマズの下顎《かがく》の口ヒゲ一対の存在期間の違いは、むしろ両者が別種であることを示すものだと主張した。この著作は魚類全般にわたる総説であるため、学名論議のほかにもナマズの形態、生態、分布などについて過去の研究成果を総括的にまとめている。これとほぼ同時期、岡田弥一郎氏もまた大著『Studies on freshwater fishes of Japan』（一九五九-六〇）を著し、過去の文献からナマズ*Parasilurus asotus*のシノニムをすべて洗い出し、それまでのナマズに関する研究成果を総括的に取りまとめた。これら二冊の著作は、この時期になると、日本における魚類学が西洋のそれとほぼ肩を並べるまでに進展していたことを物語っている。江戸後期に西洋動物学が取り入れられて後、こうも短期間に日本の魚類学が進展した背景として、わが国にはもともと西洋の学問を受け入れる下地があったことがしばしば指摘されている。[13、14]

生態学研究の展開と新種の発見

青柳氏や岡田氏によって日本産魚類研究の総括がおこなわれた直後、友田淑郎氏は、琵琶湖にはナマズ以外にもビワコオオナマズ*P. biwaensis*《パラシルルス・ビワエンシス》とイワトコナマズ*P. lithophilus*《パラシルルス・リトフィルス》という二種の新種のナマズ類がいることを明らかにした。[15] その経緯については本書の「第2部」に収録された友田氏の寄稿文を参照されたい。

これ以降、日本におけるナマズ（ナマズ属）学は急進展を見せることになる。すなわち、彼は琵琶湖産魚類全体を進化的側面から総括するなかで、ビワコオオナマズは湖の広大な沖合に、イワトコナマズは岩礁地帯に、ナマズは岸辺の泥底やヨシ帯に適応して分化したものであるとして、三種のナマズそれぞれの棲み場やそこに棲むほかの生き物との関連で説明した。さらに、彼はナマズ仔稚魚の発育に関して、阿刀田氏や内田氏の研究をさらに発展させ、卵から仔稚魚の発生・発育段階を詳細に観察し、形態が環境条件によって大きく変化することを明らかにしたのである。[16] 友田氏の一連の研究は、それが単にナマズ類の形態・分類学に終わることなく、生物の進化・適応を地史や環境などとの関連で捉えた点で評価される。

友田氏の研究の一端を引き継ぎつつ、ナマズ属全般の系統に興味を抱いたのが本稿の著者の一人、小早川みどりであった。小早川は、その後東アジア各地に赴いてさまざまのナマズ属魚類を比較研究し、まだいくつかの疑問を残してはいるもののナマズ属の系統を整理した[17]（第2部、小早川の「ナマズの世界」参照）。また、一九九四年、小早川は奥山茂美氏とともに、古琵琶湖層の下部からビワコオオナマズまたはその祖先と思われる化石を報告し、[18] 渡辺勝敏氏は、香川県の中新世讃岐《さぬき》層群《そうぐん》から現世のものとは異なる世界最古のナマズ科魚類の化石を報告している[19]（第2部、渡辺氏を参照）。かくして、琵琶湖のナマズ属三種の系統、あるいはナマズ科・属の系統も少しずつではあるが明らかにされつつある。

分類学的混乱

日本のナマズは一七五八年、リンネによって*Silurus asotus*と命名されたことはすでに述べた。その後一八六二年にブリーカーが*Parasilurus*《パラシルルス》属としてヨーロッパのナマズと分けたが、[20] ヘイグ氏は再びこれを*Silurus*属の同物異名とし、*Silurus*属で統一させた。[21] そのとき、*Siluru*属のなかに*Pterocryptis*《プテロクリプチス》属も同物異名として含めてしまったのである。その後、一九七七年に陳氏は中国産の*Silurus*属を分類学的に再検討した[22]際、胸鰭《むなびれ》の棘の前縁の状態に注目したが、*Silurus*属と*Pterocryptis*属はうまく分離してこなかった。その後、一九八九年に小早川は複数の形質を用いて再検討を行い、*Silurus*属には形態的に大きく異なる二グループが含まれていることを見いだした。それはヘイグ氏が同物異名としてしまった*Pterocryptis*属であることが後にボーンブッシュ氏によって明らかにされた[23]。こうして日本産のナマズ科魚類三種はおそらく一つの共通祖先から進化してきたであろう一グループ、*Silurus*属の一員であることが明らかになったのである。しかし、いまだにヨーロッパのナマズ属魚類とは別属であるという主張もあり、*Parasilurus*属が用いられることもある。

近年のナマズへの生態学的アプローチ

話は変わって一九八〇年代に入ると国内ではフィールド観察に基づいた魚類の生態学的研究がさかんに行われるようになる。ナマズ類についても例外でなく、フィールドで繁殖生態の研究を開始し、その成果も報告されている[24、25]。また、最近では小動物に取りつけ可能な超音波発信器の開発が進んでいるが、それを使って湖内におけるビワコオオナマズの動きを調べる研究も行われている[26]。現在ではそれらの成果が公表されつつあり、ナマズ類の生活についてはまだごく一部とはいえ、徐々に明らかにされつつある[27]（第3部、前畑氏を参照）。

「ナマズ学」の今後

このような生態学的、分類学的知見が蓄積される一方、ナマズのヒゲや神経に関する生理学的な観察も地道に行われていた。[28] 地震と何らかの関連があるのかどうか科学的に調査しようとすることも行われた。しかし、これらの研究はどれも、ナマズは研究の材料であって、得られた知見を総合的に組み立てて、ナマズとはいかなる生物であるか、ナマズ学として一つのまとまりをもたせようとするものではなかった。

また、ナマズ亜目全体の系統関係についてはいまだ明確に解決されていない。部分的に系統関係を出したり、[29] 限られた形質に基づいて系統を組み立てたりしているにすぎない。[30] その原因は、ナマズ亜目が三四科あるなかで、原始的な特徴と特化的あるいは退化的な特徴がモザイク状に入り乱れ、骨学などの解剖学的形質に基づく類縁関係がわかりにくいからとされる。[31] しかし、先がまったく見えないわけではない。現在ではアイソザイム分析、あるいはＰＣＲ法の開発以降、ＤＮＡの塩基配列を使った分子レベルからの系統解析がさかんに行われている。今後は従来の形態学的資料を用いた系統解析と組み合わせることにより、より真実に近い系統関係が推定されていくものと考えられる。問題は標本の入手と記載分類学レベルでの混乱である。分布そのものが広いうえに、赤道をはさむ採集に出かけにくい地域に集中しているためである。

日本産ナマズ類（*Silusu*属）の個々の種の生態をみると、繁殖生態については多少明らかにされつつあるものの、まだまだわからないことだらけである。片野修氏ほかはナマズの研究に終止符をうち、また高井則之氏ほかのグループもビワコオオナマズから離れてしまったようにみえる。一方、ビワコオオナマズの繁殖を目の当たりに見た感動からナマズ研究を始めた前畑は、現在水田で産卵するナマズの魅力に取りつかれている。とくにナマズの個体群動態については、今後野外観察を通じて明らかにしていきたいと考えている。

しかし、琵琶湖固有のナマズ二種（ビワコオオナマズ、イワトコナマズ）が学界の日の目を浴びて四〇年もの時が経つというのに、私たちは彼らについてどれほどのことを知り得たであろうか。繁殖生態に関しては多少わかりつつはあるが、生活史全般にわたっての研究は、友田氏の研究以降ほとんど進展していない。仔稚魚がどこでどのように育つのか、本当に基本的な生活史がわかっていないのである。実際、ナマズと異なり、イワトコナマズやビワコオオナマズの稚魚は滅多に採集されることはない。すぐに報われることのない地道な努力なしには成果は望めない、研究者にとっては気の遠くなるような材料でもある。彼らの生活する環境が広大でかつ水の透明度も悪い琵琶湖であり、また彼らは夜間に活動するという調査しづらい条件下にあったことがその一因であるが、最も大きな原因は、それを調べようとする研究者がいなかったことであろう。だが、琵琶湖沿岸の石の下で密やかに孵化《ふか》した仔魚が、やがて銀白の腹を翻し、琵琶湖の主《ぬし》として湖の沖を泳ぐようになるまでを綴る仕事は夢とロマンに満ち満ちているに違いない。

食味の悪いビワコオオナマズは以前からそうであったが、イワトコナマズも近年では漁獲統計に載らなくなってしまった。漁獲物として漁獲統計に載っているあいだは研究する者がいなくても数の動向がある程度つかめるが、漁獲統計に載らなくなり、かつ研究する者もいないとなると生活史のわかっていない魚は現在どのような状態にあるのか、絶滅しかかっているのか、まだまだ増えているのかといった動向がつかめなくなる。このような心配事も含めて、ナマズを研究する者が増えることを期待して止まない。わからないことだらけのナマズ類は研究テーマの宝庫なのだ。

〔付記〕
本稿をまとめるにあたって、北びわ湖自然研究室の友田淑郎氏に有用な助言をいただいた。また、琵琶湖博物館館長川那部浩哉氏には、草稿を詳細に読んでいただき、内容について懇切丁寧なご指導をいただいた。ここに記して感謝の意を表する。

【注】

（1）上野益三（一九七三）「淀川水系の魚類等研究史」『淀川水系生物調査報告書 第二版』（津田松苗編）、一―一七頁

（2）Tomoda, Y. (1961) Two new species of the genus *Parasilurus* found in Lake Biwa-ko. Memoir of the College of Science, University of Kyoto, Ser. B 28: 347-354.

（3）前掲注（1）参照

（4）前畑政善・長田芳和（一九九〇）「イワトコナマズの新分布地」『琵琶湖文化館紀要』（八）、一―五頁

（5）桑村邦彦・松田征也・中藤容子（二〇〇〇）『第8回企画展 湖の魚・漁・食展示解説書』六七頁、琵

琵琶湖博物館
（6）＊田中茂穂（一九〇八）「琵琶湖産魚類」『動物学雑誌』XX: 233–237.
（7）＊田中茂穂（一九三六）「動物分類学上の科と属の取扱方、その他」XLVIII: 143–145.
（8）青柳兵司（一九五七）『日本列島産淡水魚類総説』大修館書店
（9）阿刀田研二（一九三五）「ナマズ *Parasilurus asotus* LINNE の稚仔魚及び卵」『動物学雑誌』XLVII: 228-230.
（10）前掲注（7）
（11）前掲注（9）
（12）内田恵太郎（一九三九）「朝鮮魚類誌」『朝鮮総督府水産試験場報告（六）』四五八頁
（13）梅棹忠夫（一九八六）『日本とは何か 近代日本文明の形成と発展』日本放送出版協会
（14）上野益三（一九八七）『日本動物学史』八坂書房
（15）友田淑郎（一九六二）「びわ湖産魚類の研究I、びわ湖産三種のナマズの形態の比較およびその生活史との関連」『魚類学雑誌』八、一二六–一四六頁
（16）友田淑郎（一九七八）『琵琶湖とナマズ 日本の野生生物』汐文社
（17）Kobayakawa, M (1989) Systematic revision of the catfish genus *Silurus*, with description of a new species from Thailand and Burma. Japan. J. Ichthyol. 36: 155-186.
小早川みどり（一九九〇）「日本のナマズのルーツをさぐる」『採集と飼育』五一四–五一八頁
（18）Kobayakawa, M. and S. Okuyama (1994) Fossil of *Silurus biwaensis* (Siluridae) from the Ueno formation, ancient Lake Biwa, Japan. Japan. J. Ichthyol. 40: 500-503.
（19）Watanabe, K., T. Ueno & S. Mori (1984) Fossil of a silurid catfish from the Middle Miocene Sanuki Group of Ohkawa, Kagawa Prefecture, Japan. Ichthyol. Res. 45: 341-345.
（20）Bleeker, P.(1862) Notice sur les generes *Parasilurus*, *Eutropichthys*, *Pseudeutropius et Pseudopangasius*. Versl. Akda. Amsterdam 14: 390-399.
（21）Haig, J. (1950) Studies on the classification of the oriental and palaearctic family Siluridae. Rec. Indian Mus. 48: 59-116.
（22）Chen, H. (1977) A review of the Chinese Siluridae. Acta Hydrobiol. Sinica. 6:179-216.
（23）Bornbusch, A. L. (1991) Redescription of Apodoglanis furnessi Fowler (Siluriformes : Siluridae), with diagnoses of three intrafamilial silurid subgroups. Copeia 1991: 1070-1084.
（24）片野 修・齋藤憲治・小泉顕雄（一九八九）「ナマズ *Silurus asotus* のばらまき型産卵行動」『魚類学雑誌』三五、二〇三–二一一頁
（25）前畑政善・長田芳和・松田征也・秋山廣光・友田淑郎（一九九〇）「ビワコオオナマズの産卵行動」

『魚類学雑誌』三七、三〇八-三一三頁
(26) Takai, N., W. Sakamoto, M. Maehata, N. Arai, T. Kitagawa, and Y. Mitsunaga (1997) Settlement characteristics and habitats use of Lake Biwa catfish *Silurus biwaensis* measured ultrasonic telemetry. Fish. Sci. 63: 181-187.
(27) Maehata, M. (2001) The physical factor of the Biwa catfish *Silurus biwaensis*. Ichtyol. Res. 48: 137-141.
Maehata, M. (2001) Mating behavior of the rock catfish, *Silurus lithophilus*. Ichtyol. Res. 48: 283-287.
(28) 佐藤光雄（一九三六）「魚類の触鬚に関する研究」『植物及び動物』四、九頁
(29) Hows, G. J. (1983) Problems in catfish anatomy and phylogeny examplified by the neotropical Hypophthalmidae (Teleostei: Siluroidei). Bull. Brit. Mus. Nat. Hist. (Zool.) 45: 1-39.
(30) Chardon, M. (1968) Anatomie compare de l'appareil de Weber et des structure connexes chez les Siluriformes. Ann. Mus. Roy. Afr. Centr., Ser. 8, Sci. Zool. 169: 277pp.
(31) 友田淑郎（一九六七）「びわ湖魚類の進化学的研究」『ミチューリン生物学研究』三、一五〇-一六二頁
多紀保彦（一九九〇）「ナマズ 世界に広がる多彩な魚たち」『採集と飼育』五二、五一一-五一三頁

参考文献

片野 修（一九九八）「ナマズはどこで卵を産むのか?」草樹社
川端重五郎（一九三二）『琵琶湖産魚貝類』故川端重五郎氏遺稿集頒布会
Linnaeus, C. (1758) Systema Nature, Tomus I. p.304
丹羽 彌（一九七六）『アジメドジョウの総合的研究』大衆書房、岐阜市
Okada, Y. (1959-1960) Studies on freshwater fishes of Japan. Mie Pref., Uni.
岡田弥一郎・中村守純（一九四八）『日本の淡水魚類』日本出版
＊田中茂穂（一九二一）『日本魚類学上巻』裳書房
田中茂穂（一九五二）『日本産魚類図説』風間書房
Temminck & Schulegel (1846) Fauna Japonica *Pisces*
上野益三（一九八七）『日本動物学史』八坂書房
（＊は直接見ることができなかった文献）

シーボルトの足跡とナマズ

川那部　浩哉

「少し進むと、近江の湖または琵琶湖と呼ばれる湖水の西南にある大津の町に着く。（中略）一軒の茶屋に立ち寄り、湖上に突き出している見晴し台からすてきな景色を楽しんだが、悪天候と冷たい東風とでだいぶ感興をそがれた。湖水は強風のため波立っていた。（中略）岸辺には舟の出入りが盛んであった。（中略）湖水は南南西に延びる入江となり、瀬田の近くに橋が架かっている。（中略）大坂付近の海に注ぐ有名な淀川は、瀬田川という名でここに源を発している。瀬田はこの川の両側にある。（中略）九時に草津に着き、同地に泊まった。

「三月二十六日　七時に草津をたつ。（中略）梅木村にある有名な薬屋のたいへん心地よい東屋で休む。（中略）丸石を敷きつめた幅広い河床を野洲川が琵琶湖に向かって流れている。（中略）大野でたいへんよくできている剥製の鳥をいくつか買い求めた。すなわち二羽のトキで、赤いばら色の翼をもつものと、もう一羽は白い羽根があるものだったし、そのほかに二～三羽の他の水鳥もあった。このトキはこのあ

たりの田畑によく姿をみせ、シラサギといっしょにいることがある。（後略）

「三月二十七日　（中略）山道を越えて坂ノ下に向かう。ドクトル長安は私のために二〜三日先行していた。私は彼の骨折りでたくさんの山の植物と一匹の珍しいオオサンショウウオ（San-Sjoono-iwo）を手に入れた。すなわち山に棲息する動物で、鈴鹿山、とくに奥出山の渓流にいるもので、そこからときどき岸辺の湿地にやって来る。イモリの名で知られているもっと小さい種類のものを、悪液質の疾患の治療薬として売っている。」

これは、シーボルトさんが書いた膨大な書『日本』の中の「江戸参府紀行」のうち近江の国の部分で、時は文政九（一八二六）年である。（上記の月日は太陽暦による。以下の月日も同じ。訳は日本語としてははなはだ良くないが、明らかな誤りの個所を除き、あえてそのままにしておく）

ところでいま私は「シーボルトさん」と書いたが、これが正しいとする根拠はまだ私にはない。元来の綴りは Philipp Franz B. von SIEBOLD で、まずフォンという称号は本来は姓の一部に取り込むべきもの。上野益三さん[1]はこれを含めてつねに「フォン・シーボルト」と書き、後年の著[2][3]でも、初出では必ず付けている。これは、付けるのが正しい。

次は、冒頭の発音は「シ」か「ジ」かの問題だ。この人の生まれたのは現在のバイエルン州のヴュルツブルクで、高地ドイツ語の地域に属し、したがって「ジ」と読むのが正しい。しかし、その祖先がどのあたりの人であったかは知らない。

もし北の方すなわち低地ドイツなら、「シ」と読むのが先祖伝来の用法だったかもしれない。ゲーテさんは死ぬまで、「イヒ＝ハーベ」とは発音できなくて、つねに「イヒ＝ハッヴェ」と訛《なま》っていたと、これは子どもの頃に読んだ覚えがある。

ある本に「ジーボルトさん」と書いておいたところ、この人についての専門研究者でもある山口隆男さんから、「シーボルトと書き直すように」と注意を頂き、それに対しては、前の二節に書いたようなことを返事した。しかし少なくともこの人が来た当時の日本側においては、彼はドイツ人ではなくオランダ人だと考えられていたはずだし、オランダ語は明らかに低地ドイツ語の一部だから、日本では「シーボルト」と澄んで発音していたのは確かだろう。また呉秀三さん[4]以来「シーボルト」と書くのが、日本では慣例になっているから、「オランダ人と見なす」と取り敢えず自らを「合理化」し、以下には一般に従って「シーボルトさん」としておく。

ただついでにいえば、第一回の日本滞在のあと二〇年あまりのあいだ居を定め、そのときの標本もすべて保管されているオランダ国の市の名まえは、日本では逆にどういうわけか、オランダ語読みのレイデン（Leiden）ではなく、高地ドイツ語読みでライデンとされている。最近その地で出版された日本語の『シーボルトと日本：その生涯と仕事』でも、なんとライデンとなっている。

シーボルトさんが日本から持ち帰ったおびただしい標本は、運河の横にあった国立博物館（Rijksmuseum van Natuurlijke Historie、一八二〇年創立）で調査研究された[5]。この「自然史博物館」は一九一五年に南へ移り、さらに一九九八年一二月には鉄道線路を越えて北に移り、Naturalisの名で親しまれている。そして元の地には今も「国立民族学博物館（Rijksmuseum voor Volkenkunde）」があり、それに関係する標本はこちらにある。また一八三二～四〇年にシーボルトさんが住んでいた「シーボルトハウス」では、日蘭修好四〇〇年記念にあたる二〇〇〇年にコレクションの一部が公開され、二〇〇二年には修復を終わって再び開かれたはずである。(6)

シーボルトの日本紀行

上野さん(7-10)に従い、それにカウヴェンホーフェンさんとフォラーさん(11)のものを混えて、シーボルトさんの足跡をここで通覧しておこう。

シーボルトさんは文政六（一八二三）年八月に二七歳で、オランダ東インド総督府の医師兼日本調査官として長崎に到着した。いうまでもなく、当時の日本は「鎖国」の真最中である。しかしオランダ人の居住地であった出島のほかに、その北東部に「鳴滝塾《なるたきじゅく》」を開くことが翌年三月に許され、ここで門人に医学・薬学と博物学を講義し、患者を診察し外科手術を施した。また、ヨーロッパから多くの書籍や機械器具を持ち込んだのである。大学では医学のほか地学と民族学を学び、植物に大きい興味を示したというシーボルトさんは、日本各地の動植物・鉱物標本や民俗資料・工芸品さらには書籍を、精力的に収集し続けた。塾に集まった門人も争って、日本各地からの標本を集めることに努力した。さらに出島と鳴滝に小さい植物園を設け、また動物を飼育する一画をも作った。

文政一一（一八二八）年に任期が満ちて帰国することになり、滞日中に苦心して収集した山のような研究資料を荷造りして船に積み込んだ。九月たまたま台風が襲来して長崎港のその船が難破し、八九箱の積み荷のなかから日本地図その他の国禁の品々が発見された。帰国は頓挫し、一〇〇人以上の関係者が逮捕され、翌年五〇人が有罪になった。いわゆる「シーボルト事件」である。幕府は再来を禁じて退去を命じ、一二月に出島を出帆したシーボルトさんは、バタヴィア（ジャカルタ）経由でオランダへ帰る。

三〇歳のシーボルトさんは、出島で一六歳の楠本瀧さんと同棲して一女を設けたが、その娘さんは後に日本初の西洋医学による産科医となった。その名はアジサイの学名 *Hydrangea macrophylla* var. *Otaksa*[12] として残っている。

帰国の一五年後、シーボルトさんは四九歳で結婚。また安政五（一八五八）年、日蘭通商条約の成立によって「再来禁止」が解けたため、翌年から三年間長崎に来、その間に再度江戸へも行った。その後はオランダを離れて、生まれ故郷のヴュルツブルクに戻り、一八六六年一〇月ミュンヘンで歿した。七〇歳だった。

シーボルトの江戸参府

冒頭で引用した『江戸参府紀行』にもあるとおり文政九（一八二六）年二～七

月に、シーボルトさんはオランダ商館長ステュルレル（Joan Willem de STURLER）さんなどと江戸（東京）へ行き、将軍徳川家斎さんに謁し、江戸ではもちろんその途中でも多くの大名や学者に会った。長崎を出る唯一の機会である四年に一度のこの「参府」のために、周到な準備がなされ、さまざまな機械器具が用意された。また先にバタヴィアから呼んでおいたビュルゲル（Heinrich BÜERGER）さんのほか、植物への関心の高い高良斎《こうりょうさい》さんと画師の登與助《とよすけ》（川原慶賀《かわはらけいが》）さん、植物・動物の標本作成者二人、園丁一人と書生三人などが随行し、計六〇人による道中だった。

途中で植生を記載し、カササギ・キジ・ノガン・マガモ・ツル・シラサギ・ヒバリなど多種の鳥を数多く観察し、生きたオオカミやヤマイヌなどを買い求め、フクロウ・ウソ・シジウカラ・ツル数種・トキ、さらにはラッコ・イタチ・マムシ・タカアシガニなどたくさんの標本を受け取り購入し採集し、さらには地形・住民・風俗習慣・産物などあらゆる方面にわたる知識を得た。

先には往路を引いたので、帰途の条を引用しよう。

「五月三〇日　急いで坂ノ下に向かって出発。同地でドクトル長安の知人が植物その他の天産物を集めていて、昨日私にそのことを知らせに来た。行ってみると、いろいろなものの中にたいへん大きな生きたイモリや数種の薬草や鉱物があった。鈴鹿山という植物の多い山を通って旅を続ける。（中略）この山岳地帯の植物群は大部分、カシ・ブナ・イトスギ・ニオイシバ・クスノキ・タラノキ・イボタノキ・ユキザサ・ウツギ、まれにイチイ・マサキ・ネムノキや、まだ私が知ら

ないたくさんの、花の咲かない高木や灌木である。（後略）
「五月二一日　石部を朝早くたち、一行に先立って、以前に述べた薬売りの住んでいる梅木に行った。私は、行きに立ち寄ったときこの地方の珍しい植物を集めて、出島に送るよう主人に頼んでおいた。いま私は、たくさん集めたものをすでに一ヶ月前に出島へ送ったと聞いて満足し、その目録を受け取った。それから私は、植物学者として知っていたひとりの僧侶を隣り村に訪ね、彼のところでスイレン・ウド・モクタチバナ・カエデなどの珍しい植物やそのほかたくさんの好ましい花の咲いている美しい庭園を見た。（中略）草津では竹の杖を盛んに売っている。モウソウチクの根だが、冬に掘るのがいちばんよく、たいていは曲がっていて、油を塗り炭火の上で乾かす。（中略）われわれはそこから瀬田橋を渡り、琵琶湖の魅せられるような景色を眺め、城があって数マイルも続く膳所の町に着いた。私はここに残って上検使に会い、見晴らしがよいので有名な茶屋でいっしょに休もうと彼を招き、ここでたいへん親切にしてくれたこの人と、実に楽しいひとときを過ごした。ここではとくにおいしい料理として、とれたてのコイが食べられる。（中略）私は途中で瓦を焼く工場を訪ねた。するとそこの主人が来て瓦の製法を説明してくれた。」

『シーボルト日本動物誌』

シーボルトさんがオランダへ持ち帰った標本は、カウヴェンホーフェンさんと

図1　シーボルトの肖像　川原慶賀筆（長崎歴史文化博物館蔵）

フォラーさんによれば[13]、民俗資料五〇〇〇点、薬草標本一二〇〇〇点、哺乳類二〇〇点、鳥類九〇〇点、魚類七五〇点などであった。そのうち植物については、二人の共著者とともに書いた『日本植物誌（Flora Japonica）』が一八三五〜七〇年に出版された[14、15]。

いっぽう動物については、一八三三〜五〇年に『日本動物誌（Fauna Japonica）』として出版されている。哺乳類、鳥類、爬虫・両棲類、魚類の部分はレイデンの国立自然史博物館館長のテミンク（Coenraad Jacob TEMMINCK）さんとその後を襲ったシュレーゲル（Hermann SCHLEGEL）さんが、甲殻類はデ＝ハーン（W. de HAAN）さんが書き、シーボルトさんは爬虫類と甲殻類の序論を執筆している。

一八四三〜五〇年に出版された『日本動物誌　魚類』は、なかでも最も大冊だ。それは、シーボルトさんの離日後もその意を受けて魚類標本を採集し、いやそればかりかおよそ二〇〇種の記載原稿を作り、日本で描かせた多数の彩色画とともに、オランダに送ったビュルゲルさんの功績である。その原稿のなかには、シュレーゲルさんがそのまま使えるような完全な記載も少なくなかったという[16-18]。一八二三年以来バタヴィアの近くで薬剤師をしていたビュルゲルさんは、翌々年シーボルトさんの派遣要請に応募してその助手として来日し、途中一年半の休みはあるものの、天保六（一八三五）年まで出島に滞在した。シーボルトさんの後を襲ってオランダ商館の科学研究を引き継いだが、「単なる採集者に過ぎないのではないか」などと、その努力は正当には認められず、功績も長い間世に顕れることはなかったのだ。またオランダへ送った標本は、シーボルトさんの七六七点を上回って少なくとも一五〇〇点以上になり、現在レイデンの国立自然史博物館所蔵のものを験すると、シーボルトさんの送ったものが六五七点、ビュルゲルさんのものが六五八点、どちらによるかはっきりしないものが一五〇点、合計三一三種一四六五点になると、山口さん[19]は書いている。

またこの彩色画を描いたのは、江戸参府にも同行した登與助こと川原慶賀さんで、それを克明に調べた山口さん[20]、[21]によれば、レイデンにある先に挙げた二つの国立博物館のほか、大学図書館東洋文献室を含め、六四三の魚類の図譜など、行方不明の鳥類図を除いて、なんと計二七二六図が保管されているのだ。そのうち国立自然史博物館にある二五九図こそが、ビュルゲルさんが依頼した川原さんの後期の作品、まさにこれが『日本動物誌　魚類』の原画になったものなのである。なお、これを含めて魚の図のすべて（両博物館に重複している八五図を除く）は、彩色ではないものの山口隆男さんが一九九七年に発表された論文[20]に完全に収録されている。

『日本動物誌』に現れる琵琶湖の魚

『日本動物誌　魚類』には、オヤニラミ・ドンコ・コイ（三）・フナ（四）・カマツカ・ニゴイ・タモロコ・イトモロコ・ヤリタナゴ（二）・アブラボテ・カネヒラ・オイカワ（三）・カワムツ（二）・ハス・カワヒガイ・モツゴ（二）・ド

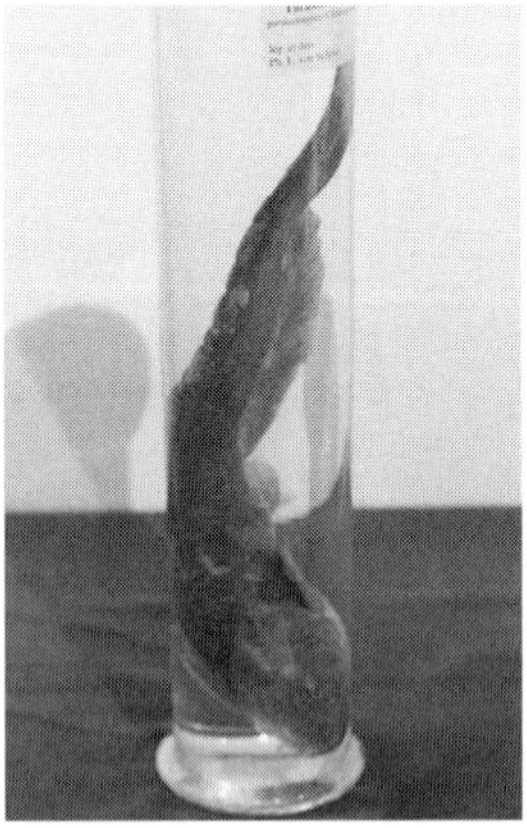

図2　フォン・シーボルトが持ち帰ったナマズ *Silurus asotus* の液浸標本（オランダ国立自然史博物館蔵）（前畑政善撮影）

ジョウ・タイリクシマドジョウ・アユモドキ・メダカ（二）・ナマズ・アリアケギバチ・アユ・エツ・ウナギなど、四〇ばかりの淡水魚が記載されている。シーボルトさん・ビュルゲルさんはともに、江戸参府のとき以外は長崎に閉じ籠らされていたわけだから、その地方の魚が中心になっていることは海産魚からも明らかだ。ただ上に挙げた種には、九州島には分布しないものが存在する。いや、琵琶湖の固有種すら含まれている。

たとえばフナ属として記載してある四種は、今でいえばギンブナ・キンブナ・ニゴロブナ・ゲンゴロウブナにあたり、後の二つは琵琶湖のみに棲むもの。ゲンゴロウブナは、少なくとも関東地方へは一七世紀中葉に移入されており、九州に入っていた可能性もまた完全には否定し得ない。しかしニゴロブナは、明らかに琵琶湖のみに棲息しているもの。また、ハスは琵琶湖と福井県三方《みかた》五湖のみに分布しているものだし、アユモドキは琵琶湖淀川《よどがわ》水系と岡山県旭川《あさひがわ》吉井川水系の特産である。すなわちこれらは、少なくとも九州には存在しないものだ。[22]

『江戸参府紀行』では、トキやオオサンショウウオなど「珍しい」ものについては記されているが、琵琶湖周辺での淡水魚の採集の記録はない。もちろん、門人その他から招来したものは多いだろうから、採集がこのときになかったとしても不思議はない。実際『日本動物誌』の記載に「川」「大河」「止水」「田んぼ」などと棲息環境の付けられているのは、コイ・ギンブナ・オイカワ・ドジョウ・メダカだけで、それ以外のものには書かれておらず、いやいくつかのものは「蒸留酒

図3 『日本動物誌（Fauna Japonica）』に収録されているナマズ（前畑政善撮影）

中で保存されていた」などとある。

ただ、山口さんの調べた川原慶賀さんの原図中に、上に挙げた琵琶湖特産種のまったく入っていないのはいささか気にかかる。[23] 私の見た版の『日本動物誌』では、上記のうち彩色されているのは川原さんの原図があるのとぴったり一致していて、ドンコ・コイ（一）・ギンブナ・ニゴイ・カネヒラ・オイカワ・モツゴ・ドジョウ・タイリクシマドジョウ・メダカ・ナマズ・アリアケギバチ・アユ・エツ・ウナギだけ。これらはいずれも九州北西部にも分布するものばかりである。もしそうとすると、琵琶湖特産種などの記載には、「そのまま使えるような完全なもの」[24]と評価されたビュルゲルさんは、関係したのかしなかったのか。だが、それを調べる能力も時間も、今の私にはない。

『日本動物誌』に現れるナマズ

ナマズはどうだろうか。『日本動物誌』においては、*Silurus*《シルルス》 *japonicus*《ヤポニクス》という新種になっている。当時は新種記載において模式産地を書くことは必ずしもなかったようで、したがって対象標本の産地は明らかでない。ただ「大きな河に棲み、肥後（熊本県）と薩摩（鹿児島県）に多く、長崎の周辺には少ない」とある。もちろん「日本名はナマズ（Namazu）」とも書き加えてあり、「肉は硬くて脂っぽいので、あまり食用にはしないが、さまざまな病に対する薬とされる」ともある。

なお現在この種名は用いられず、リンネさんの記載した*Silurus*《シルルス》 *asotus*《アソートゥス》の異名として扱われているが、このあたりはこの本にある前畑さんや小早川さんの文に任せよう。

ナマズに続くのはアリアケギバチの記載で、*Bagrus*《バグルス》 *aurantiacus*《アウランティアークス》という新種だ。このほうは属名は変更されているものの、種小名は今もそのまま使われている。関東に棲むギバチと同種とされていたが、近年異種であることが明らかになり、この種小名はアリアケギバチが受け継ぐことになった。実際この記載には「薩摩・くるま（久留米?）・肥後に多」く、「日本名はキギキョウ（Kigikjoo）」とある。

ナマズに戻れば『日本動物誌』は、ビワコオオナマズやイワトコナマズにはまったく触れていない。小林義兄《こばやしよしえ》さんの『湖魚考《こぎょこう》』（一八〇六）や藤居重啓《ふじいしげたか》さんの『湖魚図證《こぎょずしょう》』（ないし『湖中産物図證』一八一五）にある異なったナマズの「西洋風」の科学的記載は、友田淑郎さん(25)を待たねばならなかった。だがこのあたりのことも、同じく北原さん・前畑さん・小早川さん・友田さんなどに委ねよう。

読んでこられたとおりこの文は、私の先生でもあった上野益三さんの業績に多くを負っている。また山口隆男さんからは、最近の論文を多量に送って頂いた。この二人の仕事に付け加えた新知見は何もない。記して感謝の意を表する。

【注】

（1）上野益三（一九五九）「シーボルトの江戸参府旅行の動物学史的意義」『人文（京大教養部）』、六、三

○九–三二五頁、（一九八四『博物学史論集』八坂書房所収。なお、同氏の一九八七『日本動物学史』八坂書房、一九九一『博物学者列伝』八坂書房にも類似の記載がある）

（2）上野益三（一九七三）『日本博物学誌』平凡社

（3）上野益三（一九七二）「博物学史散歩 その二」『植物と文化』一、九七–一一一頁、（一九七八『博物学史散歩』八坂書房所収）

（4）＊呉秀三（一八九六）『シーボルト』（上野、一九八七による）

（5）上野益三（一九八七）『日本動物学史』八坂書房

（6）カウヴェンホーフェン（Arlette KOUWENHOVEN）・フォラー（Matthi FORRER）(2000)『シーボルトと日本：その生涯と仕事』Hotei Publishing. ライデン

（7）前掲注（1）

（8）前掲注（2）

（9）前掲注（3）

（10）上野益三（一九八四）「フォン・シーボルトのフローラ・ヤポニカ」『博物学史論集』五三〇–五三六頁、八坂書房所収

（11）前掲注（6）

（12）Otakusaは、「オタキサン」の意味。

（13）前掲注（6）

（14）前掲注（10）

（15）シーボルト著、大場秀章監修・解説、瀬倉正克訳（二〇〇七）『シーボルト日本植物誌 本文覚書篇』八坂書房

（16）BOESEMAN, M. (1947) Revision of the fishes collected by BÜERGER and von SIEBOLD in Japan. Zoologische Mededeelingen 28: 1-242.

（17）上野益三（一九七五）「ハインリヒ・ビュルゲル—日本におけるシーボルトの協力者」『遺伝』二九、七三–七八頁、（一九九一『博物学者列伝』八坂書房所収）

（18）山口隆男（一九九七）「川原慶賀と日本の自然史研究—1 シーボルト、ビュルゲルと「ファウナ・ヤポニカ魚類編」」Calanus (Bulletin of the Aitsu Marine Biological Station, Kumamoto University, Japan) 12: 184-250.

（19）山口隆男（一九九九）「シーボルト『ファウナ・ヤポニカ・魚類編』の成立」四頁

（20）YAMAGUCHI, T. (1997a) KAWAHARA Keiga and natural history of Japan I. Fish volume of Fauna Japonica. Calanus (Bulletin of the Aitsu Marine Biological Station, Kumamoto University, Japan) 12: 1-183.

(21) 前掲注 (18)
(22) 上野益三（一九七三）「淀川水系の魚類研究史」『淀川水系生物調査報告』（第二報）一-一七頁（一九八四『博物史論集』八坂書房所収）。なお上野さんは、ここで記載されている淡水魚のかなりのものについて、「恐らく京都、大津を中心として集めたものであろうか」としている。
(23) 前掲注 (20)
(24) 前掲注 (16)
(25) TOMODA, Y. (1961) Two new species of the genus *Parasilurus* found in Lake Biwa-ko. Memoir of the College of Science, University of Kyoto, Ser. B 28: 347-354.

参考文献

藤居重啓（一八一五）『湖中産物図證』（『湖魚図證』とも）（滋賀県中央図書館所蔵のものによる）
小林義兄（一八〇六）『湖魚考』（彦根市立図書館所蔵のものによる）
TEMMINCK, C. J. et SCHLEGEL, H. (1842-50) Fauna Japonica auctore Ph. Fr. de Siebold. Pisces, Decas 1-15. (Fauna Japonica sive Descriptio animalium, quae in itinere per Japoniam jussu et auspiciis superiorum, qui summum in India Batava imperium tennent, suscepto, annis 1823-1830 colegit, notia, observationibus et adumbrationibus illustravit. Ph. Fr. de Siebold conjuunctis studiis C. J. Temminck et H. Schlegel pro vertebratis atque W. de Haan pro inverbratis elaborata). 323pp., 143+1pls. Lungduni Batavorum, Ex officin. lithogr. ab A. Arnz & Soc. （京都大学大学院理学研究科生物科学専攻動物学教室所蔵のものによる）
上野益三（一九七三）『日本博物学誌』平凡社
フォン・シーボルト(1832-1851)・斎藤信訳（一九七八）シーボルト『日本』第三巻、雄松堂書店（原典は以下のとおりとある。von SIEBOLD, Ph. Fr., 1832-51. Nippon. Archiv zur Beschreibung von Japan und dessen Neben- und Schultzläedern: Jezo mit den süedlichen Kurilen, Krafto, Koorai, und den Liukiu-Inseln, nach japanischen und europae-ischen Schriften und eigenen Beobachtungen bearbaitet. Leyden.)。なお、『江戸参府紀行』だけは、東洋文庫（一九六七）平凡社にも所収

琵琶湖産二種のナマズ報告の思い出

友田淑郎

琵琶湖のナマズとの出会い

一九五七年の暮れのことである。京都大学の大学院一年目の終わりが近づき、私はようやく琵琶湖のフナを研究テーマに決めたところだった。当時、京都大学へ学位を申請されていた、東京・淡水区水産研究所の加福《かふく》竹一郎《たけいちろう》氏は、琵琶湖に固有なゲンゴロウブナが、ふつうフナが棲まない広い沖合の中層の環境に適応して進化したと主張され、動物学教室で注目されていた。私もこの研究にたいそう興味を惹かれ、フナを研究する後輩として、動物学教室の先輩たちに、ゲンゴロウブナについて、また琵琶湖について、さらなる研究の手がかりを訊ねまわった。だが、当時の京都大学では琵琶湖の魚に直接関係をもつ人は一人もいなかったのである。そこで、大津にあった大学の臨湖実験所に出かけてみたのだが、そこはプランクトンや底生動物など、いわゆる湖沼学の研究センターで、「ここでは魚など生ぐさいものは誰も関係していない。漁業組合か水産試験場へでも行って質《たず》ねたらどうか」と、にべもなく断られた。こうした成り行きから、私は大学をあきらめ、同じ浜大津にあった滋賀県の漁業協同組合連合会を訪れた。この古ぼけた建物で対応していただいたのは『滋賀県漁業史』などの名著もある初老の伊《い》賀《が》敏《とし》郎《ろう》さんで、いかにも学識者らしく、年若い私を快く歓待され、どんな質問にも歯切れよく回答してくださった。―琵琶湖のフナにはゲンゴロウブナばかりでなく、三種類があって、それぞれ棲み場所が違っていること、さらに似た例ではホンモロコとタモロコ、スゴモロコとデメモロコ、ヒガイの三種類などがある―など、琵琶湖とここに棲む魚の多様性について強調され、ナマズにも三種類があることを教えられた。梅雨の末期の大雨のとき深い北の沖合から巨大なナマズが南湖へやってきて、岸辺で産卵するのだそうだ。「この大ナマズは頭の形がふつうのナマズと違うて細長く、そのほかにもいろいろ違いがあって、わしらが見れば一目で判るのじゃが、帝大の先生というものは頭がかとうて、わしらがいくら説明しても、『否、同じナマズじゃ』と言われて、どうしても聞き入れてくださらなんだ。」私は、旧帝大の先生（田中茂穂氏）の頑固さに参っておられた伊賀さんの悔しそうな顔を忘れられない。私の心が、当時急速にナマズの研究に魅せられたのには、漁師への蔑視に対する義侠心が働いていたことにはまちがいない。

　伊賀さんに出会って、初代の川村多実二所長以来、永い歴史をもつ京都大学の臨湖実験所も、琵琶湖の魚についてほとんど知識をもっていないこと、つまり、将来に未開拓の分野が残されていることをしみじみと感じたことも事実である。

イワトコナマズを追って

翌年六月、フナの発育に一応成功した私は、今の湖西線の前身にあたる江若鉄道とバスを乗りついで、伊賀さんに教わった湖北にある知内《ちない》の柳森《やなぎもり》組合長を訪ねた。当時、知内では毎日コアユの地曳網《じびきあみ》をやっていて、「大ナマズはちょいちょい網に掛かりよる。獲れたら知らせるから来なされ。」と、たいそう歓迎された。大喜びで動物学教室へ帰ると、意外にも指導教官の徳田御稔先生からお叱りを受けてしまった。「せっかくフナの研究が緒についたばかりなのに、何を嬉しがっているのか。だいたいそんな大きな魚がいるはずがないことぐらい考えてもわかる。」徳田先生は当時新聞を騒がせていた、先生のライバルであった今西錦司先生のヒマラヤの雪男の話を苦々しく思われていて、琵琶湖の大ナマズの話もこれと同類だから、馬鹿げたうわさに乗るな、という訳であった。しかし、それから一週間後、先生は渋い顔をして一通の電報を手渡された。―ナマズトレタ―。知内の柳森さんが岸辺の容器に飼っておいてくださった大ナマズは、それほど大きな方ではなかったが、私がこの魚と出会った思い出として忘れることができない。

幸運は続いてやってきた。それは最大級の大ナマズが獲れたという、知内よりさらに北の大浦からの報せであった。その漁師は大ナマズを見せてくれたばかりか、偶《たまたま》イワトコナマズのことが話題に上り、この村にイワトコナマズを獲っている兄弟がいると教えられた。

こうして、まもなく磯崎《いそざき》さん兄弟の家に泊めていただくこととなった。漁師の仕事は朝早くから始まる。秋の朝五時、磯崎さんの二トンに足らない旧式（電気着火式）の船はエンジンの音を響かせて竹生《ちくぶ》島に向かった。昨夕、島口に仕掛けた延縄《はえなわ》には黒いヒルがエサとして付けられ、イワトコナマズが掛かっているはずだ。竹生島は岸が切り立っていて、五メートルあまりの深さに落ち込み、島に沿って狭い平坦面に囲まれている。この平坦面に沿って島の半ばに達する長い延縄が昨夕から仕掛られている。ところで、延縄漁は実にたいへんな作業である。イワトコナマズは大きな岩のあいだに棲んでいて、鉤《はり》に掛かると延縄の側糸を引いて岩のあいだへ逃げ込む。そこでナマズを得るには手早く延縄を鋏で切断し、すかさず小さなイカリを投げ込んで、引き込まれた岩の逆側から糸の続きを探り当て、たぐり寄せるのである。ナマズを鉤から外すと、切断した延縄の続きとすぐに結びつける。このような作業は二尾に一回はやらねばならない。磯崎さんの手さばきは見事というほかない。こうして捕獲したイワトコナマズはデメキンのように目が側方に突出し、頭が上下に薄く、一目でふつうのナマズと区別できるが、素人目には色彩が目立って異なっている。しかし、深みから捕り上げたときは全身がアメ色をしていて、斑紋もはっきりしない。しかし、船の生け簀《す》にしばらく入れておくと、真っ黒の地に鮮やかな黄斑が浮き上がり、まるで別の魚のように見え、なかには全身真っ黒の個体もある。こうして、この朝の漁獲は三〇尾を優に超した。

図1　新種報告された琵琶湖のナマズ二種（上：ビワコオオナマズ、下：イワトコナマズ）（Tomoda, 1961原図）。

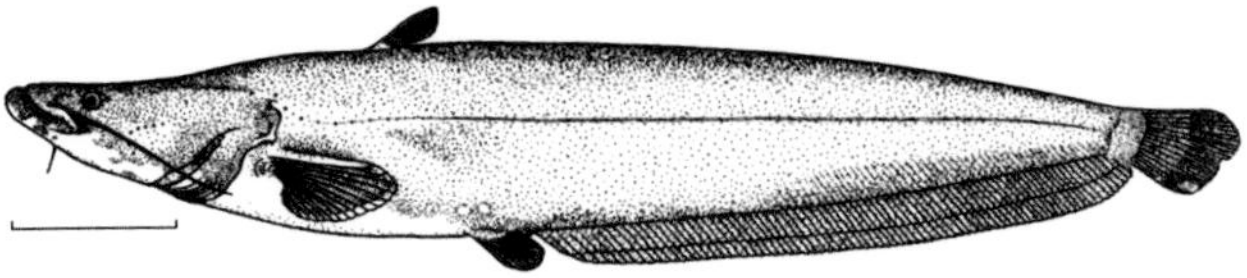

Fig. 1. Lateral aspect of the holotype of *Parasilurus biwaensis* n. sp. Scale bar indicates 100 mm.

Fig. 2. Lateral aspect of the holotype of *Parasilurus lithophilus* n. sp. Scale bar indicates 100 mm.

新種の発表

さて、琵琶湖特有の二種類のナマズの確認は殊のほか早く片づいたのであるが、新種としてこれらを発表するとなると、話はそれほど単純ではなかった。日本の学会は永いあいだ、目立つほど大きな魚を見逃してきたのであり、新米の院生にとって心穏やかではなかった。当時、京大の動物学教室の主任をされていた宮地伝三郎先生は、朝鮮で新種のナマズを発見された森為三先生に私の標本を一度見ていただくよう紹介してくださった。そこで、それまでに集めた標本を机の上いっぱいに広げ、遠方からわざわざ来てくださった森先生にお目にかけた。さて、先生の判定であるが、—イワトコナマズはひげが長く、胸鰭《むなびれ》の先端を越すものもあり、明らかに別種である。しかし、大ナマズの方は別種といえるのかな—。当時の魚の分類学者はよくこうした点に気を配ったのである。このほか、指導教官は相変わらず私のナマズの研究に渋い顔をされていて、私の勇気を挫《くじ》くに十分だったが、先生の友人であった渋谷先生にこっそり見ていただいたところ、—双方ともまちがいなく別の種だ。とくにイワトコナマズは別属の可能性もある—と激励された。こういった事情もあって、最初の出会いから二年以上も過ぎてしまったが、宮地先生から、—何をいつまで躊躇《ちゅうちょ》しているのですか。新種に決まっているじゃないですか—と、早く片づけるよう尻を敲《たた》かれて、何とか記載する決心をした。一九六一年のことである。

大ナマズの標本を求めて

さて、イワトコナマズの標本は最初からかなり豊富に入手できたが、大ナマズの方は簡単ではなかった。十分の大きさに達し、しかも新鮮な標本を幾尾か入手して、即座にホルマリン固定するという作戦は、年に一回と思われる産卵の機会を待つしかない。この年、湖北の菅浦《すがうら》に長く泊まり込んで産卵のチャンスを待った。幸い台風の通過で湖の水位が一挙に上昇し、ちょうどその日に竹生島で作業をして帰ってきた漁師が、島の岸辺に伐採して浮かせておいた材木に卵が一面に付着していたと報せてくれた。恐らく前夜の大雨のときに産卵が行われたのだろう。今夜だ！　村の青年三名に協力を求め、夜の九時に竹生島に向かった。当時は琵琶湖の透明度がよく、島の入り江に近づくと、アセチレンランプの光の中を二〇尾ばかりの大ナマズが体を輝かせて追いかけ合っているのが前方に見えてきた。ここからは船を進めるのに音を立てる櫓《かい》を使うわけにはいかない。まず接岸し、島の岸から垂れ下がった蔓にすがって船を静かに静かに進める。そして舳《へさき》に立った投網《とあみ》の打ち手が、絡み合った一群に大きな網を打った。一網に掛かったのは一メートル近い個体を筆頭に三尾であった。しかし、お陰で網は破れてしまい、あとはヤスを使うしかない。こうしてオオナマズ四尾と、さらに六〇センチもあるイワトコナマズも漁獲された。しかし、これらをホルマリンで固定するのにちょっと苦労した。まず水中に大きなビニール袋を広げ、なかにホルマリン希釈液を十分入れて、持ち帰った魚を一尾また一尾と収容し、半ば固定したところで別の容器に移していった。こうして、管浦の村外れで合計八尾の魚を固定し終えた時には、すでに夜が明けていた。対岸の尾上まで船で送って貰い、汽車で京都まで大きな荷を運ぶのもたいへんだった。

和名の由来

最後に命名のことを付け加えておきたい。和名の「イワトコナマズ」の名称は、臨湖実験所に保存されていた江戸時代の文化年代に出た『湖魚考《こぎょこう》』（小林《こばやし》義兄《よしえ》、一八〇六）という写本に基づいたのであり、漁師も現にイワトコナマズと呼んでいる。もうひとつの大ナマズの方は、関東の利根川などではときに普通のナマズでも一メートルの個体が捕れることがあると聞いたので、あえて「ビワコオオナマズ」と名づけた。

この魚は、図1のように、普通のナマズと比べて体がすらりと伸び、皮膚は薄くかすかにピンク色の金属光沢を帯び、下顎《かがく》のヒゲはたいそう細く、かつ短い。また、顎弓は大きく発達し、三〇センチメートルを超すゲンゴロウブナもひと呑みにするなど、特徴が著しい。

ナマズの世界

小早川みどり

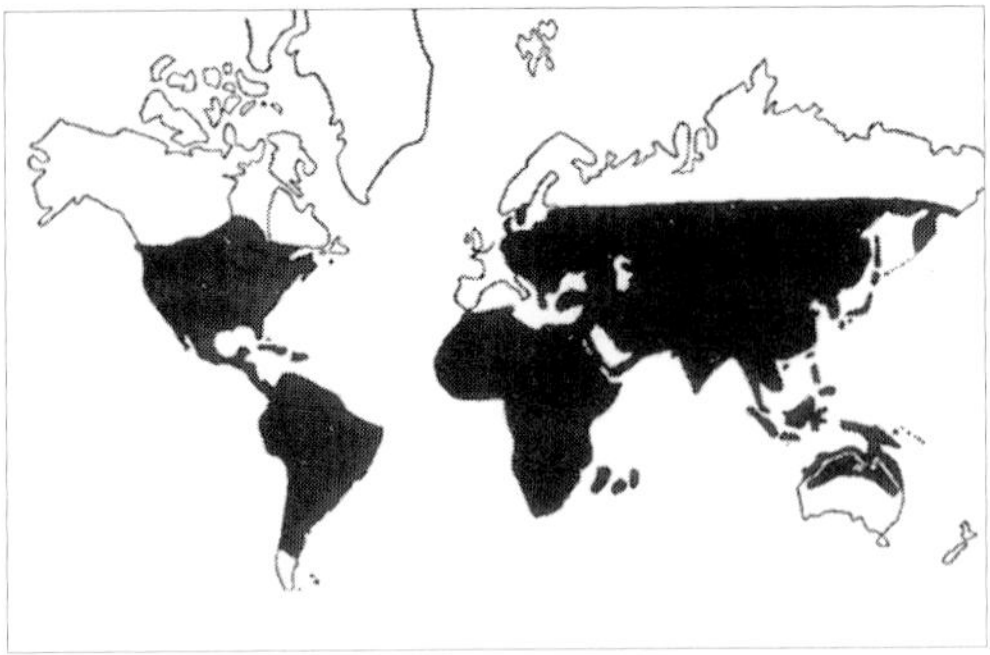

図1　ナマズ亜目魚類の分布　赤道域の熱帯を中心に黒く塗られた部分にナマズ亜目に属する魚類は分布している

ナマズとはどのような魚か

ナマズといわれてまず思い浮かべるのは大きな頭に大きな口、俗にナマズ髭《ひげ》ともいわれる長い口ヒゲ、ぬるぬるとした黒い体だろうか。私自身はナマズの研究に関わり始めた頃、なぜナマズを研究しているのか、とよく訊ねられた。その問いの裏には多分になぜそんな変な魚であるナマズなどと、しかも女性がというニュアンスが感じられ、あまり気分のよくなかったことを覚えている。ビワコオオナマズとイワトコナマズを記載した、私の師でもある友田淑郎先生によると、ある高名な先生の研究室では友田先生のナマズの論文はゲテモノという分類のファイルに入っていたそうである。日本では食料になるとはいうものの、実際に食べたことのある人は少ない。しかし、東南アジアばかりでなく多くの国々で大切な食糧資源魚となっているのである。しかも、食味のよさで高級魚の仲間入りをし

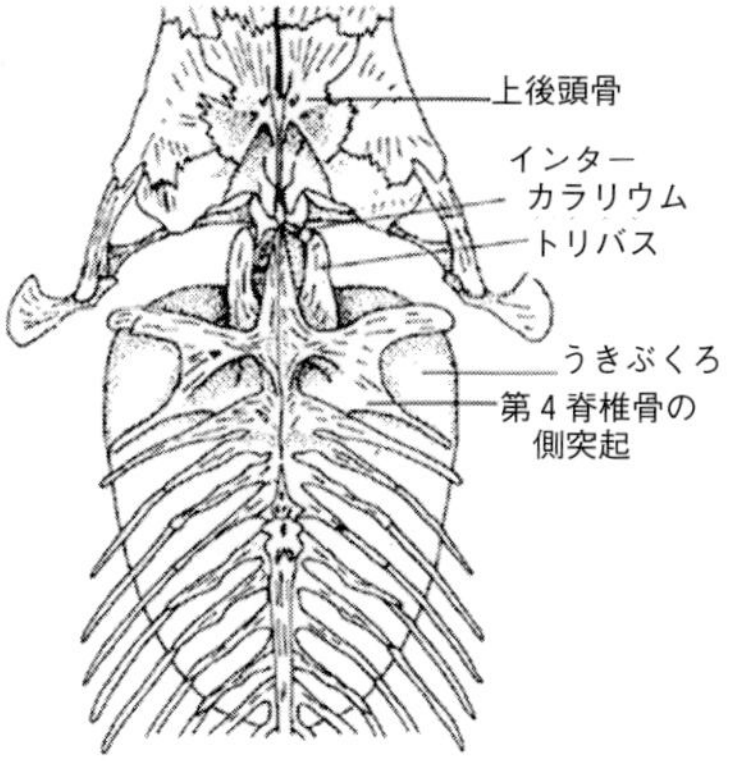

図2　ナマズ亜目魚類のウェーベル氏器官（Chardon, 1968を改変）ウェーベル氏器官はトリパス、インターカラリウム、クラウストラム、スカフィウムの4骨片からなる。この図では前方の二つの骨片は見えない。これらの骨片はウキブクロから内リンパ管につながり、ウキブクロの震動を内耳に伝える役目を果たしている。脊椎骨の第四側突起は拡大してウキブクロを包み込んでいる種もある

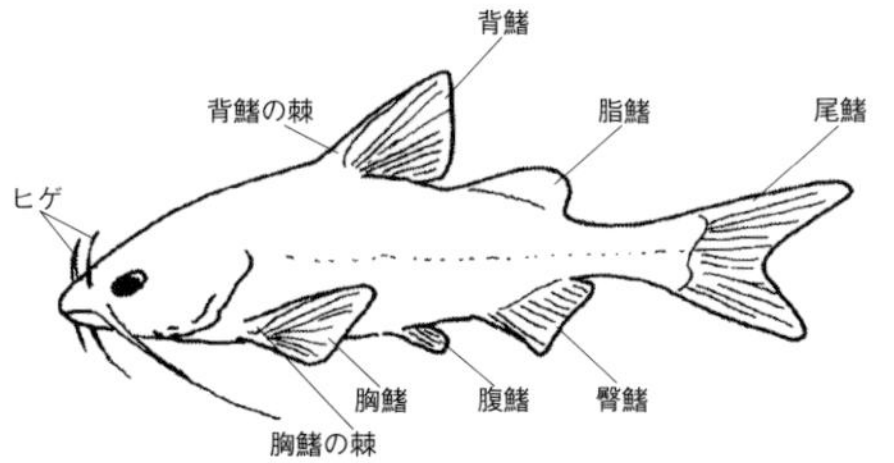

図3　一般的なナマズ亜目魚類の形態
（図はNelson, 1994を改変）

ているものも少なくない。また、アクアリウムフィッシュとしてもよく知られ、熱帯魚愛好家のあいだではその愛嬌のある容姿ゆえか根強いファンが多い。

　確かに一般的な魚とは少し様子が異なっている。しかし、現在地球上に現生する魚類は二万五〇〇〇種弱といわれ、その一割を占めるナマズ類は数の上から考えるとかなりメジャーなグループなのである。淡水、汽水、海水、平地から高山の急流に至るまで広範に、すべての大陸にわたって分布しているナマズ類は、繁栄をきわめた魚類の一グループといえるのではないだろうか（図1）。

　ナマズ類はナマズ亜目《あもく》としてデンキウナギ亜目とともに、ナマズ目《もく》に含まれ、頭部に近い脊椎骨《せきついこつ》にウェーベル氏器官（図2）と呼ばれる小骨片からなる聴覚器を備えていることから、コイ目、カラシン目、ネズミギス目とともに骨鰾上目《こっぴょうじょうもく》にまとめられている。[1] これらのなかでナマズ亜目魚類がほかの魚類と外見的にもっとも異なる点は、鱗がないこと、頭部が扁平なこと、立派な口ヒゲがあることで代表される。脂鰭《あぶらびれ》をもつものも多い（図3）。もっともこれらの特徴には例外もあり、体が固い瓦状の骨板でおおわれるもの、ヒゲのないもの、頭部が扁平でないものもいないわけではない。これまでに挙げたいくつかの特徴を組み合わせてもっている仲間と理解していただけ

Parakysidae

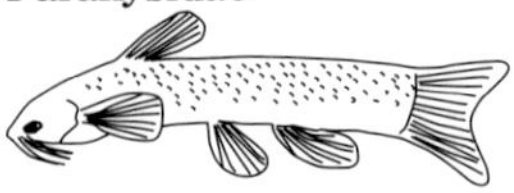

マレー半島、スマトラ
ボルネオ
1属2種

Mochokidae

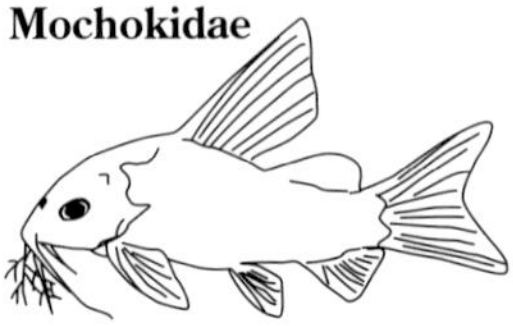

アフリカ
10属167種

Doradidae

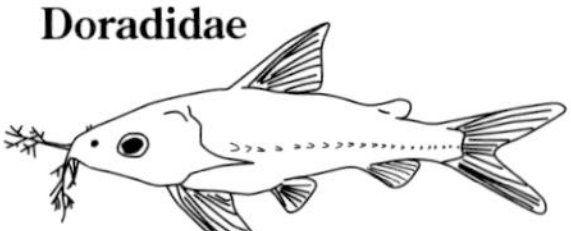

南アメリカ
約35属90種

Ageneiosidae

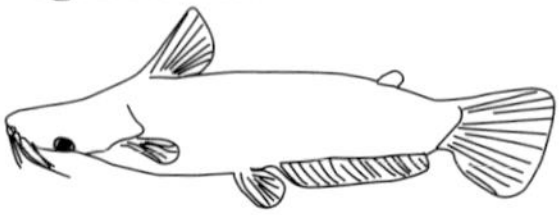

パナマ、南アメリカ熱帯域
2属約12種

Auchenipteridae

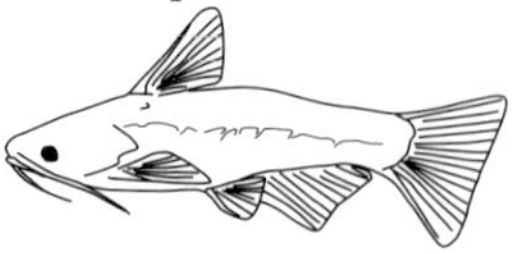

南アメリカ熱帯域、パナマ
約21属60種

Pimelodidae

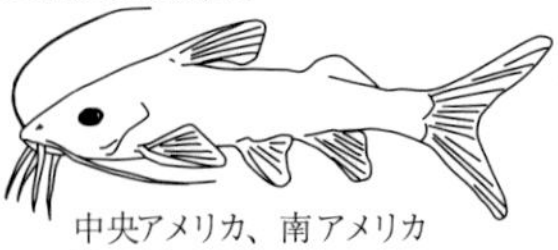

中央アメリカ、南アメリカ
約56属300種

Cetopsidae

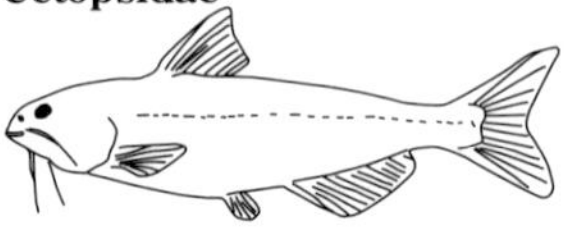

南アメリカ
4属約12種

Helogeneidae

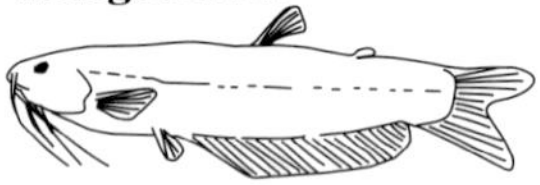

南アメリカ熱帯域
1属4種

Hypophthalmidae

南アメリカ熱帯域
1属2、3種

Aspredinidae

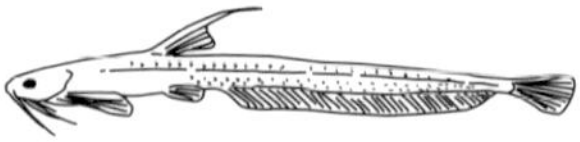

南アメリカ熱帯域
10属32種

Nematogenyidae

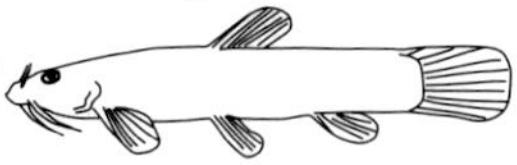

中部チリ
1属1種

Trichomycteridae

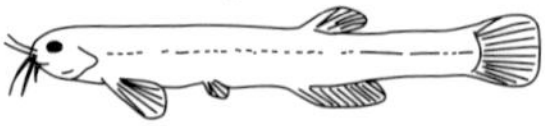

コスタリカ、パナマ、南アメリカ
約36属155種

Callichthyidae

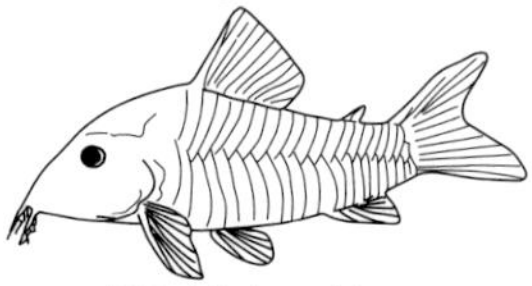

南アメリカ、パナマ
7属約130種

Scoloplacidae

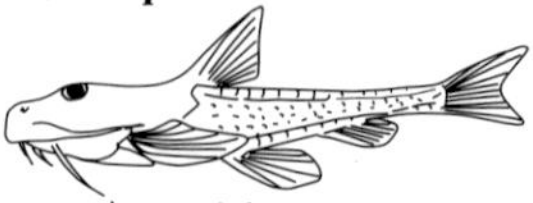

南アメリカ
1属4種

Loricariidae

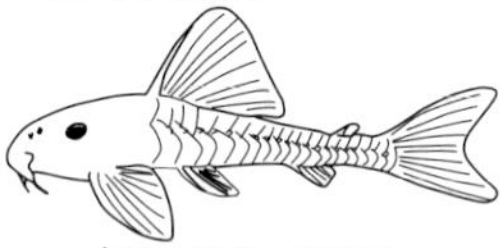

南アメリカ、パナマ
約80属550種

Astroblepidae

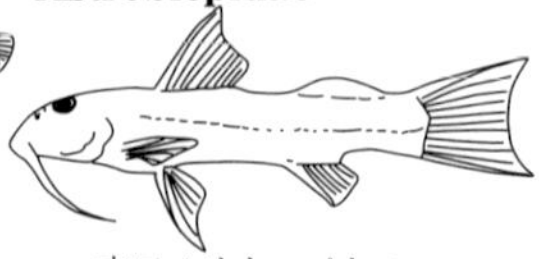

南アメリカ、パナマ
2属約40種

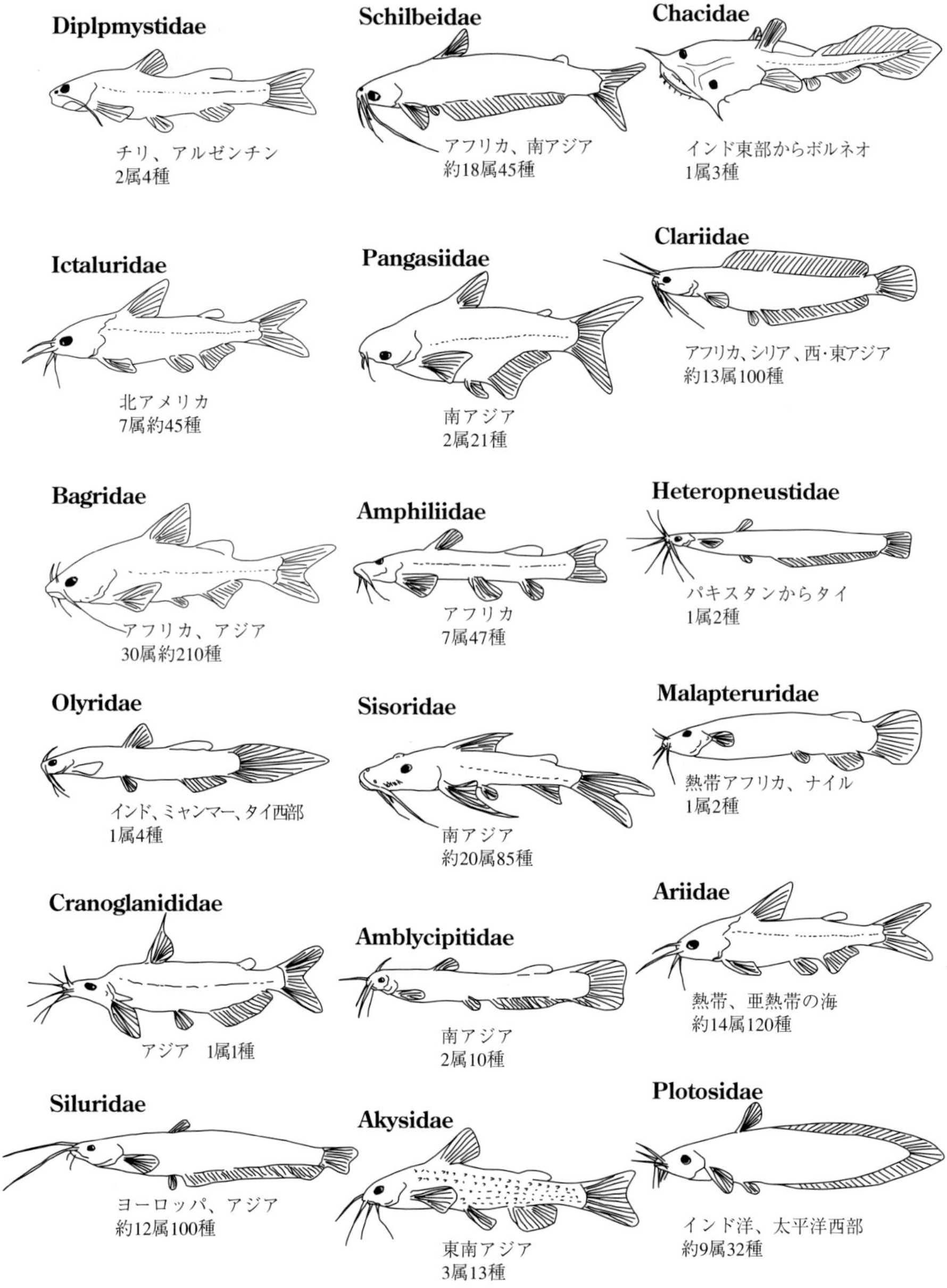
Diplpmystidae
チリ、アルゼンチン
2属4種
Schilbeidae
アフリカ、南アジア
約18属45種
Chacidae
インド東部からボルネオ
1属3種
Ictaluridae
北アメリカ
7属約45種
Pangasiidae
南アジア
2属21種
Clariidae
アフリカ、シリア、西・東アジア
約13属100種
Bagridae
アフリカ、アジア
30属約210種
Amphiliidae
アフリカ
7属47種
Heteropneustidae
パキスタンからタイ
1属2種
Olyridae
インド、ミャンマー、タイ西部
1属4種
Sisoridae
南アジア
約20属85種
Malapteruridae
熱帯アフリカ、ナイル
1属2種
Cranoglanididae
アジア　1属1種
Amblycipitidae
南アジア
2属10種
Ariidae
熱帯、亜熱帯の海
約14属120種
Siluridae
ヨーロッパ、アジア
約12属100種
Akysidae
東南アジア
3属13種
Plotosidae
インド洋、太平洋西部
約9属32種

図4　世界のナマズ亜目魚類（Nelson, 1994を改変）代表的な形態と分布、おおよその属数、種数を示した

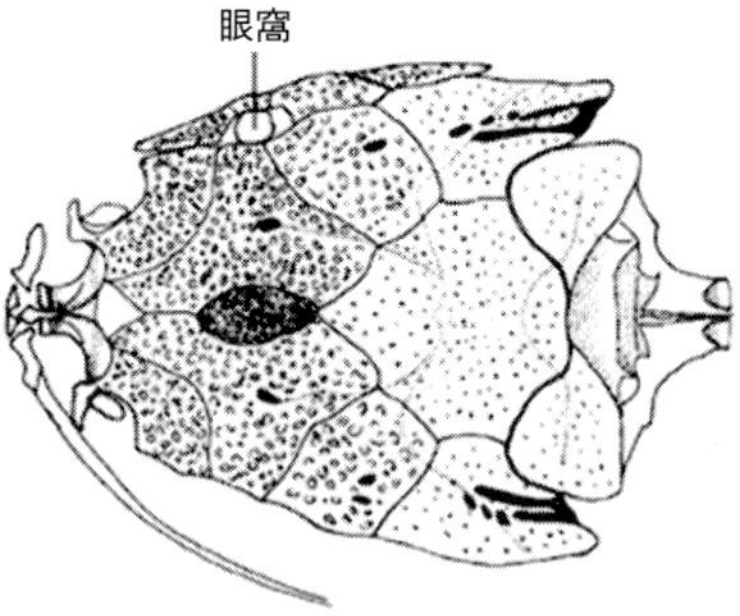

図5　カリクチス科魚類（*Callichthys callichthys*）の頭蓋骨。左側が前部、右側が後部で、ヒゲは除いてある。目の部分以外はすべて骨でおおわれている（小早川、1991「ナマズ類外観」『世界のナマズ』月刊アクアライフ編、マリン企画、113–127頁より転載）

ればよい。これらの外形的な特徴は骨格とも関係していて、ほかの魚類と違いが見られる。頭部が扁平であることにともなって鰓《えら》をおおう骨のうち、下鰓蓋骨《かさいがいこつ》が失われていたり、頭頂部の骨のうち頭頂骨《とうちょうこつ》が融合か欠失かによって失われていたり、普通は上顎《じょうがく》を形成している主上顎骨《しゅじょうがくこつ》が口ヒゲの発達にともなって、ヒゲの基部にある小骨片となり、ヒゲを動かすのに役立つようになっていたりする。

分布の広さや、種数の豊富さは学者泣かせで、ナマズ亜目内の分類には定説といわれるものがまだない。ネルソン氏[1]現在のところ三四科、四一二属、二四〇五種が知られている[2]（図4）。三四科のうちほとんどは純淡水魚であるが、ハマギギ科（Ariidae）とゴンズイ科（Plotosidae）の二科だけは多くの種が海棲である。日本に分布するのは三四科のうち五科一〇種、すなわちナマズ科（Siluridae）三種、ギギ科（Bagridae）四種、アカザ科（Amblycipitidae）一種、ハマギギ科（Ariidae）一種、ゴンズイ科（Plotosidae）一種、計一〇種である[3]。

分布の広さもさることながら、ナマズ亜目の魚類は形態、生態などさまざまな面で多様性に富んでいる[4]。ナマズ亜目を広く概観してみよう。

防御の手段　カリクチス科（Callichthyidae）のナマズでは、一般にはさほど大きくない鰓蓋骨《さいがいこつ》、涙骨《るいこつ》など側頭部の骨が著しく拡大し、眼窩《がんか》だけを残して鎧《よろい》のように頭全体を包んでいる（図5）。それだけではなく、体も大型の鱗のように見える瓦状の骨板に包まれ、完全防備の体制を備えているかのようである。解剖しようにもどこから手をつけてよいか、文字どおり歯が立たない厄介な代物である

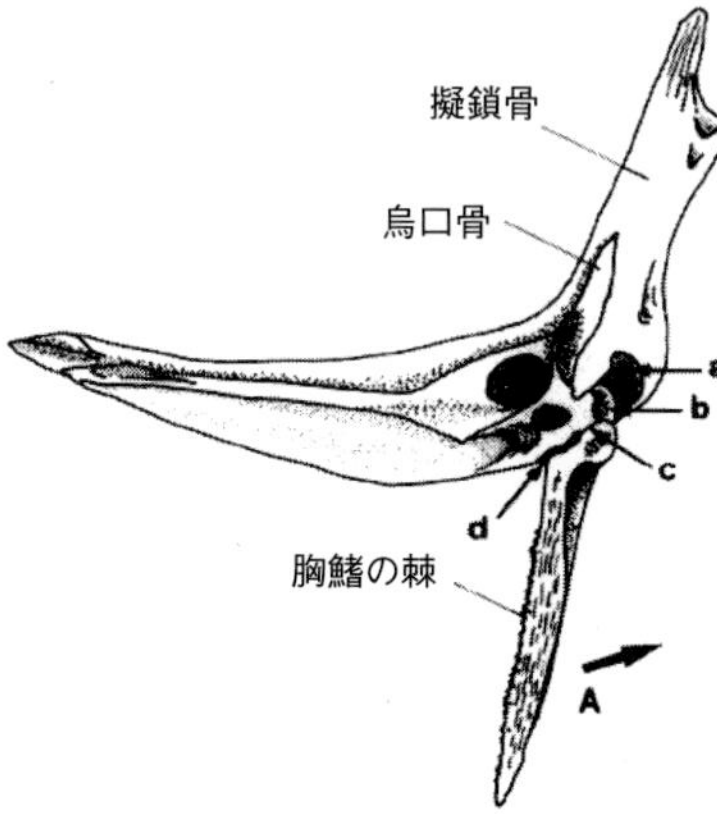

図6　ビワコオオナマズの肩帯　胸鰭の棘がA方向に回転するとbがaから移動して溝にはまりこみ、棘が固定される（小早川、1994『琵琶湖の自然史』琵琶湖自然史研究会編著、221–234頁、八坂書房より転載）
a：擬鎖骨の関節窩　b：胸鰭棘の関節頭　c：烏口骨の小突起、棘が回転するときの支点となる　d：回転するときのストッパー

が、肉食の魚類から身を守る手段としてはかなり有効であろう。また、骨性の鱗の表面に細かい棘《とげ》が一面に生えていて、つかむのもはばかられるようなものもいる。そこまで極端ではないにしても、防御に役立つ形態として胸鰭や背鰭に鋭い骨性の棘を備えるものが多い。これらの棘をぴんと立てると、体は実際より大きくなり、捕食者は容易に飲み込めなくなる。しかも胸鰭の棘の基部は関節によって擬鎖骨《ぎさこつ》の関節窩にはまりこみ、いったん棘を立てると容易には戻せなくなっている（図6）。さらに日本でも見られるアカザやゴンズイなどでは、これらの棘の基部に毒腺《どくせん》があり、[5] 棘が敵に刺さると毒が出されるという念の入った防御手段をもっている。ギギ科（Bagridae）やサカサナマズ科（Mochokidae）、ドラス科（Doradidae）、パンガシウス科（Pangasiidae）のなかには発音するものがいるが、警告音としては役立つのではないかと思われる。胸鰭の棘が肩帯の溝を移動するときに発音したり、脊椎骨の側突起が肥大して鰾《うきぶくろ》をおおうようになり、それで鰾を細かくたたいて発音するらしい。[6,7,8] 日本のギギやアリアケギバチも人に捕まえられたときによく胸鰭で音を発するが、実際にどのような場面でのコミュニケーションに使われているのかは不明である。

ヒゲ　ヒゲはナマズ類の大切な特徴であり、人のヒゲの形にもナマズ髭と呼ばれるものがあるくらい有名であるが、濁った水に棲息し、夜行性の種が多いナマズ類にとっては視覚に代わる重要な感覚器である。上下二対ずつ計八本備えるのが一般的であるが、日本のナマズのように上顎下顎とも一対ずつしかないもののある。日本のナマズ*Silurus*《シルルス》 *asotus*《アソートゥス》では稚魚期には下顎のヒゲは二対あるが、成長にともなって一対が失われる。生きたナマズを観察するとヒゲを前方に突き出してしきりに動かし、探索しながら泳ぐ様子がよくわかる。このヒゲには多くの味蕾が分布していることが知られている。[9]、[10] 上顎のヒゲの基部には一般の魚類では上顎の辺縁を形成している主上顎骨が小骨片となって存在し、ヒゲを動かす筋肉の付着点となっている。南米のディプロミスティス科（Diplomystidae）のナマズは主上顎骨がほかの魚類と同じように上顎の辺縁を形成していることから、ナマズ亜目のなかでもっとも原始的だと考えられ、これを根拠にナマズ亜目は南米で起源したと考える研究者もいる。[11]

鰭（ひれ）　脂鰭をもつ科が多いが、日本のナマズのようにもたないものもいる。また、コイの仲間のように背鰭が水切りとして役に立つような泳ぎ方をしないためか、日本のナマズのように背鰭が著しく小さいもの、背鰭そのものがまったくないもの、背鰭がまったくないにもかかわらず、それを支える担鰭骨《たんきこつ》だけが痕跡的に残っている種など、背鰭にはさまざまな状態のものが見られる。臀鰭《しりびれ》が長く、九〇を超すほどの鰭《き》条数《じょうすう》を備えるもの、ゴンズイのように第二背鰭と尾鰭、臀鰭が一体につながり鰭条数が一〇〇を超す種も見られる。尾鰭も二叉形、円形、尖形《せんけい》、截形《せっけい》などさまざまである。尾鰭は下尾骨《かびこつ》と呼ばれる基本的には六個ある一連の骨で支えられている。この下尾骨の形態も六個が独立しているものから完全に融合して一体になっているものまで多様である[12]（図7）。一般に下尾骨が融合し

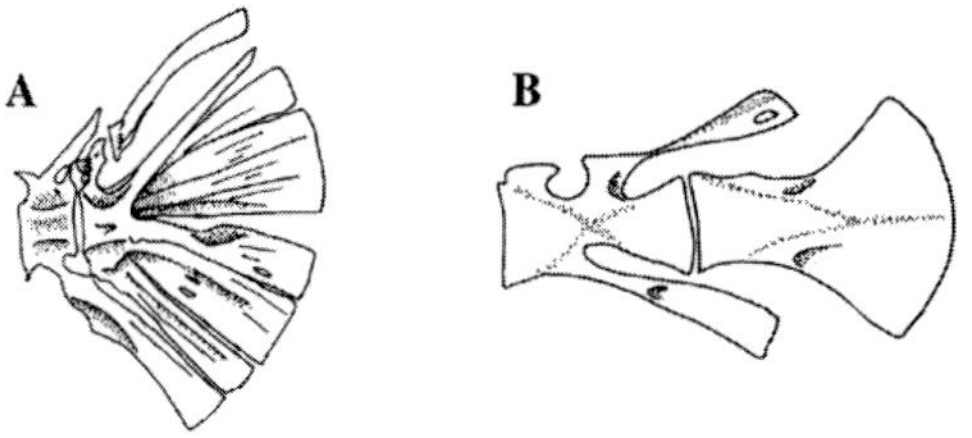

図7　ナマズ亜目魚類の下尾骨　A：ギギの融合していない下尾骨　B：ゴンズイの融合した下尾骨（小早川、1991「ナマズ類外観」『世界のナマズ』月刊アクアライフ編、マリン企画、113–127頁より転載）

ている魚類は遊泳性にすぐれるといわれるが、ナマズ類では必ずしもその限りではないようである。

鰾（うきぶくろ）　骨鰾上目の魚類にとっては、鰾は浮力調節に使うだけでなく、聴覚器の一部としても重要である。鰾の前方部分にウェーベル氏器官と呼ばれる内耳に連続する四つの骨片が付着していて、鰾の振動が内耳に伝えられるからである（図2）。鰾は四番目の脊椎骨の側突起が変形してできた骨のカプセルに完全におおわれている種もある。[13]

鰾そのものの形態もさまざまで、球形のものから、楕円球のもの、ナマズ科（Siluridae）のなかには後部に著しく伸張し、腹腔《ふくこう》から飛び出して体側筋のなかにまで侵入している種もある。伸張した鰾にどのような機能があるか明確にはわかっていない。

大きさ　ヨーロッパナマズは五メートルに達するものがいたり、[14]メコンオオナマズは三メートルに達するものがいたりするほど大型に成長する。日本でもビワコオオナマズは一メートルを超すものが見られる。一方、成魚でも体長二〇ミリに満たない種もいる。ひとつの科で大きさがほぼ一定ということもなく、さまざまな大きさの種がひとつの分類群に含まれている。[15]

空気呼吸　ナマズ類のなかにはヒレナマズ科（Clariidae）魚類のように鰓の上部に上鰓器官という特殊な呼吸器を備え、空気呼吸できるものもいる。[16]東南アジアの市場で水のないたらいに入れられて動いているヒレナマズ科の魚を見ることがよくあるが、体が乾かない程度の水があればかなり長時間生きているようである。また、カリクチス科やロリカリア科（Loricariidae）では腸が補助的な呼吸器官として働いていたり、パンガシウス科（Pangasiidae）では鰾が呼吸に役立っているものもいる。[17]

発電　デンキナマズが発電することはよく知られている。一般に発電魚では発電して自分の体の周囲に電場を作っている。そして、その電場の状態を側線《そくせん》器官が変化した電気受容器でキャッチし、電場を横切るものがあるかどうかを常に監視しているのである。この電場の乱れをキャッチするレーダーは視覚の役に立たない濁った水のなかや、夜間でも十分に有効である。[18] ナマズ類はどれも体表に電気受容器をもち、弱い磁場を捉えることができるといわれている。

繁殖行動　卵胎生《らんたいせい》のナマズは知られておらず、多くの種が体外受精をするが、アウケニプテルス科（Auchenipteridae）のウッドキャットのなかには体内受精をするものもいるといわれている。また、アクアリウムフィッシュとして有名なコリドラスのなかにはいったんメスが、オスから精子を口で受け取り、消化管を通して精子を排出し、受精させるものも知られている。

ナマズ類の繁殖行動、子育て行動ほど、おもしろく不思議なものはないのではないだろうか。卵をばらまき散らして産みっぱなしのものから、子の世話をするもの、口内保育をするもの、腸内で卵を育てるもの、托卵するもの、子に餌を与えて養うものなど、魚類とは思えないほどさまざまな行動が見られる（第3部、佐藤氏を参照）。

その他　逆さまになって泳ぐサカサナマズは有名であるが、その適応的意義についてはは明確な答えがない。確かに逆さになって水草の裏の餌をついばむとき、背と腹の色が逆であれば上からの捕食者からは見つかりにくいであろうが、逆さに泳ぐためには平衡感覚を司る神経系にもなんらかの変更が必要だったはずである。ナマズ類のなかには寄生性のものもいるし、渓流に棲み、腹部にある吸盤状の構造や腹鰭で岩にへばりついているものもいる。また、大河を回遊するものもいれば、洞窟に棲んで目を失ったものもいる。とにかく種数が多いだけあって、多様性に富むグループなのである。

ナマズ亜目の分布と系統

以上のようにさまざまな側面で多様性に富んだナマズ亜目であるが、なぜこれほど多様なのだろうか。歴史が古いことに関係するのだろうか、分布が広いことと関係があるのだろうか。骨鰾上目に属する魚類の分布は大陸ごとに限定されていて、これらの放散を考えるとき、大陸移動との関係が否が応でも注目される。ネズミギス目は海棲でウェーベル氏器官の形態が単純であることから骨鰾類のなかではもっとも古い時期に分化した仲間であると考えられていて、これに異論をはさむ人はいない。残りのコイ目はユーラシア大陸と北アメリカ大陸に、カラシ

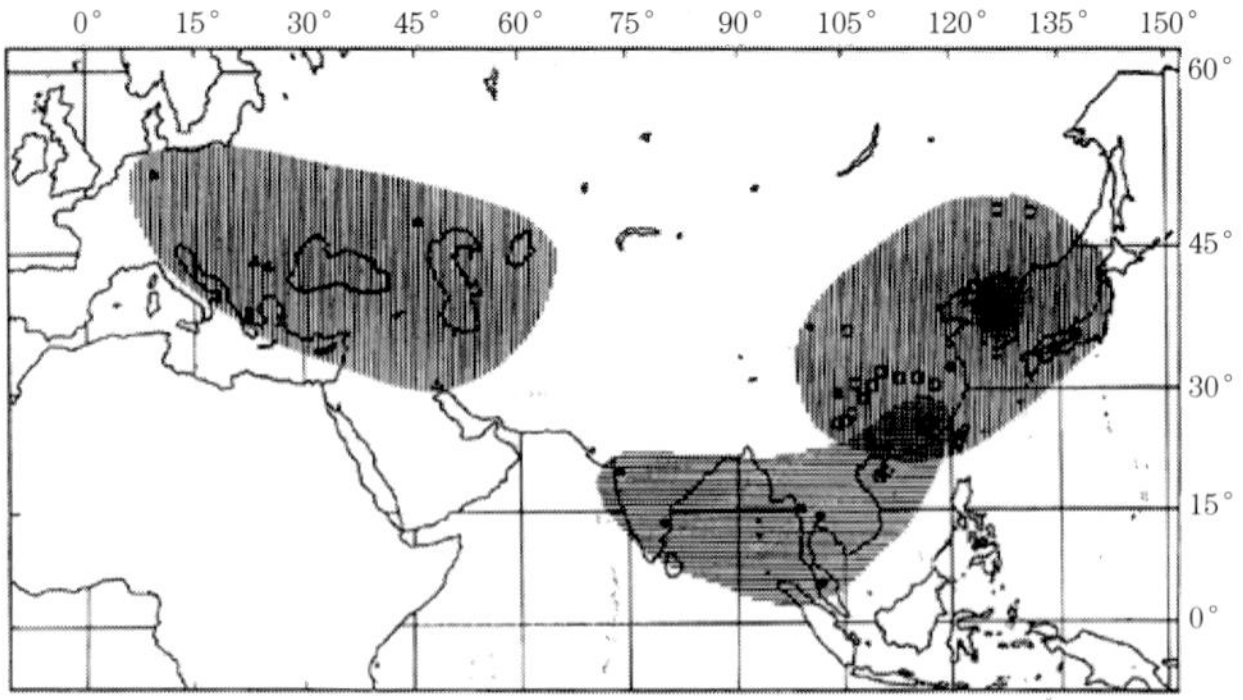

図8　ナマズ属の分布（Kobayakawa 1989）縦線部分：ナマズ属*Silurus*の分布域、横線部分：1991年までナマズ属と混乱があった*Pterocryptis*属の分布域

ン目は南アメリカ大陸とアフリカ大陸に、ナマズ目のうちデンキウナギ亜目は南アメリカ大陸に、ナマズ亜目はすべての大陸に分布している（図1）。そのなかで、カラシン亜目はゴンドワナ大陸が南アメリカと離れる以前のジュラ紀から出現していたと一般に考えられている。骨鰾上目魚類の放散は大陸移動と関係づけて説明されている[19]。また、ナマズ亜目の歴史はほかの骨鰾類ほどには古くないのではないかとも考えられている[20]。

先に述べたように、主上顎骨が上顎辺縁を形成していることからディプロミステス科（Diplomystidae）がもっとも原始的であり、ナマズ類は南アメリカに起源したと考える研究者が多い。しかし、種数が多く、分布が広く、形態学的にも生態学的にも多様性に富み、それがさまざまなグループでモザイク状に出現しているため、系統推定がむずかしく、ナマズ亜目の三四科間の系統については定説といったものがないのが現状である。

ナマズへの道は琵琶湖から

私自身はこれら多くのナマズ亜目魚類のうち、アジア、ヨーロッパに広く分布するナマズ科（Siluridae）を研究している。琵琶湖に棲息するナマズ、イワトコナマズ、ビワコオオナマズを含む科である。ナマズ亜目のなかでは脂鰭がなく、臀鰭の鰭条数が五〇以上と多く、臀鰭が長いこと、背鰭が著しく小さいか失われていること、ヒゲが上顎に一対しかないことなどが、外形的な大きな特徴である。このような特徴から比較的容易に識別できるが、黒くて頭でっかちという日本のナマズのイメージからはほど遠いものも多い。ナマズ科は何種を含むのかとよく質問されるが、今のところ答えることができない。分類が混乱していて、異なる地域に棲息する二種以上の魚に同じ名前がつけられたり、まだ記載されていない種が多いためである。現在約一〇〇種とされているが[21]、研究が進むと今後その数はかなり増えるはずである。

　私自身がナマズを研究し始めたのはなぜか。琵琶湖には多くの特産種が知られているが、ビワコオオナマズ、イワトコナマズもそのなかに含まれる。正確にはビワコオオナマズは琵琶湖だけではなく、琵琶湖淀川《よどがわ》水系、イワトコナマズは余《よ》呉湖《ごこ》にも生息している。これらのナマズはどこからきたのか、近縁種といわれるナマズから種分化してきたのか、もしそうなら琵琶湖で種分化したのか。当時、私の師である友田淑郎先生は琵琶湖のなかでナマズからこれら二種が種分化してきたと考えていた[22、23]。本当にそうなのか、その証拠はどこに求められるのか。これが私の出発点であった。

　初めは琵琶湖産の三種のみの発生や形態に注目し、それらのなかに進化の足跡が見られないかを探っていった。卵や、発生の速度、骨の形態などに多くの相違が見つかったが[24、25、26]、琵琶湖産のナマズ三種だけでは系統関係を明らかにするには限界があった。そこで琵琶湖産のナマズ類三種が属するナマズ属魚類に手を広げることにした。多くのナマズ類が赤道を中心に分布するのに比べ、ナマズ属魚類はヨーロッパやロシアなど、もっとも北に分布するナマズのひとつである。アジアからヨーロッパと分布が広いことは標本の入手が容易でないことを意味し、それは研究がなかなか進みにくいことを意味している。

私が研究を始めた当時、日本産のナマズ科魚類三種が含まれるヘイグ氏[27]の分類にによるナマズ属（*Silurus*）にはインド、東南アジア、中国、中東、ヨーロッパすべてにまたがる種が含まれていた（ヨーロッパの種をヨーロッパナマズ属（*Silurus*）とし、ナマズ属（*Parasilurus*）と分ける研究者もいた。現在でもナマズ属とヨーロッパナマズ属を分ける研究者もいる）。それらのうちの一八種を形態学的に調べた結果、下顎の突出状態や、脊椎骨数、鰓耙《さいは》数、標準体長と頭長の比などから二つの種群に大きく分かれることがわかった（図9）。また、ナマズ属とヨーロッパナマズ属を分ける基準となる下顎のヒゲの数には変異が生じる種があったり、稚魚期には二対のヒゲをそなえ、成長にともなって下顎の一対が失われたりすることから、ヒゲの数でヨーロッパナマズ属（*Silurus*）とナマズ属（*Parasilurus*）に分けることは妥当でないと考えられ、ナマズ属（*Silurus*）にまとめられた[28]。その後ボーンブッシュ[28]によってインドや東南アジアに分布する種群は以前に*Pterocryptes*《プテロクリプテス》属として記載された属に帰属することがわかり[29]、ナマズ属は東南アジア、インドには分布していないことになった。現在のところ日本のナマズ属三種に近いナマズ類はインド、東南アジアを除くアジア、ヨーロッパ域から計一一種が知られている。

日本のナマズのルーツは？

日本以外に分布するナマズ属魚類

ナマズ属（*Silurus*）魚類は、ヨーロッパには二種が分布するが、それらのうちヨーロッパナマズは五メートルにもなるというほど巨大に成長する。外見は日本のナマズに類似する。東欧からロシアにかけて分布し、ナマズ亜目のなかではもっとも北部に進出した種のひとつである。もう一種はギリシア地方に分布し、アリストテレスの『動物哲学』のなかに記述が見られることからアリストテレスナマズと命名されている*Silurus aristotelis*《シルルス・アリストテリス》である。このナマズの斑紋はイワトコナマズのように色紙をちりばめたようである。中国の雲南省には雲南特産の*S. mento*《シルルス・メント》と*S. grahami*《シルルス・グラハミ》が分布している。前者は絶滅寸前といわれ、私もフォルマリン漬けの標本でしかお目にかかったことがない。揚子江には*S. meridionalis*《シルルス・メリディオナリス》が、黄河には*S. lanzhouensis*《シルルス・ランチョウエンシス》がそれぞれ特産する。またスンガリ河とアムール河には*S. soldatovi*《シルルス・ソルダトヴィ》が分布している。日本でも普通に見られるナマズ*S. asotus*は朝鮮半島、中国東部、アムール河、台湾に広く分布している。中東のチグリス・ユーフラテス川には*S. triostegus*《シルルス・トリオステグス》が分布する。どれも日本のナマズによく類似していて、一見して同じ属とわかる種ばかりである。

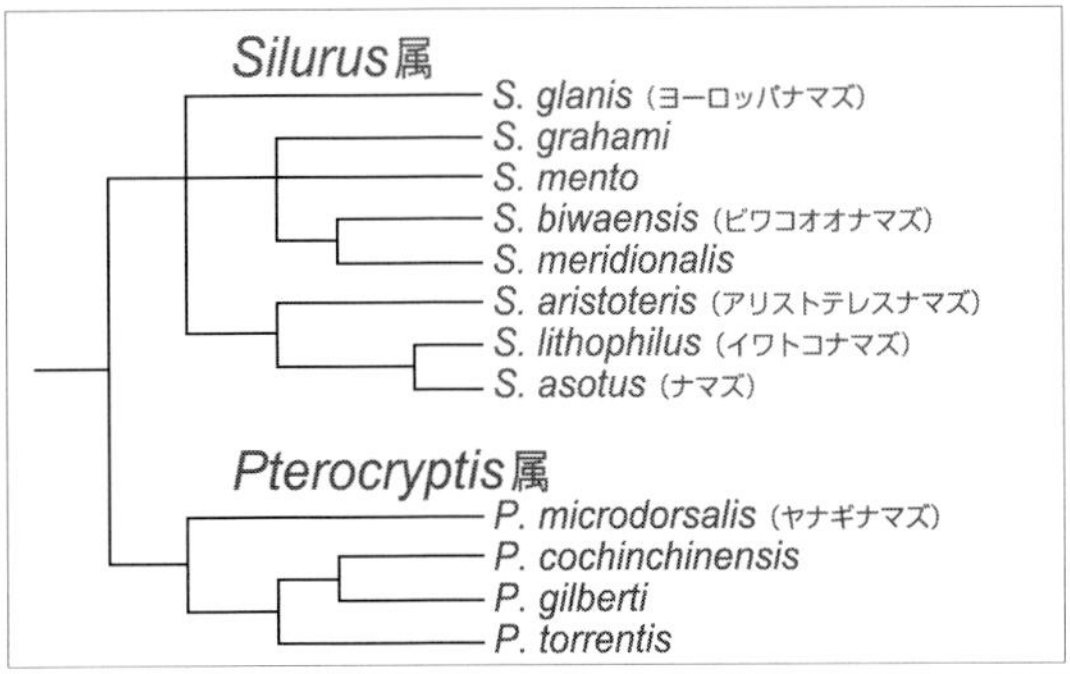

図9　ナマズ属の類縁関係（Kobayakawa 1989より改変：小早川原図）1991年まで*Pterocryptis*属はナマズ属*Silurus*に入れられていた。形態に基づく系統推定からも別属であることが示される

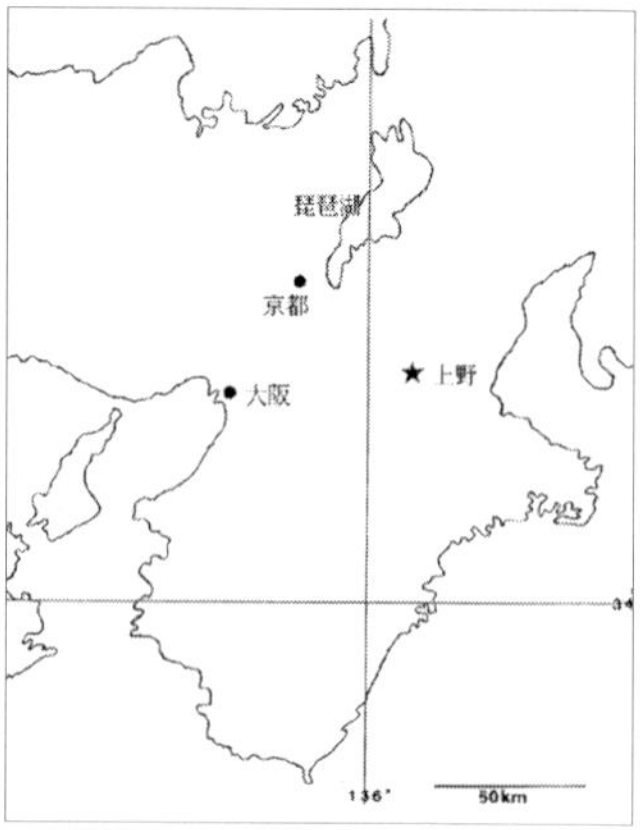

図10　ビワコオオナマズの化石の産出地点。約300万年前に、古琵琶湖は現在より東南の三重県の上野盆地地域にあり、その当時すでにビワコオオナマズが棲息していた

化石から

形態学的な特徴を取り上げて、分岐分類学的手法で類縁関係を調べてみるとイワトコナマズとナマズは解剖学的に調査した九種のなかでもっとも類縁が近く、ビワコオオナマズはこれらよりも大陸産のナマズと類縁が近いことがわかったのである（図9）。

琵琶湖はあたかもビニールシートに水を張り、シートを傾けて水たまりの位置をずらしたかのように、三〇〇万年あまりの年月をかけて三重県伊賀上野から現在の場所まで位置を変えてきた[30]（図10）。現在の位置ではない時代の琵琶湖を古琵琶湖と呼び、その足跡は上野盆地周辺から現在まで古琵琶湖の堆積物として追跡することができる。三重県上野市の大山田地域に古琵琶湖が位置していた約四〇〇万年前の湖底の堆積物からほかの魚類化石とともにナマズ科魚類の化石が出土する。現在の琵琶湖に棲息するナマズ、イワトコナマズ、ビワコオオナマズには形態や生態などさまざまな側面で相違があり、識別可能だが、化石となると情報が骨の形態だけに限られてくる。先の分岐分類学的な解析の結果からわかるように、ナマズとイワトコナマズは形態学的には非常によく類似していて、頭蓋骨《とうがいこつ》前端に位置する中《ちゅう》篩骨《しこつ》の辺縁のカーヴのし方で識別できる程度である（図11）。

しかし、ビワコオオナマズはそのカーヴが異なるのはもちろんのこと、胸鰭の棘や肩帯、頭蓋骨の正中隆起の状態なども異なっている。大山田地域の古琵琶湖から産出するナマズ科魚類の化石は完全な魚体ではなく、断片的ではあるが、胸

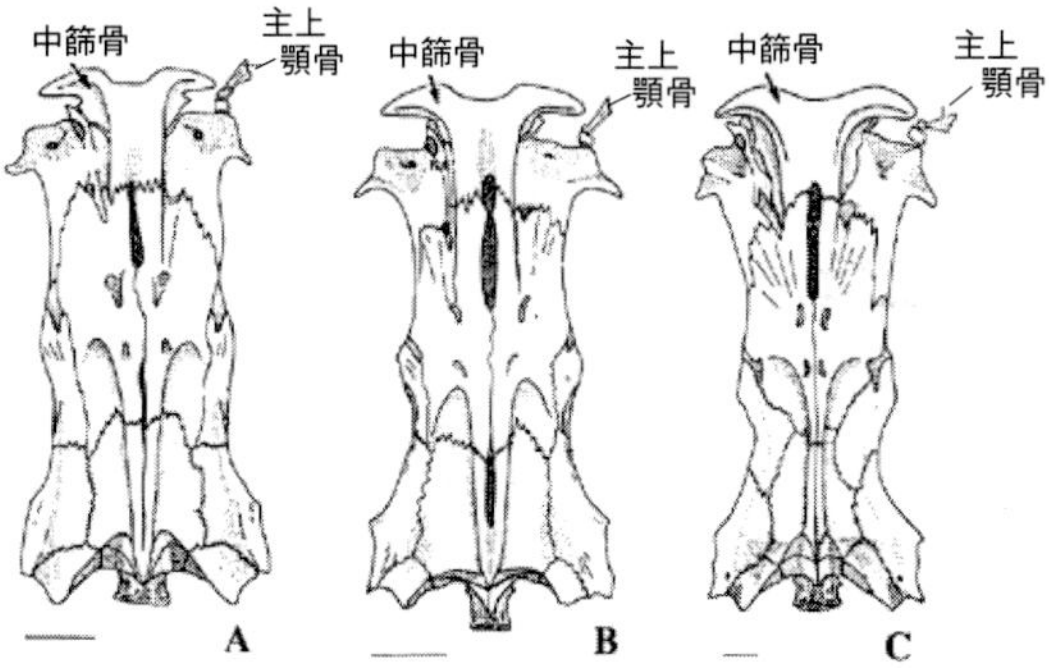

図11　琵琶湖のナマズ属３種の頭蓋骨（Kobayakawa，1992より改変）
A：ナマズ*Silurus asotus* B：イワトコナマズ*Silurus lithophilus* C：ビワコオオナマズ *Silurus biwaensis*
中篩骨の形態が異なる。主上顎骨はナマズ以外の魚類では顎の辺縁に位置するが，ナマズ亜目魚類では一般にヒゲの基部の骨片となっている．スケールバーは１cm

鰭の棘、頭蓋骨の前端、肩帯、どれをとってもその特徴は現生するビワコオオナマズのものと一致していた（図12）。これはビワコオオナマズなのだろうか。ビワコオオナマズといってよいのだろうか。大山田にあった古琵琶湖は現在の琵琶湖とは様相がかなり異なり、沼のように小さく、浅かったとされている[31, 32]。生物的環境として生息する魚種も現在とは異なり、ほとんどが絶滅種である[33, 34]が、現在同様、生産性は高かったようである。生息する環境や餌の違いが多少はあったが、骨学的には現在のビワコオオナマズと区別することはできないことから、このナマズ科の化石はビワコオオナマズとされた[35]。大山田地域の古琵琶湖層からは多くの化石が断片的に産出するが、それらのなかにイワトコナマズやナマズの特徴をもつものはこれまでのところ得られていない。ビワコオオナマズの化石が産出する地層は古琵琶湖層の最下層部に近く、また、現生するビワコオオナマズがナマズやイワトコナマズより大陸に分布する種と近縁であることから、ビワコオオナマズは鮮新世の淡水魚類群の生き残りである可能性が高いのである。

琵琶湖のナマズ研究はこれからどこへ行くのか

イワトコナマズはその棲息域が岩礁部というかなり特殊な環境であることから、現在の琵琶湖の岩礁部の成立と関係が深いのではないかと考えられる。これを生物学的に証拠づけるにはどうすればよいか。分子系統学的手法を用いて遺伝

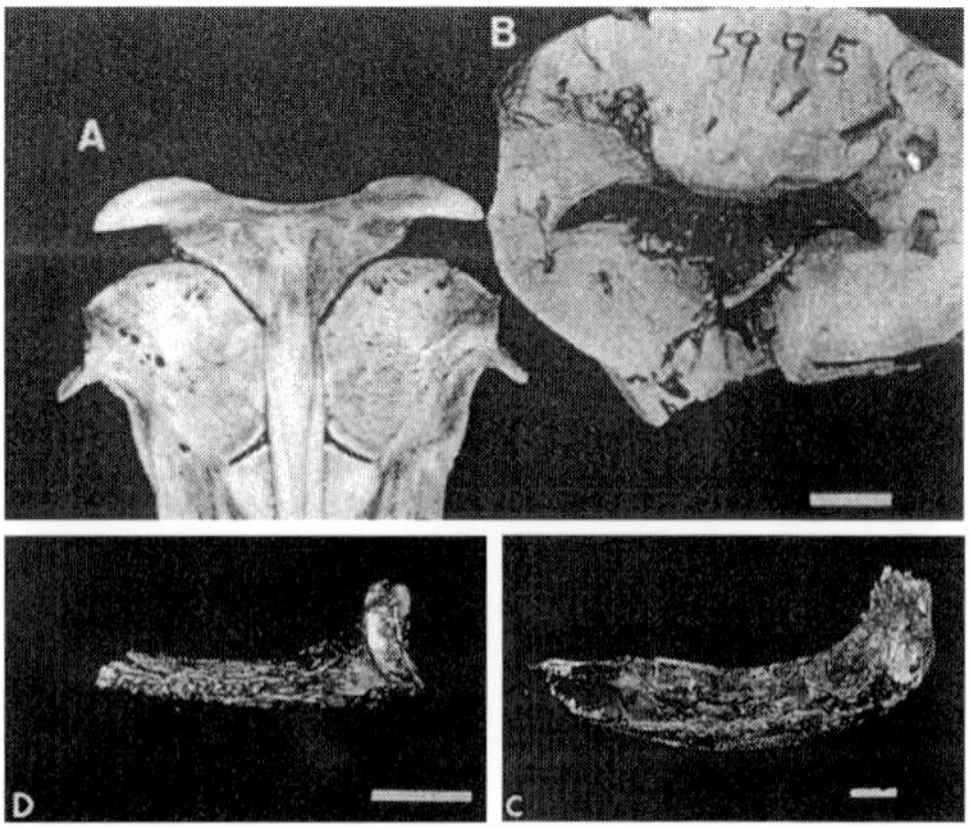

図12　ビワコオオナマズの化石（Kobayakawa and Okuyama, 1994より）　A：現生のビワコオオナマズの頭骨腹面。B：古琵琶湖から産出した化石。中篩骨の前縁の曲線がAと一致する。C：左擬鎖骨。D：胸鰭の棘。スケールバーは1cm

子に残された進化の記録をたどれば種間の関係を確かめることができるだろう。また、各地から産出している化石の分析も進めることによってビワコオオナマズ型でないナマズ科魚類の化石がどの時代から産出するのかを知ることができ、分子系統を確かめ、時間的な軸を加えることもできるだろう。しかし、ナマズ類が進化してきた地質学的背景や古環境、生活様式を復元して初めて、今ある琵琶湖のナマズ類を理解できるのではないだろうか。そのためにはナマズだけでなく、ほかの共存する生物についても広範な情報が必要である。多面的、総合的な研究を進める必要があるだろう。

これまでに研究を進める過程で、日本はもちろんのこと、中国や、タイ、インドやミャンマーなど多くの国々の漁師さん、研究者の方々のお世話になってきた。人々の寛容さ、信頼や友好の深さ、なによりも平和で国と国の行き来が自由にできることが研究を進めるうえで必要であることを痛感している。これはナマズを通して私が学んだもっとも大切なことかもしれない。

ナマズ類の多くは熱帯の今現在発展しつつある国々の河川に棲息している。日本でもそうであったように、そのような国々では開発や環境の汚染によってナマズ類を含む多くの魚が失われつつある。ややもすると人間に名を与えられることなく姿を消していくことにもなりかねない。長い歴史のなかで生じてきた種はいったん失われると再び戻っては来ない。そして、魚類研究者は商売道具を失うのである。わたしたちは生活を豊かにすることと環境の保全をどのように共存させればよいのだろうか。

【注】

（1）Nelson, J. S. (1994) Fishes of the World. 3rd edition. John Wiley & Sons, New York
（2）前掲注（1）
（3）益田 一・尼岡邦夫・荒賀忠一・上野輝弥・吉野哲夫編（一九八四）『日本産魚類大図鑑』四八八頁、三七〇図、東海大学出版会
（4）Burgess, W. E. (1989) An atlas of freshwater and marine catfishes. A preliminary survey of the Siluriformes. T. F. H. Publications Inc.
（5）Halstead, B. W. and R. L. Smith (1954) Presence of an axillary venon gland in the oriental catfish *Plotosus lineatus*. Copeia 1954: 153-154.
（6）Tavolga, W. N. (1962) Mechanism of sound production in the ariid catfishes *Galeichthys* and *Bagre*. Bull. Amer. Mus. Nat. Hist. 124: 5-30.
（7）Harris, G. G. (1964) Marine Bio-Acoustics. (Tavolga, W. N. ed.): 233-247. Pergamon Press Inc., Oxford
（8）塩澤光一・秋山廣光（一九九八）「電気刺激によるギギ胸鰭関節部での発音」『日本水産学会誌』六四、一〇六〇–一〇六一頁
（9）佐藤光雄（一九三六）「魚類の触鬚に関する研究」『植物及び動物』四、九頁
（10）Sato, M. (1937) On the barbels of Japanese sea catfish, *Plotosus anguillaris* (L.). Sci. Rept. Tohoku Imp. Univ. 4: 323-332.
（11）Novacek, M. J. and L. G. Marshal (1976) Early biogeographic history of Ostariophysan fishes, Copeia 1976: 1-12.
（12）Lundberg J. G. and J. N. Baskin (1969) The caudal skeleton of the catfishes order Siluriformes. Amer. Mus. Novitates 2398, 49pp.
（13）Chardon, M. (1968) Anatomie compare de l'appareil de Weber et des structure connexes chez les Siluriformes. Ann. Mus. Roy. Afr. Centr., Ser. 8, Sci. Zool. 169: 277pp.
（14）前掲注（1）
（15）小早川みどり（二〇〇一）「新しい種を生み出す力としての発生速度」『月刊海洋』三三、一四一–一四七頁
（16）Lagier, K. F., J. E. Bardach, and R. R. Miller (1962) Ichthyology. 545pp. Jhon Wiley & Sons, New York

(17) 前掲注（4）
(18) Heiligenberg, W. (1993) Electrosensation. The physiology of fishes, (Evans, D. H. ed.), 137-160. CRC Press, Florida
(19) 前掲注（11）
(20) Fink, S. V. and W. L. Fink (1981) Inter-relationships of the ostariophysan fishes (Teleostei). L. Linn. Soc. (Zool.) 72: 297-353.
(21) 前掲注（1）
(22) 友田淑郎（一九七八）『琵琶湖とナマズ』汐文社
(23) 友田淑郎（一九八三）「琵琶湖固有の動物について」『動物と自然』一三、一一-八頁
(24) Kobayakawa, M. (1985) External characteristics of the eggs of Japanese catfishes (*Silurus*). Japan. J. Ichthyol. 32: 104-106.
(25) Kobayakawa M. (1992) Comparative morphology and development of bony elements in head region in three species of Japanese catfishes (*Silurus*: Siluridae). Japan. J. Ichthyol. 39: 51-62.
(26) 前掲注（15）
(27) Heig, J. (1950) Studies on the classification of the oriental and palaearctic family Siluridae. Rec. Indian Mus., 48: 59-116
(28) Kobayakawa, M. (1989) Systematic revision of the catfish genus *Silurus*, with description of a new species from Thailand and Burma. Japan. J. Ichthyol. 36: 155-186.
(29) Bornbusch, A. L. (1991) Redescription of Apodoglanis furnessi Fowler (Siluriformes: Siluridae), with diagnoses of three intrafamilial silurid subgroups. Copeia 1991: 1070-1084.
(30) 琵琶湖自然史研究会編（一九九四）『琵琶湖の自然史』八坂書房
(31) 前掲注（30）
(32) 川辺孝幸（一九九〇）「古琵琶湖層群―上野盆地を中心に―」『アーバンクボタ』（二九）、三〇-四七頁
(33) 中島経夫（一九八七ａ）「琵琶湖の魚類相の成立」『日本の生物』一、三一-三九頁
(34) 中島経夫（一九八七ｂ）「琵琶湖の魚類相の成立」『日本の生物』一、一五-一七頁
(35) Kobayakawa, M. and S. Okuyama (1994) Fossil of *Silurus biwaensis* (Siluridae) from the Ueno formation, ancient Lake Biwa, Japan. Japan J. Ichthyl. 40: 500-503.

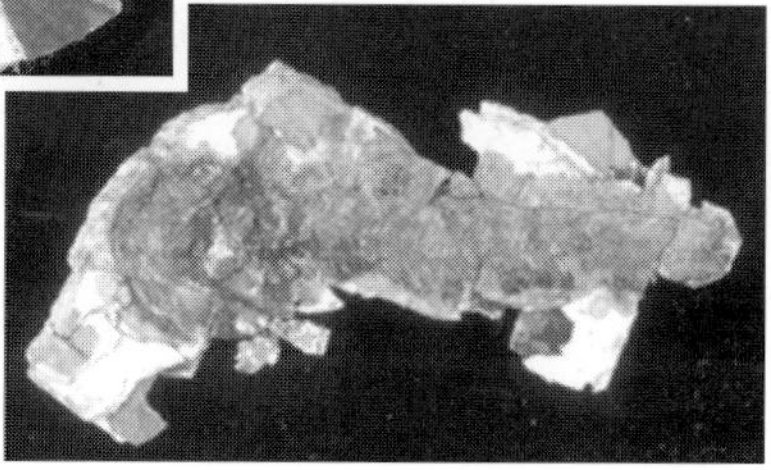

図1　ナマズ類の化石
（著者撮影）

ナマズ科の化石

渡辺勝敏

ナマズ類は胸鰭《むなびれ》や背鰭《せびれ》に硬い棘条《きょくじょう》をもつため、しばしば化石として発見される。ナマズ目全体としては、南アメリカを中心に古くは白亜紀後期から見つかっている。[1] 日本からはこれまでナマズ科とギギ科の化石が報告されているが、いずれも新生代第三紀の中新世よりも新しい記録である。このうち、香川県の中期中新世讃岐《さぬき》層群《そうぐん》（約一五〇〇万年前）の凝灰岩中から発見されたナマズ類の化石（図1・2）は、ナマズ科としては世界で最も古い確かな記録である。

このナマズ類の化石は、ナラやクス類などの温帯性の植物化石や、昆虫、コイ科魚類の化石などとともに、一九八五年に森繁氏により発掘された。ナマズ類の化石がしばしば棘や骨の断片として見つかることが多いなか、この化石の保存状態は比較的良好であり、魚体をはさんだ両方の面が化石標本として残されている（KPSM［香川県自然科学館］2231-1, 2)。標準体長は九二・五ミリメートルと小型であり、比較的頭部が大きく目立つ。ナマズ科に含まれる根拠となる形態的特徴

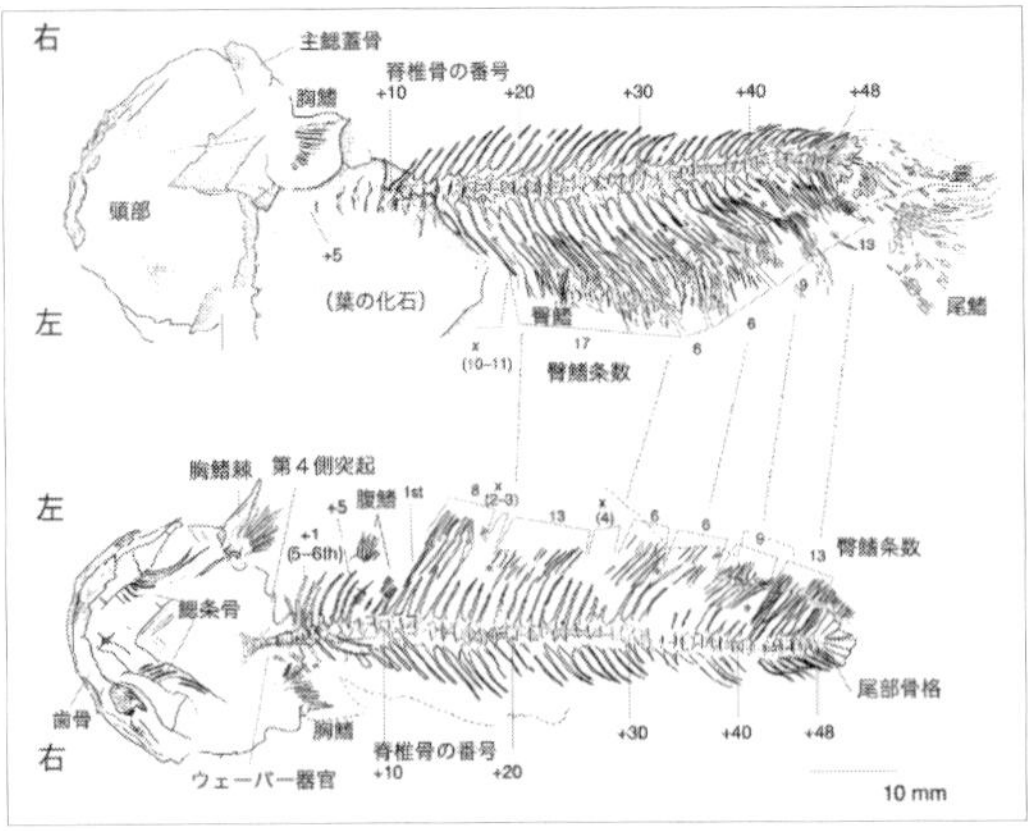

図2　讃岐層群産ナマズ科化石（KPSM2231-1, 2）（Watanabe et al., 1998を一部改変）

としては、まず臀鰭《しりびれ》が尾鰭《おびれ》のごく近くまで長く伸びるか、もしくは連結し、胸鰭には太く短い棘があることなどが挙げられ、また、各鰭の鰭条数《きじょうすう》や脊椎骨《せきついこつ》数なども重要な識別基準となる。ナマズ科では背鰭が未発達であるのが一般的で、まったく消失している種類もあるが、この化石でも背鰭の跡は見つけられない。

ナマズ目は魚類のなかでも最も多様化したグループのひとつであり、三〇あまりの科に分けられた二〇〇〇種以上が知られている。現在ユーラシア大陸に分布するナマズ科には約一二の属と一〇〇を超す種が含まれ、その多くは東南アジアに分布している。[2] 讃岐層群からの化石がナマズ科のどの属のものなのかは、残念ながらはっきりとしない。しかし、前記の形態的特徴や尾鰭の形などから、この化石がナマズ属 *Silurus*《シルルス》か *Pterocryptis*《プテロクリプティス》属、あるいはそれらの共通祖先グループに含まれる可能性が高い。しかし、現在日本に分布する三種（ナマズ、イワトコナマズ、ビワコオオナマズ、すべてナマズ属）とは、脊椎骨数や臀鰭条数などが明らかに異なり、また、これまで鮮新世以新から見つかっている日本や大陸部からの化石とも別のグループである。分布や産出年代から、この化石が未記載の種に含まれることはほとんどまちがいないが、新種として特徴づける形質が十分ではないので、ナマズ科の属・種未詳標本として日本魚類学会の英文誌に報告された。[3]

このナマズ科化石の得られた讃岐層群とおよそ同時期に堆積した地層（下部〜中部中新統）は、日本では長崎県の壱岐《いき》島や岐阜県の可児《かに》市周辺域などから知られ、それらの地域から多数の淡水魚類化石が発見されている。その多くはコイ科魚類であるが、そのほかにもギギ類、ハゼ類、オヤニラミ・ケツギョ類などが見つかっている。しかし、ナマズ科の化石は、讃岐層群のもの以外では、古琵琶湖層群最下層（約四〇〇万年前）から見つかったビワコオオナマズに酷似した化石をはじめ、より新しい時代のものしか知られていない[4]。讃岐層群のナマズ科化石は、ナマズ科の進化や分布域の拡大、ひいては日本列島の淡水魚類相の成立史を明らかにする上で重要な基礎データとなるものである。

【注】

（1）Benton, M. J. (1993) The Fossil Record 2. Chapman & Hall, London.
（2）Nelson, J. S. (1994) Fishes of the World, 3rd ed. John Wiley & Sons, New York.
（3）Watanabe, K., T. Ueno & S. Mori (1998) Fossil record of a silurid catfish from the Middle Miocene Sanuki Group of Ohkawa, Kagawa Prefecture, Japan. Ichthyol. Res. 45: 341-345.
（4）小早川みどり（一九九四）「ナマズ類」『琵琶湖の自然史』琵琶湖自然史研究会編、二三一―二三四頁、八坂書房

ナマズ類の多様な繁殖行動
―托卵ナマズと栄養卵給餌を中心に―

佐藤　哲

地球上の淡水域に広く分布するナマズ亜目《あもく》魚類（以下、ナマズ類）は、たいへん多様なグループだ。世界に目を向ければ、ナマズ類は川、沼、大湖沼などほとんどあらゆる淡水域に分布し、一部は海水にも進出している。未記載を含めると数千種にのぼる魚種が含まれると考えられていて、その形態も多種多様である。とくに注目に値するのは繁殖生態の多様性で、ナマズ類には魚類に見られるほとんどあらゆる繁殖様式が見られるといっても過言ではない。魚類は一般に産卵のあと親は卵や子どもを保護することはないが、それでも、かなり多くのグループでなんらかの子の保護行動が記録されている。魚類における子の保護は、見張り型と運搬型（持ち運び型）に大別できる。見張り型とは親が卵のかたまりや子どもの群れを見張って保護するもので、持ち運び型とは親が卵や子どもを口のなかに入れたり体の表面に付着させたりして持ち運んで保護するものだ(1)。ナマズ類には卵や子の保護をおこなわない種も多いが、保護をおこなう種には見張り型、運搬型の両方が見られる。とくに運搬型の保護様式が多様に発達していて、口にくわえて保護する種（マウスブルーダー）と、体の腹面などに卵を付着させて持ち運ぶ種が知られている。これらは体外運搬型の保護と呼ばれている。体内で孵化《ふか》した子どもを長期間にわたって保護する体内運搬型は、ナマズ類では知られていない。見張り型の保護をおこなう種には、水底に巣穴を掘ってそのなかで卵や子どもの保護をおこなうもの、泡巣を作るものなどが知られている。また、受精様式についても、魚類では一般的な体外受精だけでなく、交尾して体内受精をおこなう種、および、メスが口から精子を飲み込み、消化管を通過した精子が卵を受精させる種が知られている。ここでは、このようなナマズ類の多様な繁殖様式のなかから、東アフリカの古代湖であるタンガニイカ湖とマラウィ湖で相次いで見つかった特異な繁殖生態について紹介する。

東アフリカの古代湖とナマズ

東アフリカを南北に横切る大地の裂け目、アフリカ大地溝帯には、北から南に向かってヴィクトリア、タンガニイカ、マラウィの三つの巨大な湖が連なっている。これら三つの湖は、数十万年から数百万年の歴史をもつ古代湖で、そこに棲む魚類は大半がそれぞれの湖のなかで進化した固有種だ。もっとも多様に分化し

図1　宿主となるシクリッド類の一種の産卵現場に現れた托卵ナマズ *Synodontis multi-punctatus*　タンガニイカ湖コンゴ民主共和国内にて（新村安雄撮影）

ているのは、カワスズメ科魚類（以下、シクリッド類と総称）だが、ナマズ類もかなりの数の固有種が棲息する。今回紹介するのは、タンガニイカ湖の固有種であるモコクス科ナマズ、*Synodontis multipunctatus*《シノドンティス・ムルティプンクタトゥス》と、マラウィ湖の固有種であるギギ科の*Bagrus meridionalis*《バグルス・メリディオナリス》の繁殖生態である。

托卵するナマズ

タンガニイカ湖に固有のシクリッド類には、メス親が卵と孵化した子どもを口のなかで保護する口内保護種と、両親またはメス親が卵や子どもの群れを見張って保護する種がいる。このうち、口内保護をおこなう種のいくつかから、托卵《たくらん》するナマズが見つかった。[2]、[3]、[4] 子どもを口にくわえて保護しているシクリッドのメス親をつかまえて口内を調べたところ、六種のメス親の口内から、親とは似ても似つかない子どもや孵化前の卵がでてきた。水槽で飼育したところ、これらはやはりタンガニイカ湖の固有種である全長一〇センチほどのモコクス科のナマズ、*Synodontis multipunctatus*であることがわかった（図1）。宿主となったシクリッド類六種（図2）で、合計五一二個体のメス親の口内を調べ、そのうち三二個体からナマズの卵または子どもが見つかったので、寄生率は六・三%ということになる。ナマズの卵は直径一・八ミリほどで、宿主の卵（三・五〜六ミリ）よりかなり小さい。一方、宿主の口内から見つかった最大のナマズの子は全長二七ミリまで育っていた。これは宿主の子どもの最大長よりもかなり大きい。宿主が

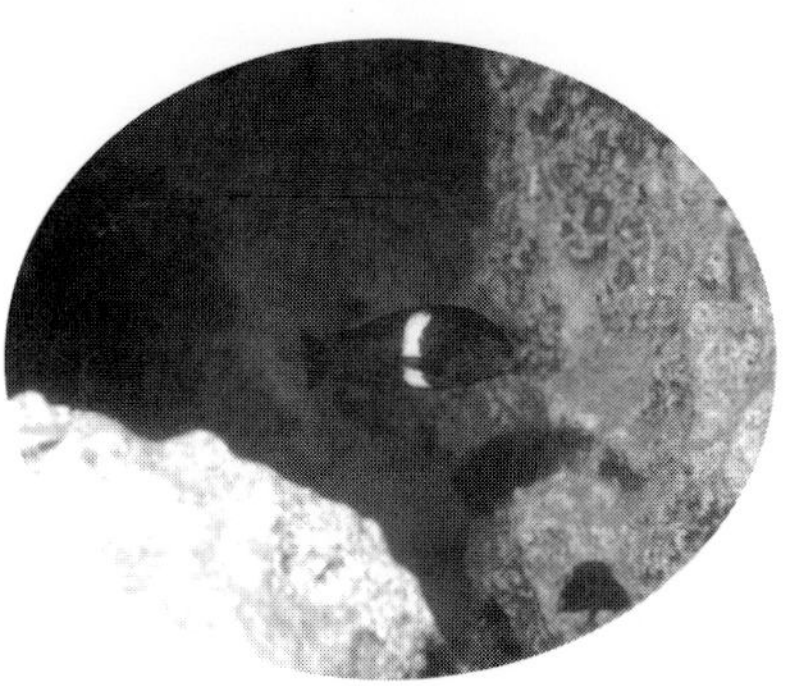

図2　托卵ナマズの宿主となるシクリッド類のマウスブルーダー *Tropheus moorii*（筆者撮影）

くわえていたナマズの子の数は一～八匹だった。

ナマズの卵が見つかった八例では、すべてで宿主の卵がいっしょに口内に入っていた。孵化したばかりのナマズの子どもは、孵化直前の宿主卵といっしょに口のなかに入っていた。卵黄を吸収したナマズの子どもは、孵化後の宿主の子どもといっしょに見つかった。また、口のなかからナマズの子だけが見つかり、宿主の子どもがいない例も八例あった（図3）。また、同じ親の口内から見つかったナマズの子と宿主の子の大きさには、高い相関があった。小さいナマズの子は小さな宿主の子と、大きなナマズの子は大きな宿主の子といっしょに見つかったのである（図4）。一方、ナマズの卵が大きな宿主の子どもといっしょに見つかる例や、大きなナマズの子が宿主の卵といっしょの例はなかった。したがって、ナマズの卵は、宿主の産卵とほとんど同時に産み落とされ、宿主の口内に取り込まれるものと考えられる。アクアリストによる水槽内での観察などから推定したナマズの産卵の様子を、図5に示す。

では、卵黄を吸収したあと、ナマズの子どもは何を食べて成長するのだろうか？　宿主の口から見つかったナマズの子どもの胃には、卵黄がいっぱい詰まっていた。水槽でナマズの子と宿主の子をいっしょに飼育すると、ナマズの子が宿主の子どもを食べる様子が観察できた（図6）。ナマズの子は自分よりも大きな宿主の子の背面に回り込み、柔らかな体の部分にかみついて、ゆっくりと時間をかけて卵黄を吸い出して食べる。こうして、ナマズに托卵されると宿主の子は全滅

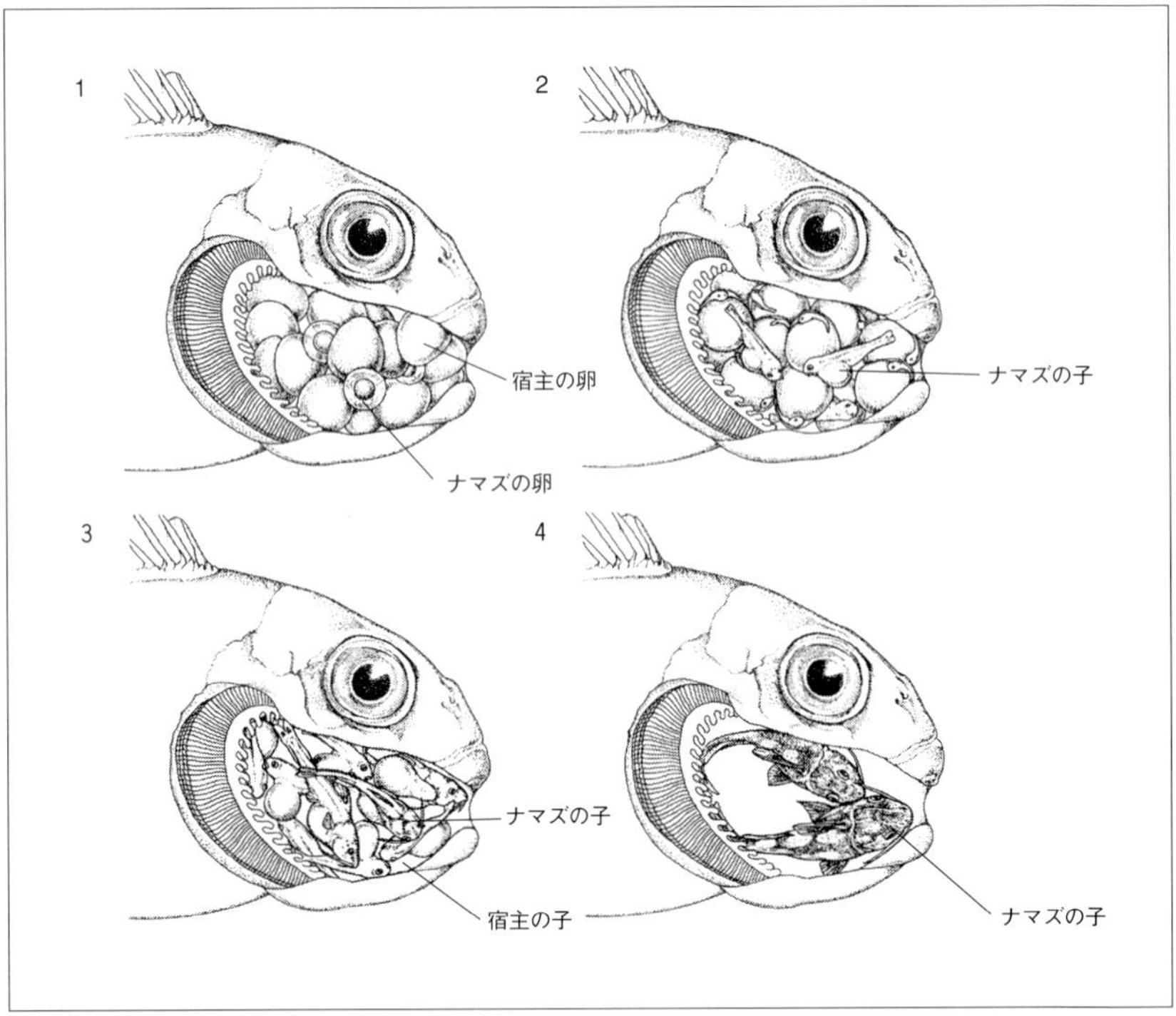

図３　宿主口内の様子の模式図。１：托卵ナマズの卵は宿主の卵といっしょに見つかる。ナマズの卵は宿主に比べて小さい。２：托卵ナマズの卵は宿主よりも先に孵化する。３：先に卵黄を吸収すると、托卵ナマズの子は宿主の子を食べて育つ。４：最後には大きく育ったナマズの子どもだけが残る(立石雅夫原図、『サイエンス』185号、1987より転載)

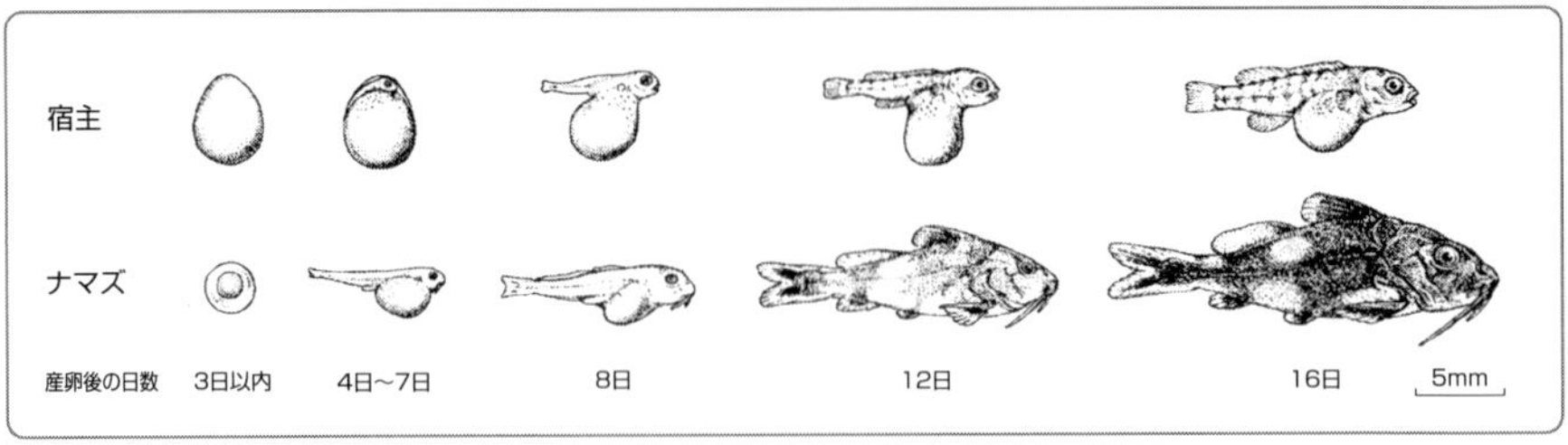

図４　同じ宿主の口内から見つかったナマズの子と宿主の子の成長段階。大きなナマズの子は大きな宿主の子と、小さなナマズの子は小さな宿主の子といっしょ見つかり、両者の体長には高い正の相関がある。このことは、ナマズの卵と宿主の卵がほぼ同時に産卵されることを示す（立石雅夫原図、『サイエンス』185号、1987より転載）

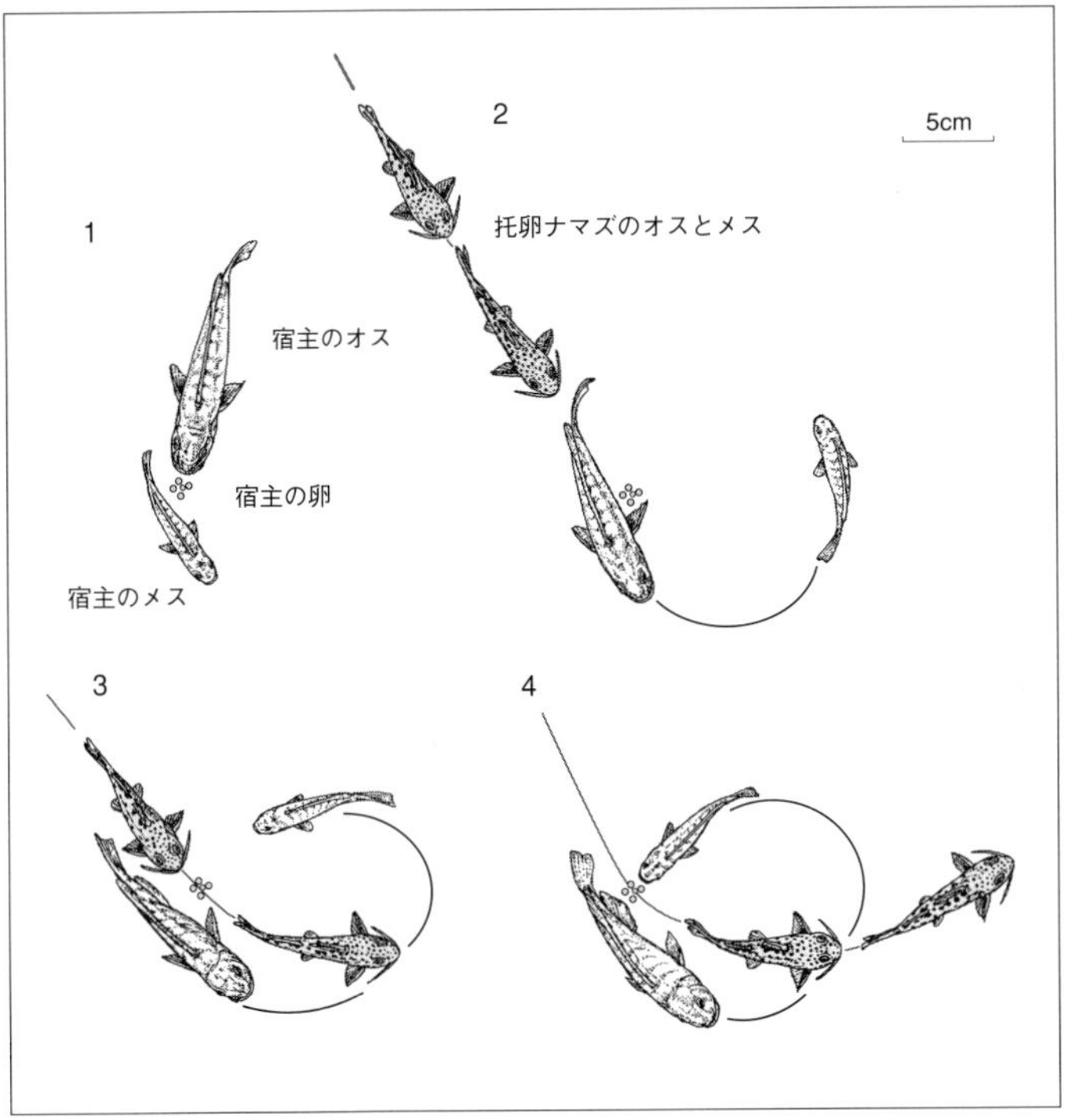

図5　托卵ナマズの産卵の推定図。宿主のメスは産卵するとすぐに体を反転させて卵を口にくわえる。托卵ナマズはこの産卵の流れに割り込み、受精卵を落とすものと思われる。ナマズの受精卵は宿主の卵といっしょにメス親の口内に取り込まれる（立石雅夫原図、『サイエンス』185号、1987より転載）

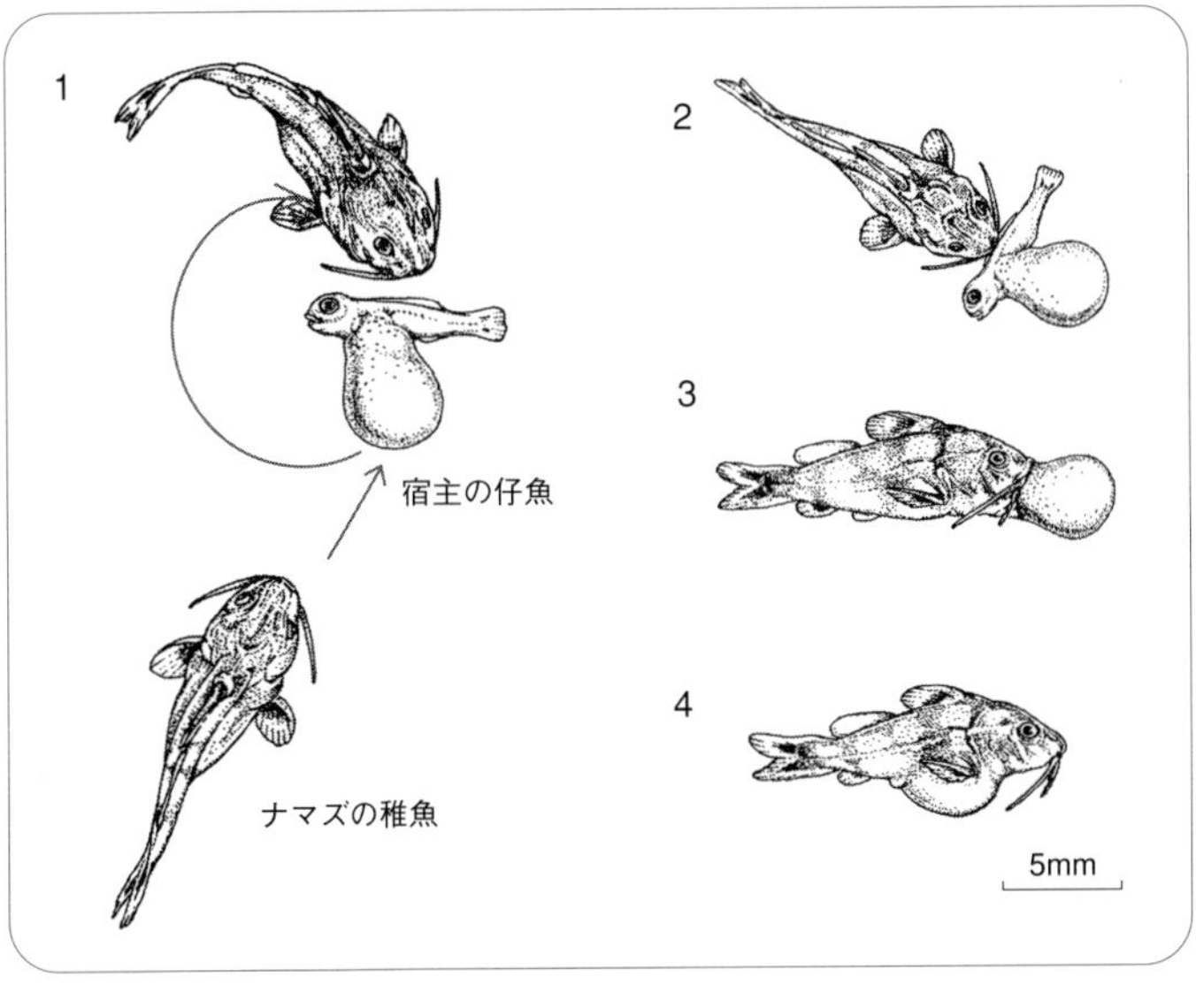

図6　水槽内で観察した托卵ナマズの子どもによる宿主の子どもの捕食行動。ナマズの子は宿主の子の背側に回り込み、柔らかい体の部分にかみつくと、ゆっくりと卵黄を吸い出して食べる。大きく育ったナマズの子は宿主の子を丸のみにする(立石雅夫原図、『サイエンス』185号、1987より転載)

してしまう。

　このような宿主にとって壊滅的な托卵は、カッコウなどに見られるものときわめてよく似ている。魚類では、親によって保護されている子どもの群れにほかの種の子どもが紛れ込む例はかなりたくさんある。しかし、そのほとんどは、宿主にとってあまり大きな害がないか、あるいは両者に利益のある共生的な関係である[5]。*Synodontis multipunctatus* は、これまで知られている限り、魚類で唯一のカッコウ型の托卵をおこなう種である。

　では、なぜこの托卵ナマズで、魚類ではまれなカッコウ型の托卵が進化したのだろうか。その鍵は、宿主となるマウスブルーダーの口内という特殊な場所に卵を紛れ込ませることにあるのだろう。タンガニイカ湖のシクリッド類マウスブルーダーの多くは、産卵するとすぐにメス親が卵を口にくわえ、その後二週間以上にわたって、卵や孵化した子どもは口から出ることがない。この間、口内の子どもは大きな卵黄だけを餌資源として孵化し成長する。紛れ込んだナマズの子どもは、宿主の子どもよりはるかに少量の卵黄しかもっていないため、卵黄を吸収し終わると食べる餌がない。このような条件のもとで、托卵ナマズの子どもが周囲に豊富にある餌資源である宿主の子どもを捕食する性質を進化させることは、必然といってもよいだろう。托卵ナマズの子どもと宿主の子どもは、宿主の親が卵黄という形で供給する餌資源をめぐって競合していて、このような競合関係がある場合にカッコウ型の托卵が進化するものと考えられる。

子どもに卵を食べさせて育てるナマズ

魚類の場合、子育てとは子どもを捕食者から守ることだ。哺乳類や鳥類では、親による授乳や給餌が子育ての重要な機能だが、魚類の場合は、親が子どもに餌を与える例はきわめてまれだ。これは、魚類の子どもが哺乳類や鳥類に比べてはるかに早くから、自分で餌を捕ることができることに起因する。魚類の子どもはたいていの場合、卵黄を吸収して餌を必要とするようになると、ただちにプランクトンなど、小さくて豊富な餌を自力で捕るようになる。水中にはこのような小さな餌が豊富であるために、親による給餌を必要としないのだろう。したがって、魚類の親はもっぱら捕食者から子どもを保護することにエネルギーを費やし、卵黄以外の形で餌を与えることはない。

しかし、もちろんここにも例外はある。たとえば、タンガニイカ湖の口内保護をおこなうシクリッドのいくつかは、メス親が子どもを口にくわえたままでさかんに餌を食べる。こうして、口のなかの子どもに餌を与えるのだ。(6) ある種では子どもを親から離して育てると子どもの栄養条件が悪化することがわかっている。したがって親による給餌は子どもの成長に重要であることがわかる。ほかにも親がなんらかの形で子どもに餌を与える例が知られているが、ほんとうに親による給餌が子どもにとって重要であることがはっきりしている例はほとんどない。

マラウィ湖の固有種であるギギ科ナマズ、*Bagrus meridionalis*《バグルス・メリディオナリス》（通称カンパ

図7　マラウィ湖の固有種であるギギ科ナマズ *Bagrus meridionalis*（通称カンパンゴ）のオス親と巣のなかで保護されている子ども（筆者撮影）

ンゴ）は、全長一メートルほどになる大きなナマズで、マラウィ湖周辺の住民にとってきわめてたいせつな漁業資源である。このナマズは、メス親が未受精卵を次々に産んで保護下にある子どもに食べさせるという、魚類ではほかに例がない特異な子育てをおこなう。[7、8、9]

カンパンゴは、岩の側面の砂底などにすり鉢状のくぼみを作り、その巣のなかで産卵し、卵や孵化した子どもを両親がそろって見張って保護する（図7）。保護の期間は三カ月におよび、その間に子どもは一〇センチほどまでに成長する（図8）。卵は直径一ミリほどとたいへん小さく（図9-1）、産卵後二日ほどで孵化し、その数日後には子どもは餌を食べるようになる。通常ならば、子どもはプランクトンや底棲動物など、小さな餌を食べて育つわけだが、カンパンゴの場合は、メス親が未受精卵を産んで子どもに食べさせる。メス親が食べさせる卵を、ふつうの繁殖のための卵と区別するために、栄養卵と呼ぶ。ただし、この栄養卵が繁殖のための卵と異なる性質のものであるかどうかは、まだわかっていない。

では、メス親が与える栄養卵は、子どもの成長にとって大切なものなのだろうか。それとも、子どもはプランクトンなどの餌を主に食べていて、栄養卵は補助的な餌にすぎないのだろうか。これまでの研究ではこの点が必ずしもはっきりしていなかったので、私はマラウィ湖国立公園の研究員であるDavie Mwafulirwaさんといっしょに、栄養卵がカンパンゴの子どもにとってどの程度たいせつな餌なのか、詳しく調べることにした。方法は単純である。親の保護下にあるカンパン

図9-1　カンパンゴの卵。卵の直径は1ミリほど（筆者撮影）

図8　親の保護下で最大近くまで成長したカンパンゴの子ども。体長一〇センチを超えると保護が終了し、子どもは分散する（筆者撮影）

ゴの子どもをいろいろな巣からいろいろな成長段階で採集し、胃のなかを調べて何をどれくらい食べているかを明らかにし、卵を食べている子どもと食べていない子どもで、栄養状態や成長に違いがあるかを調べるのだ。

その結果、メス親が与える栄養卵は保護下の子どもにとってたいへん重要な餌であることがわかった。子どもは確かにプランクトンや底棲動物もいくらかは食べているが、胃内から見つかった餌の重量のうち九〇%以上を栄養卵が占めていた。つまり、カンパンゴの子どもはほとんど栄養卵だけを専食して育つということだ。さらに、体長三〇ミリ以下の小さな子どもは、栄養卵だけを頼りにしていてほかの餌はまったく食べていないこともわかった。つまり、栄養卵は子どもの初期餌料としてきわめて大切なのだ。大きくなって泳いだり餌を探す能力が発達した子どもは、ほかの餌も一部食べるようになるが、栄養卵が餌の大半を占めることには変わりない。

実際にメス親が栄養卵を与える様子を、NHKの撮影チームがリモコンカメラを用いて記録することに成功した。しばらく巣から離れていたメス親が戻ってきて子どもの群れの上にやってくると、子どもの動きが活発になり、やがてメス親の腹部を激しくつつき始める。衝撃でメス親の体が浮き上がるほどだ。このときに、親は大量の栄養卵を放出し、子どもは周囲を激しく泳ぎまわりながら、飛び散った栄養卵を探して食べる。子どものあいだの栄養卵をめぐる競争はたいへん激しい。一部の子どもは栄養卵の放出後しばらくすると腹部が大きくふくらむほ

図9-2　カンパンゴの孵化直後の子ども（筆者撮影）

どの卵を食べるが、なかにはまったく腹部の大きさが変化しない子どももいる。実際に同じ巣から採集した子どもの胃の内容物を比べてみると、食べている卵の量に大きなばらつきがあることがわかった。また、なかにはメス親がほとんど栄養卵を与えていないらしい巣もあった。このような巣から採集した子どもは、栄養卵をまったく食べていなかった。

そこで、採集したときに栄養卵を食べていた子どもと食べていなかった子どもで、どれくらい体が太っているかを比べてみた。太りぐあいが子どもの栄養条件の大まかな指標となるからだ。その結果、栄養卵を食べていなかった子どもは食べていた子どもに比べて明らかにやせていることがわかった。栄養卵を食べられるかどうかが、子どもの栄養条件を左右するのである。成長率にも差があるかどうかは現在検討中だが、栄養条件にはっきりした違いが生じるのだから、成長も影響を受けていることはほぼ確実だろう。

カンパンゴの親は、大量の卵を絶えず生産して子どもに食べさせるという、たいへんエネルギーを要する子育てをおこなう。なぜ、このようなたいへんな子育てをおこなうのだろうか。狭い巣のなかでは、子どもが食べることのできる餌の量には限りがある。また、子どもの数が多ければ底棲動物などの餌は急速に減少するだろう。一方、巣の周囲には子どもをねらう捕食者がたいへん多く、小さな子どもが巣の外に出て餌を探すと、死亡率が高くなるだろう。したがって、狭い巣のなかで多数の子どもを育てるには、巣のなかで餌を与えるのが有利であることはまちがいない。餌を与えるとしたら、もっとも手近にある餌はメスが生産する栄養卵なのだろう。また、栄養卵を与えることで子どもの成長が加速されるなら、子どもは小さくて危険な時期を早く通過できる。子どもが早く大きくなればなるほど、子どもが捕食される危険も小さくなるだろう。栄養卵を与えるという子育ての方法には、このような明らかな利点があり、その利点がメス親が栄養卵を生産することでこうむる不利益を上回るのなら、栄養卵を与えるという行動が進化するはずだ。

しかし、栄養卵を与えることの利点は、実はどの魚にとっても同じはずだ。見張り型の保護をおこなう魚なら、みな栄養卵を与えることで子どもを早く安全に育てることができるだろう。では、なぜカンパンゴだけがこのような特異な行動を進化させたのだろうか。栄養卵を生産し続けるには、たいへんなエネルギーを要する。メス親はそのために、大量の卵を卵巣内にもち、しかも栄養を蓄積しなければならない。そのときに重要な役割を果たすのが、ナマズの体の大きさだ。体が大きければ物理的に大きな卵巣をもつことができ、より多くの栄養を卵巣に回すことができる。体が小さな魚では、おのずと卵巣に回すことができる栄養の量は限られる。したがって、たまたまカンパンゴが大きなナマズであり、しかも見張り型の保護をおこなうことが、栄養卵の給餌という特異な行動の進化に重要な役割を果たしたのだろう。もし今後新たに栄養卵の給餌をおこなう魚が見つかるとしたら、それは大型で見張り型の保護をおこなう種であろうことが予測でき

図10　カンパンゴの巣に子どもを預けにきた*Ctenopharynx pictus*の親。子どもを口にくわえているため顎の下側が大きくふくらんでいる（筆者撮影）

図11　カンパンゴの巣の近くにやってくるシクリッドの捕食者。カンパンゴの子どもや預けられたシクリッドの子どもをねらう（筆者撮影）

る。

大きなカンパンゴが湖底で子育てをおこなっていることは、カンパンゴの子どもだけでなく、ほかの種にも利益を与えている。カンパンゴの巣のなかには、さまざまなシクリッドが子どもを預けている。シクリッドのマウスブルーダーの親が、口に子どもをくわえて巣にやってきて、巣のなかに子どもを放出するのだ（図10）。大きなカンパンゴが捕食者を追い払ってくれるので、シクリッドの子どもは巣の外に比べて安全に育つことができる。シクリッドはカンパンゴの巣を安全な隠れ場所として利用しているわけだ。また、カンパンゴの子どもだけでなくさまざまな大きさのシクリッドの子どもが巣のなかに群れているので、小さな魚をねらう捕食者も巣に集まってくる（図11）。これらの捕食者はみなシクリッドで、カンパンゴの親の隙をついて子どもを捕らえようとする。これらの捕食者にとっても、カンパンゴの巣は多くの獲物が集中する好適な採餌場所なのだろう。では、カンパンゴにとっては、シクリッドの子どもや捕食者が巣に集まってくることは、果たして利益になっているのだろうか。それとも迷惑なことなのだろうか。シクリッドの子どもは、ふつうはカンパンゴの子どもの外側、巣の縁《へり》の近くにいる（図12）。このことから、初期の研究ではシクリッドの子どもがいわば楯となって、カンパンゴの子どもが食べられる危険を減らすのではないか、と考えられてきた。シクリッドの子どもがいることで捕食者数が増えたりしなければ、シクリッドの存在はカンパンゴにとっても得だ、というのだ。しかし、実際はそれほど単純な

図12　カンパンゴの巣に預けられたシクリッドのマウスブルーダーの子ども。シクリッドの子どもは巣のへりの近くに、カンパンゴの子どもは巣の中央、親の真下にいる（筆者撮影）

ことではなさそうだ。シクリッドの子どもはカンパンゴが与える栄養卵をかすめ取るかもしれないし、カンパンゴの子どもをねらう捕食者はシクリッドの子どもには見向きもせず、巣の中央のカンパンゴだけをねらうかもしれない。カンパンゴの巣という小さな空間のなかで、子育てをめぐるカンパンゴとシクリッドのどのような相互作用が起こっているのか、謎はまだまだ残されている。

ナマズの生態のおもしろさ

多様なナマズ類の繁殖生態のなかから、魚類ではほかに例のないカッコウ型の托卵をおこなうナマズと、栄養卵を給餌するナマズを詳しく紹介した。しかし、「魚類で唯一」というのは、実は人為的な現象でもある。それは単に、ほかにもあるかもしれないが私たちがまだ発見していないというだけのことだからだ。これからさらに研究が進展すれば、似たような事例は確実に増えていくに違いない。それでも、これだけ魚類の生態に関する研究が進んできた時代にあって、いまだに魚類ではほかに例の見つからない現象がナマズ類で見つかることに、なんらかの意味を見いだすことはできるだろう。特異な現象が見つかるということは、多様性の一面でもある。もしナマズ類がどれも似たような繁殖様式をもち、子の保護をおこなう種もいない、といった単純なグループだったら、このような特異例を期待することはできない。ナマズ類が多様な繁殖様式をもつからこそ、私たちが予測もしないような驚くべき生態をもつ種がまだどこかにいるのではないか、という期待も現実味を帯びる。いまだに調査の行き届いていないアマゾン流域などの水域に多くのナマズ類が生息していることを考えると、これからナマズ類でどのような現象が明らかになっていくのか、興味は尽きない。

【注】

（1）桑村哲夫（一九八八）『魚の子育てと社会』海鳴社
（2）Sato, T. (1986) A brood parasitic catfish of mouthbrooding cichlid fishes in Lake Tanganyika. Nature 323: 58-59.
（3）佐藤　哲（一九八七）「托卵するナマズ」『サイエンス』（Scientific American 日本語版）一八五、三四-四二頁
（4）佐藤　哲（一九九三）「口の中は本当に安全か？　―托卵するナマズ」『シリーズ地球共生系第六巻　タンガニイカの魚たち』川那部浩哉監修、堀道夫編、一七〇-一八〇頁、平凡社
（5）佐藤　哲（一九九二）「環境としての他者の行動」『講座進化第七巻　生態学からみた進化』柴谷篤弘・長野　敬・養老猛司編、二〇三-二三六頁、東京大学出版会
（6）柳沢康信（一九九三）「シクリッドの繁殖と場所利用」『シリーズ地球共生系第六巻　タンガニイカの魚たち』川那部浩哉監修、堀　道夫編、一八一-二〇〇頁、平凡社
（7）LoVullo, T. J., J. R. Stauffer Jr. & K. R. McKaye (1992) Diet and growth of a brood of *Bagrus meridionalis* Gunther (Siluriformes : Bagridae) in Lake Malawi, Africa. Copeia, 1992: 1084-1088.
（8）McKaye, K. R. (1986) Trophic eggs and parental foraging for young by the catfish *Bagrus meridionalis* (Pisces : Bagridae) of Lake Malawi. Oecologia 69: 367-369.
（9）McKaye, K. R., D. E. Mughogho & J. R. Stauffer Jr. (1994) Sex-role differentiation in the feeding and defense of young by a biparental catfish, *Bagrus meridionalis*. Animal Behaviour 48: 587-596.

〈コラム〉大垣の鯰軕

日比野光敏

岐阜県大垣《おおがき》市の八幡神社。大井荘（今の大垣市の一部）が東大寺の荘園であったことから、南北朝の頃、東大寺鎮護の手向山《たむけやま》八幡宮から勧進されたと伝えられる同社は、毎年五月一四、一五両日が例大祭である。通称「大垣祭り」で親しまれるこの祭りでは、旧城下町を舞台に、昔から町衆によって軕《やま》（山車《やま》）が引き回されてきた。軕が出始めた慶安三（一六四八）年には一〇輌であったのだが、その後、数が増えたり減ったりして、現在の九輌になった。

なんの奉芸の軕を出すかは、届け出制ではあるものの基本的には町衆に任され、また、新しい芸題の軕に造り直すことも可能であった。当初から参加していた魚《うお》屋《や》町は「道外坊」なる傀儡子《かいらいし》（人形使い）を参加させていたが、寛政八（一七九六）年までに、これを「鯰軕《なまずやま》」に変えた。奉芸を届け出るのに、「町と御世も豊かに、親父鯰を押さえ申し候」と、魚河岸を誇示するかのごとく威勢よく名乗りをあげ、鯰を軕に載せたのだという。赤い頭巾姿の老人が、「押っさえたか〜」

大垣市の八幡神社例大祭の「鯰軸」（大垣市商工会議所観光課撮影）

の掛け声とチャカジャカジャンの鐘の音にせかされるように、金色の瓢簞《ひょうたん》を振り上げて、うねり泳ぐ鯰を押さえようとする…、そんな人形からくりが演じられる。

　そのユーモラスな光景は、見ている者の笑いを誘うが、老人と鯰のやりとりは、北条時頼《ほうじょうときより》の家臣・青砥藤綱《あおとふじつな》なる猛者が徳川の安泰天下を嘲弄《ちょうろう》するさまを表すとも、鹿島神宮祭神・タケイカヅチの不可解な悟りを示すともいわれている。あるいは禅画の「瓢鮎図《ひょうねんず》」に基づき、ツルツルの瓢簞でヌルヌルの鯰が押さえ込めるか、すなわち、実現不可能な問いに対して悟りを開けるかどうか、を表すものともいわれている。

　同市綾野の白髭神社（創建不詳。一説には室町時代）の秋祭りでも、全五輌のうち一輌が、老人と鯰の鯰軸である。このように鯰軸はほかにも見られ、とりわけ市域西部を流れる杭瀬川《くいせがわ》流域に多かった。たとえば大垣市船町をはじめ揖斐《いび》川《がわ》町や池田町などでも、かつては出されたという。市南部の低地帯にはたくさんのナマズが棲息していたこともあって、鯰はまさに、この地方の象徴である。しかも「鯰押さえ」という郷土玩具にもなっているほど、鯰は愛らしいマスコットであり、鯰軸もまた愛すべき存在なのである。

　なお、大垣祭りの 軸も綾野祭りの 軸も、岐阜県の重要有形民俗文化財に指定されている。

第3部　水辺のエコトーンをめぐる人と自然

ナマズ類の繁殖生態と水辺移行帯《エコトーン》

前畑政善

筆者は、一九八八年にちょっとしたきっかけからビワコオオナマズ（*Silusus biwaensis*）の産卵を見ていたく感動を覚えた。以来、今日まで琵琶湖にすむナマズ属魚類（*Silurus*）三種の産卵生態を調査してきた。ナマズ類は夜間に行動する習性があるため、調査はいきおい夕方から夜間、場合によっては明け方まで続けられることがある。したがって、調査にはそれなりに体力を要求される。そこで、しばしば人に問われる。「何が悲しくてそんな研究をするのか？」と、「新たな発見の喜びがある」とか、「水辺移行帯（「移行帯」は最近では「エコトーン」と呼ばれる）と魚との関係を調べるのに格好の材料だ」とか、もっともらしい理屈を並べて答えてはいるが、実は著者自身にもよくわからない。振り返ってみれば、著者はもともと魚を捕るのも食べるのも、見るのも全部好きである。つまり、著者はナマズ研究が「おもしろい」からやるのである。先の問いに対する究極的な回答は「好奇心」となろうか。

ここでは、琵琶湖産ナマズ属魚類について、これまで私がフィールド調査で明らかにし得たことをもとに、彼らの生活のありよう（生態）の一端を紹介したい。加えて、彼らの繁殖の場である湖岸や水田などの水辺環境の改変や湖の水位調節などが彼らの生活に与える影響等についても言及したい。なお、ここで紹介する内容は彼らの生活のごく一部分でしかない。彼らの生態に関しては、まだまだわからないことだらけであることを断っておく。

ナマズ属魚類の繁殖生態に関する研究史

一九六一年に友田淑郎氏[1]が、琵琶湖に新種のナマズが二種いることを明らかにして以降、ここ三〇～四〇年間に日本（琵琶湖）におけるナマズ属魚類の生態学、行動学的研究――おもにわれわれ人間が直接観察しやすい繁殖生態に関して――は急速に進展してきた。まずはこれまでに判明したことを整理してみよう。

友田氏は『琵琶湖とナマズ』（一九七八）において、ナマズ（*Silurus asotus*）が降雨後の増水時、夜間に流れのある水路でオスがメスの体に巻きつくのを観察し、さらに埼玉県下の飼育池での観察結果をもとにナマズの繁殖行動のスケッチを掲載した。また、吉岡みどり氏[2]も琵琶湖の北湖東岸でのビワコオオナマズ（*S. biwaensis*）の巻きつき行動の観察結果を報告している。これらはナマズ類の産卵行動についての最初の報告である。その後、片野氏ほか[3]は、京都府下の水田地帯でナマズの産卵行動をはじめて数量的に記載し、つづいて前畑ほか[4、5]がビワコオ

図1　「琵琶湖の主」ビワコオオナマズ（琵琶湖博物館蔵）

オナマズの産卵行動や産卵にかかわる水温、水位、増水などの物理的要因との関連について報告した。さらには、これまで報告が皆無であったイワトコナマズに関しても前畑[6]が、産卵行動を報告している。

ビワコオオナマズの生態（ナマズ科：*Silurus biwaensis*）

古書にみるビワコオオナマズの産卵生態

江戸中期の本草書である『本朝《ほんちょう》食鑑《しょっかん》』（人見《ひとみ》必大《ひつだい》、一六九二）には、「八月中旬月明かりのある夜に、鯰魚が数千匹、水から跳ねて竹生島の北の洲の砂の上に身を投げ出し、踊躍転倒する」という記述がある。この「鯰」は記された環境から、おそらくビワコオオナマズ（図1、以下オオナマズと略記）であろう。ここに記されている内容が仮に産卵であるとすれば、本種の産卵期は五月中旬〜八月中旬（太陽暦）であるから[7, 8]、当時の暦（太陰暦）による八月中旬は現在の九月中旬にあたり、時期的には合わない。しかも、竹生島《ちくぶ》の北側には現在数千匹はおろか数百匹のオオナマズが産卵できる砂浜もない。昔は砂浜があったのであろうか？　百歩ゆずって、これがオオナマズの産卵の記述であるとすれば、本著にある情景はおそらくその前日（または当日まで）大雨があり、琵琶湖の水位が著しく上昇し、おびただしい数のオオナマズが一晩中大産卵を繰り広げたのであろう。

江戸後期（一八〇六）に彦根藩士小林《こばやし》義兄《よしえ》が著した水生生物誌『湖魚考《こぎょこう》』に

は、「鯰」の項に「…湖北竹生島辺ノ深ミニハ殊ニ大鯰多シ。沖ノ島竹島辺リニモアリ。（中略）稀ニ大雨洪水セシ時、深キ入江又ハ湖近キ水田ニ入リ、泥水ヲ喜ビ鰭振リ遊ブニ水漸ク涸レ来ルモ知ラズバシテ居ル所ヲ、網ニテ取リ、又竹槍ニテ突キ取ル也。（中略）先頃ノ洪水ニ、坂田郡長濱ノ市ニ南濱ノ辺リニテ取リ得シヲ持来シタルヲ見ルニ、其重サ十七貫目、長九尺余。其外四、五尺ノモノハ八、九本アリ。（後略）」（句点は著者挿入）と記されている。

当時の人々はナマズをいくつかに分けてはいるが、普通のナマズ（以下、マナマズ）とオオナマズの区別が曖昧であったようである。とは言え、ここに記されているナマズは、すみ場所や大きさから察してすべてオオナマズを指している可能性が高い。現在ではオオナマズが水田に侵入することなど思いもよらないことであるが、琵琶湖の排水が思うにまかせなかった当時、湖周辺の水田は大雨の度に水に浸り、オオナマズが「水田ニ入リ、喜ビ鰭振リ遊ブ」（＝産卵する）ことも稀ではなかったと推察される。現在でも琵琶湖の北の方では古くから「鯰が来ないと梅雨は上がらない」との言い習わしがある。ここで言う「鯰」とは、もちろんオオナマズのことであり、この言葉はオオナマズが梅雨上がりの大雨の後に大挙して接岸、大産卵することを指している。[9] ともあれ大昔からオオナマズの産卵と降雨・増水の関係は着目されていたことがわかる。人々は水が引いた後、田んぼに残ったオオナマズを捕ったのであろう。（ただし、中国では全長一・五メートルに達するマナマズがいるという。[10]『湖魚考』が書かれた頃には、マナマズでも、

図3　全長5～6 cm頃のビワコオオナマズ。このころまでは口ヒゲが6本あるが、成長につれて吸収され、やがて4本になる（琵琶湖博物館蔵）

図2　宇治川で採集されたビワコオオナマズの稚魚（著者撮影）

数こそ多くはないが、一メートル級のものがいた可能性はある)。ここに記されているオオナマズ(体重一七貫目=約六四キログラム、全長九尺=約二・七メートル)は、尾鰭《おひれ》はついているかもしれないが、記録上最大のものと思われる。ともかくも、オオナマズはその大きさゆえに湖辺の人々の注目を浴びずにはおかなかったことであろう。こんな目立つ魚であるにもかかわらず、今日までその生態の多くは謎につつまれていた。

ビワコオオナマズの一般生態

オオナマズの生態に関しては、これまで友田氏の報告[11]以降、数編の報文が出され、その結果いくつかのことが明らかになってきた。

棲息地:オオナマズの分布は、従来琵琶湖のみとされてきた。しかし、最近ではその流出河川である瀬田川、宇治川、淀川《よどがわ》にも分布し[12、13]、とくに淀川ではその繁殖活動が枚方市在住の紀平肇・紀平大二郎の両氏によって確認されている。一九六一年の友田氏の報告[14]以前には、日本にすむナマズ属魚類は一種とされていたため、流出河川における分布が、昔からそうであったのか否かについては不明である。最近高井則之氏ほかは、バイオテレメトリを使って本種の動きを追跡した[15]。その結果、本種は従来考えられていた[16]よりも定着性が強く、産卵場近くの浅場にすみついていることが判明している。

繁殖期・繁殖場所など:オオナマズの繁殖期は六月下旬~八月の大雨があって

図4　産卵場に現れたビワコオオナマズ（著者撮影）

琵琶湖の水位が著しく上昇した夜間で、産卵は新たに水に浸った水深五〇センチ前後の礫底とされてきた。[17] 著者が最近琵琶湖の南方で観察した結果では、産卵は上記の報告同様に降雨後に行われるが、降雨そのものよりも増水が本種の産卵に関与していることが明らかになった。ただし、本種の産卵は上記報告よりずっと早い五月中旬から開始されることが判明した。[18] また、産卵場所の水深もより浅く、オオナマズの体が空気中に出るほどの浅瀬で産卵しているのを観察している。繁殖行動は、ほかの日本産ナマズ属魚類同様にオス一個体がメスの体に巻きつく形で行われる。

餌生物：オオナナマズの餌生物については、十分に調査されているとは言いがたい。しかし、これまでの記録や著者自身の経験よれば、餌生物はビワマス（*Oncorhynchus masou* subsp.）、ゲンゴロウブナ（*Carassius cuvieri*）、ニゴロブナ（*Carassius auratus grandoculis*）、ニゴイ類（*Hemibarbus* sp.）などの中型魚のほか、アユ（*Plecoglossus altivelis altivelis*）などである。しかし、高井則之氏によれば、最近では湖内で激増しているブルーギル（*Lepomis macrochirus*）を捕食しているという。今後、餌となる生物のより詳細な調査が望まれる。とくに、稚魚から未成魚期の餌生物については、この成長段階のものの生活史そのものが不明であることもあって、ほとんどわかっていない。なお、ついでながら、本種は、夜行性が強く、日中は遊泳する姿を見かけることはほとんどない。

図5　産卵場に現れたビワコオオナマズのメス（大きい方）とオス。オスの体は黄色みを帯びている（著者撮影）

ビワコオオナマズの産卵環境

筆者が一九八八年から一九九四年に観察したオオナマズの産卵場は、大津市内の二カ所と湖北町の一カ所である。以下、順を追って紹介したい。

まず大津市内の産卵場の一カ所は、岸辺沿いに長さ二〇〇メートルにわたり、径三〇～五〇センチの大きな石が平坦に積まれた浅瀬とその周辺（以下、産卵場）である。この場所は普段は干上がっているが、増水時はもちろん平水時にも下流部にある瀬田川洗堰が閉鎖されると冠水するという特異な場所である。オオナマズの産卵は、増水で岩場の平坦部が冠水したときには、新たに水没した岩場の水深一五～二〇センチのところでおこなわれた。また低水位時で平坦部が冠水しない場合には、岩場への駆け上がり部分の水深二〇～七〇センチのところが利用された。産卵に利用された平坦部では流れがほとんどなく、駆け上がり部分でも流れはあったがきわめて緩やかであった。この場所は、増水のたびに数個体から数十個体、多い場合には五〇個体以上のオオナマズが産卵していた。なお、この産卵場の位置については、種の保全の立場からここではあえて詳しくは書かない。

もう一カ所の産卵場は、今はすでに消失し、復元の可能性も低いのでここに記しておきたい。その場所は、琵琶湖からの水が瀬田川に流れ出すところで、そこは岸辺が数百メートルにわたって入りくみ入り江状になったところであった。ただし、産卵に利用された範囲はごく狭く岸辺沿いに長さ三〇メートルほどの区間である。増水時の夜間に行けば、必ずといってよいほどそこには数個体から数十個体のオオナマズがやってきては産卵を繰り広げていた。

大津市にあった前者の産卵場は、現在では湖の水位が人為的に低く保たれるようになっているため、冠水することがなく、産卵場として機能していない。また、後者のそれは、一九九〇年代後半に入り江部分が埋め立てられたことによって消失している。

最後に、湖北町の産卵場について見てみよう。著者が観察したのは一九九一年六月の、前日に大雨があって湖の水位が著しく上昇した夜であった。ここでの産卵環境は、大津市内の二カ所のそれとはまったく異なっていた。すなわち、オオナマズが産卵に利用していたのは、浅瀬や岩場ではなく岸辺に打ち寄せられた水草（オオカナダモやコカナダモ）であり、またこれらの水草が集まって水面に浮遊した俗にいう「流れ藻」であった。集まっていたオオナマズは三〇個体ほどである。産卵活動の大半は打ち寄せられた水草の切れ目でおこなわれたが、そのうち数個体が、水面下から流れ藻にやってきては産卵を繰り返していた。

以上に記した産卵場のうち、大津市内二カ所の環境は、友田氏の報告[19]にある、「礫性《れきせい》の小さな入江でヨシがまばらに生えた場所の水深五〇センチ程度の所」とやや異なってはいるものの、湖の岸辺の「増水で新たに水を被《かぶ》った所」であり、「入り江状になったところ」という点で一致している。しかし、湖北町の産卵環境はこれまでに記録されていないものである。彼らが一体どのような基準で産卵環境

図6　ビワコオオナマズの産卵。降雨後の夜間には湖岸の浅瀬に多数のビワコオオナマズが産卵のためにやってくる。大きなメスにやや小型のオスが巻きついて産卵する（著者撮影）

を選択しているのかについては、未だ不明である。

ビワコオオナマズの繁殖生態

オオナマズの産卵は、通常午後一〇～一一時頃から始まり、夜が明ける四時半過ぎには終了する。ただし、著しい降雨があった翌日の夜間にはとくに多くの個体が出現し、産卵活動は夜がすっかり明けた七時頃まで続けられることがある。そうした場合、オオナマズの産卵ピークは夜明け前に集中し、産卵場の至るところで産卵活動が展開される。夜が明けてからの産卵は、個体数も少なく、それはその夜に産卵できなかったオオナマズたちによる後奏曲にも譬《たと》えられよう。産卵場に出現するオオナマズ親魚の全長は、おおむねメスが六〇～一一〇センチ、オスが五〇～八〇センチで、メスの方が大型である。産卵ペアの体長組成もやはりメスの方が大きいが、メスの体の大きさに比例して、オスも大きくなるかというとそうではない。彼らは雌雄ともに、互いに体の大きさで相手を選択していないように思われる。オスの立場からいえばすなわち、体のサイズはどうあれメスを見つけ次第早く巻きついたものが勝ちという具合である。オスの方が大きかったり、あるいは雌雄がほぼ同じ体長の場合もあるが、そうした例は数少ない。

産卵行動：本種の産卵行動は、産卵の時期や時間帯によることなく常に雌雄一対でおこなわれ、次のような一連の行動を示す（図7）。

まず一尾のオスが腹部の大きなメスを追尾する形で、岩場の浅瀬へやってくる

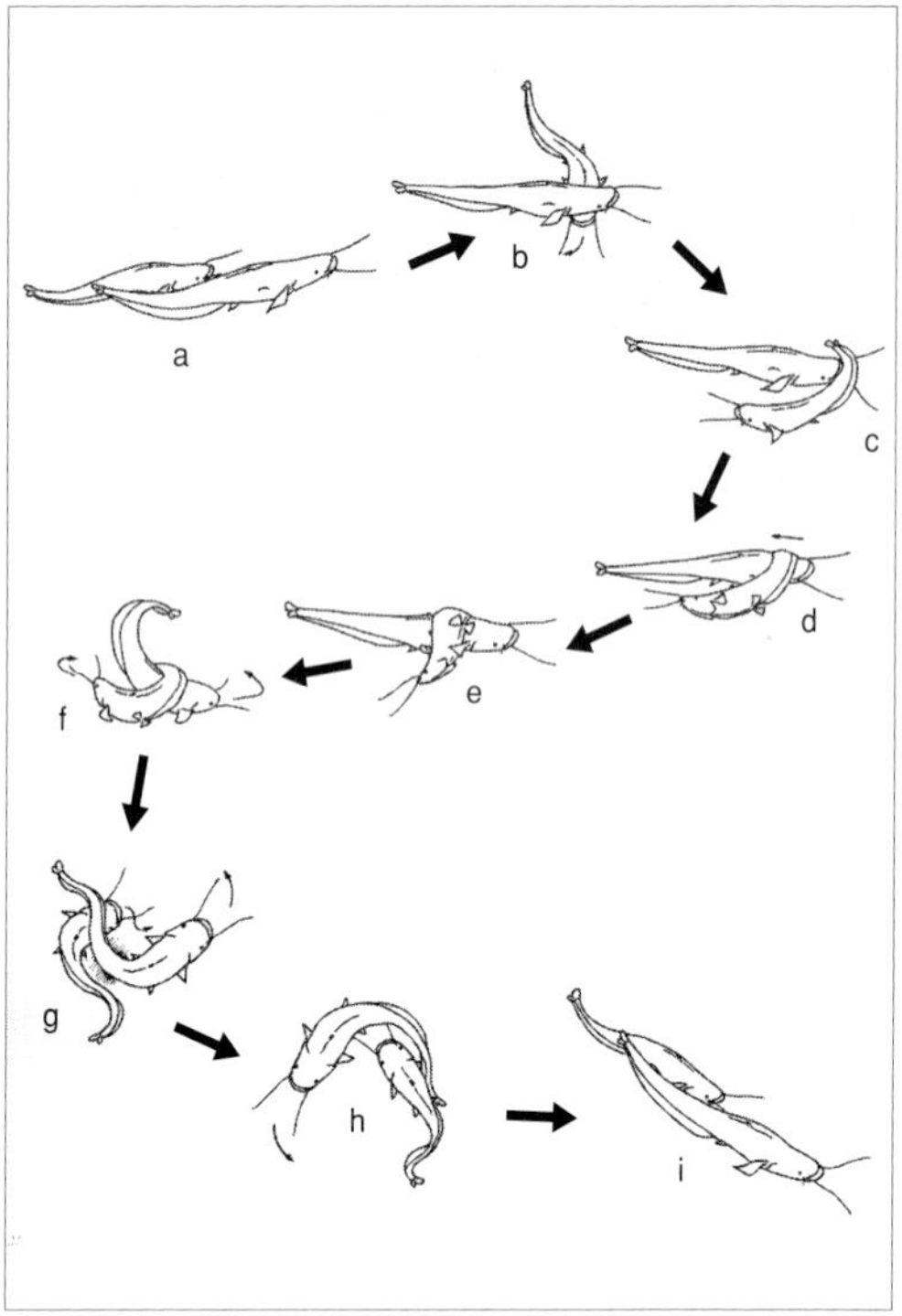

図7　ビワコオオナマズの産卵行動。彼らは図のような一定の様式で産卵する（前畑ほか、一九九〇より転載）

（図7-a）。このとき、オスの体色はやや淡い黄色みを帯び、一方のメスのそれは黒っぽい。追尾されたメスは、浅瀬に入り込むと泳ぎが緩慢となり、やがて静止する。メスが静止しない場合、オスが頭部でメスの腹部側面に軽く突く行動をとることもある。産卵地点の水深は、場合によって異なるが、浅い場合にはメスの背中が露出することもしばしば見られる。

　メスが静止するとまもなくオスは頭部をメスの斜め後方からメスの頭部腹面へと滑り込ませる（図7-b）。このとき、オスは自分の体を滑り込ませつつメスの尾部方向に旋回し、自分の尾部をメスの頭部腹面から吻部前方へとずらす（図7-c）。つづけてオスは尾部を軽く折り曲げ、それを小刻みに揺り動かしながら、メスの頭部背面に絡みつかせる（図7-d）。このとき、オスは背をメスの側に傾けるためにオスの腹面は常にメスの吻方向に向くことになる。この間にメスが体を前または後ろへと動かせばオスの巻きつき行動は中断される。つづいてオスは絡みつかせた尾部をメスの腹部背面へとずらす。そして体を後退させて胴部でメスの腹部付近に背面からしっかりと巻きつく（図7-e）。

　巻きつきは、二〇～三〇秒間続くが、しばらくは雌雄ともほとんど動かない。

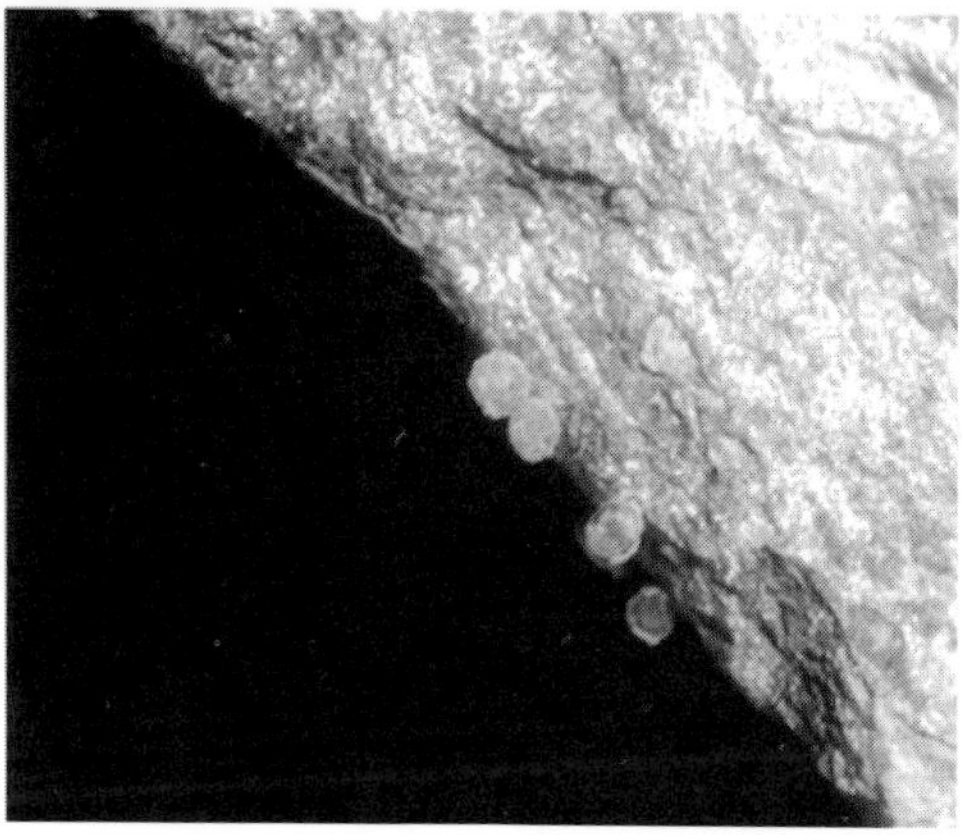

図８　岩に付着したビワコオオナマズの卵。卵の大半は小魚やエビ類によって食べられ、ごく少数の卵だけが生き延びる（著者撮影）

浅瀬で雌雄が絡みついた場合、オスの胴部が水面から完全に露出してしまう場合も見られる。雌雄が深みで絡んだ場合、夜間には雌雄がそのままの状態で水面まで浮上してくることもしばしば観察された。これを暗闇のなかで見ると、オスの腹部が白いため水面に白い物体が浮遊しているかのごとく見える。同じ深みで巻きついた場合であっても、夜が明けてからは例外なく雌雄は水底に留まっている。

巻きつき行動は、これまで二〇〇例以上観察しているが、複数のオスが一個体のメスに巻きつく例は、まったく観察されていない。

オスに巻きつかれたメスは、やがて頭部を左右に軽く振り始める。その振りはやがて大きくなり、しだいに体を大きく左右へ揺り動かし、尾部をくねらせて巻きついているオスを体の後方へとずらしながら、やがて一気に背を持ち上げ、その場で小さく体を翻す（図７-f）。この動作によってオスはメスの体から離される。なお、メスが頭部を左右に振る前に、オスが頭部を軽く振ってメスの体を締めつけるような動作をとることもしばしば観察される。

オスの体がメスから離されようとする瞬間、メスから淡黄色の多数の卵が放出される。その後メスはその場で円を描いて水平面で旋回遊泳する。オスは、メスの体から離れた直後に急いでメスの腹部後方下を通り抜けて、メスの遊泳する円の内側へ入って、メスにつき従う形で旋回遊泳する（図７-g）。一回転した雌雄は、多くの場合今度はさらに体を大きくくねらせてもう一度大きく旋回遊泳する（図７-h）。ただし、夜が明け五時以降に明るくなってからは、一回の旋回しかおこなわないことが多い。一回目の旋回遊泳は比較的静かであるが、二回目のそれはたいへん激しく、通常水面には大量の水しぶきが上がり、一〇メートル以上離れていてもその水音が聞こえるほどであった。

吉岡みどり氏は、北湖の産卵場でメスが腹部を上に向けて遊泳する行動を観察している[20]が、著者のフィールドではそうした行動はまったく観察されなかった。

水位変化とビワコオオナマズの産卵の関係

著者は一九八九～九四年に合計一五〇夜にわたって産卵場に出現するオオナマズの個体数、産卵活動の有無、ならびに産卵場の冠水割合を記録し、あわせて建設省（現、国土交通省）琵琶湖工事事務所の水位、水温データや気象庁彦根地方気象台による大津市の降雨量データなどを取り寄せて、オオナマズの産卵と関連する物理的な要因を解析してみた[21]。その結果、意外な事実が判明したのでここにそれを紹介したい。

まず、オオナマズの産卵場への出現と物理的要因の関連を調べるために、オオナマズが出現した九四夜に関して、そこへ出現するオオナマズの個体数と降雨量、水温、水位、一日あたりの水位変化、産卵場の浸水割合など五つの要素を統計的に解析してみた。その結果、オオナマズの出現と相関する大きな要因は、産卵場の浸水割合であり、水位変化と水温がこれに次ぐ要因であることがわかった。さらに、この魚の産卵と上記の五要素それぞれについて統計的に処理したところ、本種の産卵には、産卵場の浸水割合が大きな影響を及ぼしていることが判明した。

琵琶湖の下流、大阪府下の淀川で長年にわたって魚類を調査している紀平肇氏によれば、一九九八年八月二一日の夜間に増水とオオナマズの産卵に関して以下のような例が見られたという。降雨がなかったその夜に、淀川の上流にある天ケ瀬ダムから大量の放水があり、当日の日中には干上がっていた河原の大部分が増水によって冠水した。すると、新たに水に浸った場所でオオナマズ数十個体が集まり、その夜は明け方まで産卵を繰り返していたという。この例は、まさしく本種の産卵が降雨そのものによって誘発されるのではなく、増水によって引き起こされることを見事に証明している。さて、この話にはつづきがあって、産卵があった翌日には(おそらく、ダムが放水を中止したためであろう)水が急激に引いたため、オオナマズの生まれたばかりの卵は干上がり、それのみか七〜八個体の親魚までが河原にとり残されて死亡していたという。

降雨後の増水した夜間にオオナマズが産卵するのは、実はここであえていうまでもない。琵琶湖湖畔の人々には周知のことであるからである。湖北地方で古くからいわれてきた「鯰が来ないと梅雨は上がらない」という言葉は、大雨のあとオオナマズが産卵にやってくることを日常用語に置き換えたものだったし[22]、そればかりかコイやフナ類が降雨後の増水時に産卵すること[23]、あるいは同時期に水田地帯へ産卵に上ってくることは琵琶湖畔の住民には「常識」だったのである。[24、25、26]

図9　イワトコナマズは琵琶湖と余呉湖だけに見られる。眼が体の側方にあるのが特徴である（水槽写真、琵琶湖博物館蔵）

イワトコナマズの生態（ナマズ科：*Silurus lithophilus*）

イワトコナマズの生態に関しては、これまで友田[27]と前畑・長田[28]の報告以外見あたらず、本種は琵琶湖産ナマズ属三種のなかでは生態がもっとも知られていない魚である。また、友田氏によれば、本種はこれら三種のなかでは夜行性がもっとも強いといわれる（図9）。

棲息地：友田氏は一九六二年の報告のなかで、本種の棲息地について琵琶湖の北湖の岩礁地帯と余呉《よご》湖としているが、その後、前畑・長田は本種が琵琶湖南方の岩場にも棲息することを報告した。余呉湖でも地元の漁業者・桐畑智訓氏によれば、岩場付近に仕掛けたモンドリでよく獲れるという。友田氏が指摘したように、本種の棲息と岩場の存在は、切っても切れない関係にあるようである。

繁殖生態：本種の繁殖期は六月中旬〜下旬の降雨前後の比較的温暖な夜間で、産卵は水深二〜四メートルの礫底とされている。しかし、最近著者はもっと浅いところでも産卵しているのを観察しているし[29]、北湖の南に位置する沖島周辺や余呉湖でも浅いところで産卵しているのが観察されている（関慎太郎氏私信）。

本種の繁殖行動は、マナマズやビワコオオナマズと同様オスがメスの体に巻きつく形で行われる。ただし、その産卵行動は片野修氏ほかが京都府八木町の大堰川水系で観察し報告した[30]マナマズのそれとずいぶん異なり、同じく琵琶湖水系の固有種であるビワコオオナマズのそれと酷似していることが明らかにされた（図10）。

図12　イワトコナマズのアルビノ個体（水槽写真、著者撮影）

図11　イワトコナマズの若魚（水槽写真、琵琶湖博物館蔵）

それでは、大堰川産マナマズと琵琶湖水系の固有種である二種（イワトコナマズ、ビワコオオナマズ）の産卵行動はどうして異なっているのであろうか？　著者は、その理由として、大堰川産マナマズは流水環境である小溝で産卵し、後二者は琵琶湖の湖岸や瀬田川のように大きな河川の流れのほとんどない岸辺の浅瀬で産卵することと関係があると考えている。このことに関しては、後ほど詳しく触れてみたい。

餌生物：イワトコナマズの餌生物については、十分に調査されているとは言いがたい。数少ないデータによれば、主たる餌生物はエビ類、水生昆虫類、小魚などであるという[31、32]。今後、詳細な調査が望まれるが、本種は個体数がかなり減少しているため調査には若干の困難が予想されよう[33]。

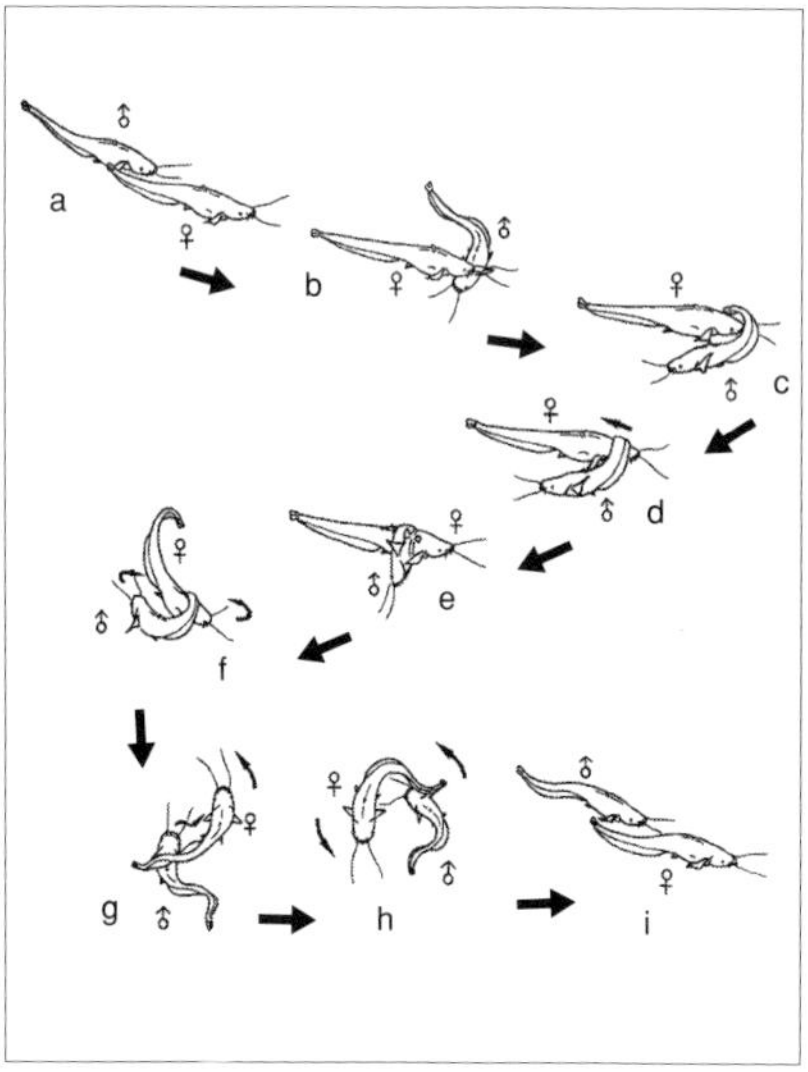

図10　イワトコナマズの産卵行動は、ビワコオオナマズと酷似する（Maehata, 2001より転載）

マナマズの生態　（別称 ナマズ：ナマズ科 *Silurus asotus*）

マナマズの一般生態

マナマズは、日本産ナマズ属魚類三種のなかでその生態がもっともよく知られている魚である。琵琶湖という調査しづらい環境にすむほかの二種に比べ、本種は比較的調査の容易な水路や河川などに棲息しているためであろう。しかし、本種は一般的な魚であったわりには片野氏ほかの報告[34]が出されるまで、繁殖生態などが十分研究されてこなかったのは意外ともいえよう。

棲息地：マナマズは、日本産ナマズ属魚類三種のなかでもっとも広域に分布し、国内はもとより朝鮮半島（東海岸を除く）や中国大陸東部、台湾島にまで分布している。[35]、[36]、[37] 国内では、現在沖縄県を除く日本全土に分布しているが、『大和本草《やまとほんぞう》』（貝原益軒《かいばらえきけん》、一七〇九）によれば箱根以西にはいなかったとされ、さらに『魚譜』（小原良貫、一八一四）には、洪水後に本種がいたと記してあるから、かつて関東以東にはいなかったのかもしれない。このことに関しては、本書の第1部で宮本真二氏が詳しく論考しているので参照されたい。マナマズの棲息水域は、平野部の水路や河川の止水域、あるいは池沼の泥底である。琵琶湖周辺では、水路や溜池《ためいけ》ならびに琵琶湖の本体（外湖）と内湖の泥底に多く見られる。

繁殖生態：マナマズの繁殖期は五～六月で、この時期に内湾や水田に侵入して産

図13　マナマズは全国各地の平野部の池や川の淀みに広く棲んでいる（水槽写真、琵琶湖博物館蔵）

卵する。しかし、近年では圃場整備が進められた結果、本種の侵入可能な水田は激減している。本種の繁殖行動は、オオナマズと同様にオスがメスの体に巻きつく形で行われる。琵琶湖産の本種について繁殖生態を調査したところ、その産卵行動は片野氏ほかが調査した[38]京都府下の大堰川水系産のものとかなり異なっているようである。その詳細は現在とりまとめ中である。[39]

餌生物：マナマズの餌生物については、滋賀県水産試験場のすぐれた報告書[40]が出ているが、当時はナマズ三種が区別されていなかったので直接の参考にならない。これまでの報告では、主たる餌生物はエビ類、水生昆虫類、ワタカ（*Ischikauia steenackeri*）タナゴ類（Acheilognathinae）、ドジョウ類（Cobitinae）などの小魚などであるという。[41、42、43] 著者が最近調査した水田地帯の小溝で採集したナマズ成魚は、北アメリカ原産のブルーギルを食べていた。水谷浩・東幹夫氏も長崎県内の池で本種によるブルーギルの捕食を報告している。[44] 国内で在来魚が減りつつある昨今、ブルーギルが本種の餌として重要な役割を果たしているのかもしれない。最近、福井県立大学の学生である河辺友絵さんが琵琶湖に面した水田地帯で調査したところによれば、水田内における仔稚魚の餌生物はタマミジンコ、カイアシ類などであるという。今後、さらに詳細な調査が望まれる。

マナマズの繁殖行動—ビワコオオナマズとの比較から—

マナマズの産卵行動に関しては、片野氏ほかが京都府八木町（大堰川水系）の

図14　琵琶湖産ナマズの産卵（著者撮影）

水田地帯で調査した一九八八年の詳細な報告がある。それによれば、親魚は灌漑が始められて間もない六月一四日から一八日の夕方から夜間に水田地帯に侵入し、二一時から三時までの時間帯に、おもに小溝で産卵集団を形成して産卵する。繁殖行動は通常雌雄一個体ずつで、オスがメスの体に巻きつく形でおこなわれる。このとき、オスはメスの横に並んだ後、尾部または頭部を屈曲させてメスの体に巻きつく。オスはメスと同方向を向いてからメスの背側から巻きつくのが普通だが、腹側から巻きつくこともある。また、メスと反対方向に並んで自分の尾部をメスの頭部から巻きつかせることもある。その後、オスは自分の体をさらに屈曲させてメスの胸鰭《むなびれ》と腹鰭《はらびれ》のあいだに自分の体を巻きつける。オスの巻きつき時間は五〜三〇秒間（平均一一・六秒間）つづいたが、一〇〜二〇秒で完了するのが普通であった。メス一個体に対して、二個体のオスが巻きつくことも観察されている。この場合、まず大型のオスがメスの肛門近くに巻きつき、つづいて小型のオスがメスの頭に近い側に巻きついた。これらの場合、オス間で攻撃行動などの顕著な行動は観察されていないという[45]。

以上のように、大堰川産マナマズの繁殖行動は、先に述べたビワコオオナマズのそれとはオスがメスの体に巻きつくという点で一致している。しかし、巻きつきに至る過程やメスの体に巻きつくオスの数、あるいは雌雄が分離した後の行動に関して、両者間にかなり大きな違いが認められる。

まず、オオナマズではオスが巻きつきに至る過程が一産卵期における時期や一夜における時間帯などに左右されることなく一定していて、オスは例外なくメスの前方に泳ぎ出てからメスの頭部背側に自分の尾部を絡みつかせる。一方、当地のマナマズでは上記したようにその過程が決まっていない。また、巻きつくオスの数はオオナマズでは常に一個体であるのに対し、マナマズでは二個体の場合も観察されている。さらに、オオナマズの場合には雌雄が分離したのち、その場でペアが水平面で旋回遊泳をおこなうが、マナマズではそうした行動は観察されていない。そのほかにも巻きつきの継続時間が、オオナマズの場合は二〇〜三〇秒間であるが、マナマズでは五〜三〇秒間（平均一一・六秒間）と前者よりも短いなどの違いも見られる。

近年、淡水魚、海水魚を問わず魚類の繁殖行動に関しては多くの報告がある。しかし、著者が調べた限りでは、同属内における繁殖行動（とくに配偶行動）は、細かな点で異なっているものも見られるが、基本的には同じであり、大堰川産マナマズとオオナマズの場合に匹敵するほどの大きな違いは知られていないようである。つまり、ほかの魚類では一方の種の配偶行動は、もう一方の種の配偶行動の一部を省略した型である場合がほとんどである。配偶行動の変異は、単に系統上の違いの反映であることもあろうが、それ以外にもおのおのの種の産卵場における雌雄比や年齢組成などの個体群構造、あるいは産卵場所の地形や流れなどの環境要因などによる場合も考えられる。今後、こうした点をひとつずつ明らかにしていくなかで、これら二種間での配偶行動に違いが生じた原因が解明されるであろう。

［付記］

その後、著者が琵琶湖産ナマズについて産卵行動および繁殖生態の詳細を調査した。その結果、琵琶湖産マナマズの産卵行動は、基本的にはビワコオオナマズやイワトコナマズのそれらと同様、雌雄が一番となってこれら二種とほぼ同じ様式で産卵することを明らかにした（章末注（39）を参照）。さらには琵琶湖産マナマズと大堰川産マナマズの産卵行動に違いを生じさせた要因として、まずはマナマズ自身の種内部にある環境適応への柔軟性があり、大堰川産マナマズの産卵行動型は、もともと平野部の止水域にすんでいたマナマズが山間部へ分布を拡大していくなかで獲得された行動型であると推論した。(46)

ビワコオオナマズに見る外敵への対応

日本産ナマズ属魚類は、いずれもそれぞれの棲息水域において水生生物のなかでは食物連鎖の頂点に位置している。しかし、どんな生き物でもそうだが、オオナマズやマナマズにも外敵がいる。といえば、病原微生物あるいは鳥類やヒトを思い浮かべる方もいるかもしれない。しかし、それらの生き物のことはここでは省いて考えよう。逆説的ではあるが、その外敵とは意外にも彼らが日常餌として食べている小魚、エビ類、あるいは水生昆虫類などの水生小動物である。ナマズの仲間も彼らがある一定サイズに成長するまで絶えずこれらの外敵の餌食となるのだが、もっとも襲われやすいのは身動きのままならない卵の時期である。そこで、彼らは卵を生き残らせるためのいろいろな工夫をしている。ここではオオナマズを例に、彼らがどのような工夫をおこなっているのかを本種の産卵行動から順を追って見てみたい。

ビワコオオナマズの産卵に見る旋回遊泳の意味

前述したようにオオナマズの産卵行動は、大堰川産マナマズのそれと違って行動パタンがはるかに固定されていた（図7）。オオナマズはどうしてそのような型にはまった行動をおこなうのであろうか？　このことについては、残念ながらその全体についてはよくわかってはいない。ただ、産卵のクライマックスに雌雄が対となって旋回遊泳する理由については、次のように考えられる。

著者は、琵琶湖産ナマズ属三種の受精卵を野外から持ち帰り、室内で孵化《ふか》させて育てた経験が幾度かある。彼らは孵化後、しばらくは腹部につけた卵嚢《らんのう》を栄養分として育つが、仔魚は卵嚢の吸収を終える頃からやがて動物性プランクトンを食べ始める。最初はおとなしい仔魚たちも、やがては肉食という本来の習性を露わにし始め、互いに共食いを始める。そして、この習性は三種のナマズ類のなかでもとくにオオナマズにおいて激しい。共食いは、雑食性であるフナ類（*Carassius* spp.）やコイ（*Cyprinus carpio*）の仔稚魚ではめったに起こらない。こうしたことから類推して、オオナマズの雌雄が産卵直後におこなう二回におよぶ旋回遊泳は、放卵直後の卵を分散させ、卵の孵化後に起こるであろう仔魚間の餌や生活空間をめぐっての争いを回避させる意義があるものと考えられる。

図15　ネコギギの産卵。ネコギギは伊勢湾に注ぐ河川に棲むナマズの仲間。絶滅危惧種、天然記念物（内山りゅう 撮影）

産卵行動の最終局面で、親魚が旋回遊泳することは東南アジア産のナマズ科の一種 *Heteropneustes fossilis*《ヘテロプネウステス・フォッシリス》、ギギ科のネコギギ（*Pseudobagrus ichikawai*）（図15）、コウライギギ（*Pseudobagrus fulvidraco*）（図16）などでも知られている。[47、48] これらの魚類の旋回遊泳はオオナマズのそれと同じような意味合いがあると思われる。実は、この旋回遊泳にはまた別の意味合いもあるのである。

著者が早朝にオオナマズの産卵を観察していると、必ずといってよいほどオイカワ（*Zacco platypus*）、タナゴ類、ブルーギル、ニゴイ類（*Hemibarbus* sp.）などの小型、中型の魚が出現した。これらの「卵喰い」（卵の捕食者）は、集団となって巻きつき中のオオナマズ雌雄の近くに常に待機し、あるいはオオナマズの雌雄のまわりを取り囲むように遊泳し、オオナマズが卵を放出するやいなや産卵地点にいっせいに集まってきて、まだ水中を漂っている生み出されたばかりの卵をむさぼるように食べていた。しかし、オオナマズが岩場にできた入り江や浅瀬へ入り込んで産卵した場合、あるいは夜間に産卵した場合にはこうした小魚の集団による卵の捕食は観察されていない。

ところが、オオナマズが入り江や浅瀬で産卵したときでも、早朝に産卵した場合には五～二〇分後に、また夜間に産卵した場合には、明け方になるとこうした小魚が産卵場所へ集団で入り込み、岩の表面についた卵をさかんに食べているのが観察された。あえて人為的表現を使うならば、その様はまるで小魚たちは将来自分たちを襲うであろう敵の数を少しでも減らしておこうと躍起になっているか

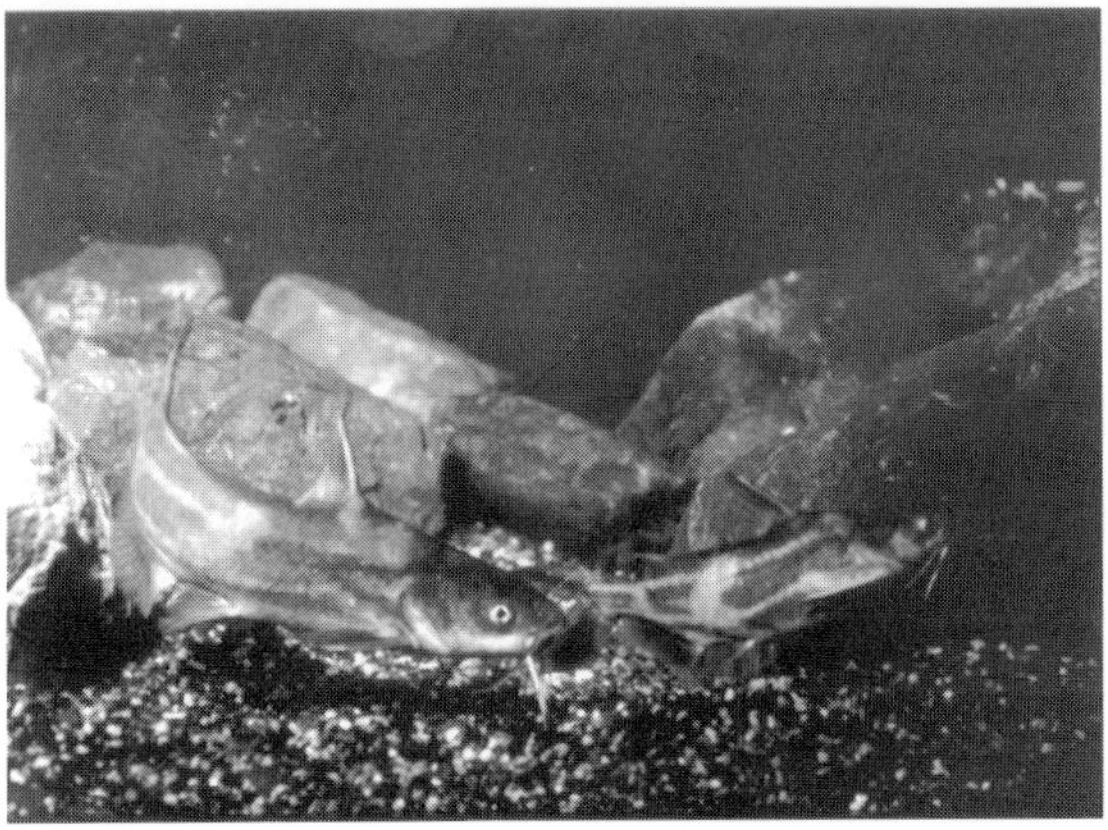

図16　コウライギギ（中国産）の産卵（著者撮影）

のようである。したがって、産卵のあったその日の早朝には、産卵場の岩の表面には無数の卵が見られるが（図8）、二四時間後には岩の表面から卵はほとんどなくなってしまう。このことは卵の捕食圧がいかに大きいかを物語っていよう。

こう見てくると、オオナマズには自分たちの卵を小魚による捕食から守る術がないかのように思われるかもしれない。しかし、実は彼らは卵を生き残らせるためにいくつかの工夫をおこなっている。次に見てみよう。

ビワコオオナマズの卵捕食者への対応

オオナマズは自分たちの卵を生き残らせるために、（1）できるだけ多くの卵を産み落とし、（2）それらをできるだけ分散させるとともに、（3）産卵する時間帯や（4）産卵する場所をできるだけ外敵のいないところに設定する、という方法を同時におこなっている。以下に、順を追ってみてみよう。

（1）多くの卵を産む：魚類は一般にそれぞれがすんでいる水域のほかの生き物との関係に応じて、自分たちの卵を捕食者から守るためにいろいろな工夫をしている。それは、親魚自らが卵を守ったり、ほかの生物の体のなかや環境中の遮蔽《しゃへい》物に卵を隠したり、環境中のものに卵を擬態させるなど、実に多様である（詳しくは、第2部、佐藤氏参照）。オオナマズは、おそらく祖先種がそうであったろう産卵の方法、つまり環境中に卵をばらまくという方法をとり、進化の過程で卵を守ったり、隠したりする方法を獲得せずに今日に至っていると考えられる。卵は栄養価の高い餌であるから、それが環境中にばらまかれれば、それはオオナマズの祖先種の時代より長期にわたって、小魚をはじめ多くの生物によって捕食されてきたと推測される。そこで彼らのとるべき道はひとつ、つまり食べられても余りあるだけの（つまり、自分たちの子孫を生き永らえさせるだけの）卵を産むことである。メスの産む卵の数は体のサイズによって左右され、大きなメスほど多くの卵をもつ。オオナマズの場合メスの方がオスより成長が早く、大型に成長することが知られているが[49]、メスのサイズはどちらかといえば、それとは別の要因で決まる。すなわち、一般に生物における雌雄のサイズは、同性間の競争と配偶者選択が複雑に絡み合った結果の総体とされている。

著者の観察では、産卵場におけるオオナマズの性比はメスの側に偏っていたが[50]、この場合には、オスは選択する性になり、メスは選択される側の性となる。つまり、オスは自分の子どもをたくさん残すために、どうせ番《つが》うなら卵をより多くもったメス（＝大型のメス）を選ぶことになる。かくして、オオナマズでは、オスによるメスの選択が強く作用した結果、メスの体が大型化したと考えられ、これがまた本種のばらまき型の産卵行動とそれにともなうほかの水生動物による卵の捕食への適応、つまり、小魚たちの捕食による卵の消耗をも考慮に入れた、数多くの卵を産む結果ともなっていると思われる。オオナマズのメス一個体がはらむ卵数についての詳細な報告はないが、体長六〇センチのマナマズのメスでは約一〇万粒とされる[51]。オオナマズとマナマズで卵のサイズに大きな差は見られないから（いずれも卵の直径は約一・五ミリ、卵の外側を取り巻くゼリー状部分を含めた直径は約二ミリ）[52]、体長一メートルのオオナマズのメスでは一〇〇万粒ほども卵をもっていることになる。本種の大産卵があった夜には、産卵場ではそれこそ膨大な数の卵が底質に付着することになる。数が多ければ、おそらく生き残る卵の数も多くなるものと推察されるのである。

（2）卵の分散：それでは、メスは体が大きくて卵を十分にもてば、ことは足りるであろうか？　産卵するといっても一カ所にまとめて産んだのでは、てぐすね引いて卵を探している捕食者にすぐ見つかってしまい、そのすべてを食べられてしまう危険性がきわめて高い。そこで、彼らは産卵行動の最終段階において、先に述べたような旋回遊泳をおこなうことによって産出直後の卵をばらまくという行動をとると考えられるのである。それでも、かき混ぜられた卵の多くは底質の岩の上にくっつき、捕食者の餌食となってしまうが、岩の隙間にうまく入り込み、捕食を逃れたごく少数の卵だけが生き残るというぐあいである。実は旋回遊泳の機能は、同種内の仔稚魚の競争を緩和する働きと同時に、結果として捕食者からも卵（そして、おそらく仔稚魚をも）を守るという働きをなしているのであろう。

（3）産卵の時間帯：卵の捕食は、オオナマズに限らずほかの魚類でも多かれ少なかれ観察されている。昼行性の魚では、産出直後の卵の捕食を防ぐために、その本来の活動時間帯を超えて夜間や薄命薄暮に産卵するものも珍しくない。[53]、[54]したがって、夜間産卵は一般に卵の捕食圧を低くするうえで、効果があるものと推察

図17　かつてのビワコオオナマズ卵の敵、タナゴ２種（右上：シロヒレタビラ、左下：ヤリタナゴ）。これらのボテも、近年では姿が見られない（琵琶湖博物館蔵）

される。オオナマズの場合は、もともと夜行性であるために、彼ら本来の活動時間帯を変えることなく、産卵が自然と夜間におこなわれている。このこと自体がすでに卵の捕食を低く押さえているものと思われる。

（4）産卵する場所：すでに見てきたように、本種の産卵はおもにこれまで陸上にあった岸辺部分が「新しく水に浸たった場所」でおこなわれる。この「新しく水に浸たった場所」は、実はオオナマズの卵の生き残りにとってたいへん重要な意味をもっているのである。

「新しく水に浸たった場所」は、当たり前であるが、その場所がそれまで「陸上」であった。つまり、この部分はふだん「陸上」であったがゆえにオオナマズの卵を食べる捕食者（水生小動物）がすみついてはいない。言い換えれば、オオナマズがそこで産卵することは、捕食者から自分たちの卵をより多く守れると推察される。おまけに、そうした場所は多くの場合、流れがほとんどないか、あってもきわめて緩やかであるために、卵から孵化した仔稚魚の餌となる動物性プランクトンが多数集まっているところでもある。しかも、オオナマズの産卵は降雨後におこなわれるため、陸上から多くの栄養塩が湖へと運搬され、動物性プランクトンの大量発生をもたらす時期でもある。

以上、見てきたようにオオナマズは自分たちの分身（卵）を生き永らえさせるためいろいろな工夫をおこなっている。また、その産卵期や産卵場所はほかの生き物との関係だけでなく、琵琶湖地域の気候に対してもきわめて合理的に決定さ

図18　ブルーギル　オオクチバス（ブラックバス）とともに琵琶湖の生態系を破壊した移入種。ブルーギルとオオクチバスが棲みついている限り、琵琶湖の未来は危うい（琵琶湖博物館蔵）

れているのである。それらは、おそらくオオナマズの祖先種が琵琶湖にすみついて以来、地史的時間の経過のなかで培われてきたものに違いない。

最後に、ここで気がかりなことをひとつ記しておこう。一九八八〜九四年の七年間の観察期間において、オオナマズの卵を食べに来る魚「卵喰い」の種類組成に大きな変化が見られたのである。観察当初の一九八八年には「卵喰い」の主役は、シロヒレタビラ（*Acheilognathus tabira tabira*）、ヤリタナゴ（*Tanakia lanceolata*）などのタナゴ類やオイカワが主体であったものが（図17）、次第にタナゴ類が姿を消して、近年急激に増加した北アメリカ原産の移入種であるブルーギルばかりになった（図18）。加えて、卵は喰わないが、ブルーギルと故郷を同じくする北アメリカ原産のオオクチバス（*Micropterus salmoides*）も産卵場に姿を現すようになったことである。これら外来種の存在は、オオナマズがこれまで地史的時間の経過のなかで培ってきたほかの生き物との関係を変えざるをえないであろうし、場合によってはそれが今後オオナマズの存在自体をも揺るがすかもしれない。

ナマズ類にとっての水辺移行帯《エコトーン》

マナマズは降雨時に小溝や水田などの水域で（図19）、またオオナマズは増水期に新しく冠水した琵琶湖湖岸の浅瀬の岩場を繁殖の場として利用している。これ

図19　降雨の後、産卵のため水路に上がってきた多数のナマズの親魚（著者撮影）

ら二種は、ともにもふだんは水がないが、増水または灌漑によって「新しく水に浸かる水域」の利用者という点で一致している。こうした場所は、それが自然にできたものであれ、人為によって造成されたもの（水田）であれ、最近では「一時的水域」あるいは「水辺移行帯（水辺エコトーン）」と呼ばれ、魚類の繁殖の場、生育の場としての重要性が注目されている[55、56、57]。

ところで、マナマズが利用している水田や小溝などの一時的水域は、人が稲作を始めるまでは存在しなかった環境である。それでは私たちの祖先が稲作を始める以前、琵琶湖のマナマズはどこで繁殖していたのであろうか。おそらくそれは琵琶湖や内湖の水草の茂った岸辺とその周囲に広がる一時的水域であったと思われる。実際、今なお琵琶湖や内湖の岸辺では五～六月に水際に仕掛けられたタツべ（魚を捕るためのトラップの一種）などで産卵にやってきたマナマズが多数漁獲されている。それが、いったん稲作が始められ、時代とともに水田地帯が広がるにつれて彼らは次々と新しい繁殖場を獲得していったものと推測される。友田氏が早くから指摘しているように、水田はそれがほかの生物（ヒト）がつくった環境であったとしても、マナマズにとっては湖岸の延長線としての水辺でしかない。

ここ三〇～四〇年前まで、水田地帯は彼らの格好の繁殖場であり、かつては田植時期にたくさんのマナマズが水田に上っていたことが聞き取り調査などから明らかになっている[58、59]。それを保証していたのは、水路-水田、河川-水路間の落差のない連続性であり、コンクリート化されていない、いわゆる崩れやすい水路に

図21　水田で、急に水が干上がったために死んでしまったナマズの親魚（著者撮影）

図20　かつてどこにでも見られた崩れやすい土水路（著者撮影）

代表される多種多様な棲息空間の存在であったと考えられる（図20）。水路のコンクリート化は、淡水魚の棲息場、繁殖場を奪うことにより、その場の魚類相を単純化させてしまうことはよく知られている。[60,61,62] また、かつては人々が水路の水を生活用水として周年利用していたことも、灌漑期以外の季節にも水が枯れないという点で親魚や水田で育った仔稚魚の棲息に大きく関与していたと思われる。水田や小溝はマナマズにとって、水が干上がりやすい不安定な環境ではあるが（図21）、彼らはこうした環境にうまく適応してわが世の春を謳歌してきたのである。実際、著者は、マナマズの仔稚魚がそうした環境に適応してか酸素欠乏にはきわめて強いことを観察している。

　オオナマズの繁殖場は増水によって新たに冠水する琵琶湖の湖岸である。すでに述べたように、ここにおいても近年では護岸工事によって、増水時に新たに冠水するなだらかな湖岸が減少していることは否めない。また、琵琶湖の水位は明治期に南郷洗堰が構築されて以降およそ一世紀にわたって人為的に管理されてきたが、とくに一九九二年以降梅雨期を含む六月中旬～一〇月中旬は琵琶湖の水位をマイナス二〇～三〇センチに保つように操作されている。前者は物理的にオオナマズの産卵場所の減少をもたらし、後者については、オオナマズの産卵が一晩あたりの水位の急激な上昇によって引き起こされ、産卵が新たに冠水した場所でおこなわれることを考慮するなら、その産卵に重大な影響を及ぼすことが考えられる。さらに、そうしたことはナマズ類のみならずコイやフナ類など降雨後の増

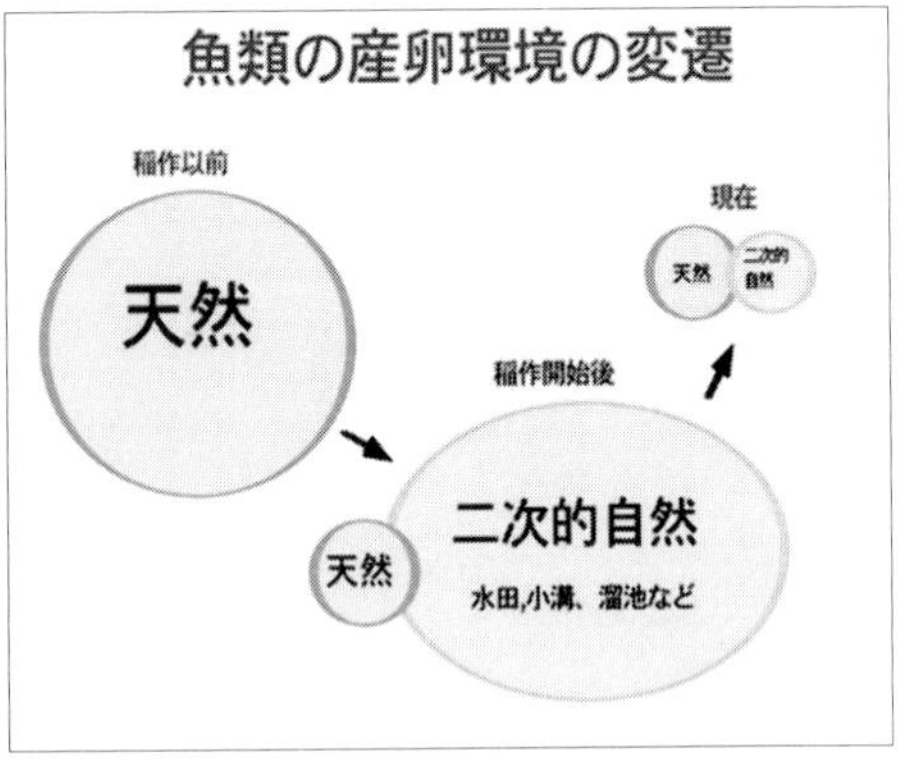

図22　魚類の産卵環境の変遷（前畑原図）

水時に湖岸の新に冠水した一時的水域で繁殖する習性をもつほかの多くの魚類にも当てはまることは論を待たないであろう。実際、降雨後の増水時に産卵されたコイ・フナ類のおびただしい卵が水位操作によって干上がり、死亡していることが滋賀県水産試験場の調査によって明らかにされている。

振り返って、今日なぜ一時的水域である水辺移行帯（水辺エコトーン）の重要性が強く指摘されるのであろうか？　それは一言でいえば、現在、人為作用が強く働きすぎてしまい、かつての水辺エコトーンの多くが消失してしまったことによる。すなわち、つい最近までは人によって造られてきた水辺エコトーンが、自然の水辺エコトーンの代役を果たしてきたにもかかわらず、最近ではその水辺エコトーンさえも消失の危機にあることが問題視されるのである（図22）。

今後、ナマズ類をはじめ琵琶湖に棲む多くの魚類、また魚類といろいろな関係にある周囲の生き物（当然、このなかにはヒトも含まれる）を保全していくためには、水辺エコトーンが積極的に保全・修復され、水位調節が適正におこなわれることが望まれる。振り返って、その依るべきところは、今後、私たちが自然（生き物）とどうつき合いたいのかの視点をどの辺りに置くかにあるといえよう。

〔付記〕
本稿をまとめるにあたって大阪教育大学の長田芳和氏をはじめ、当館の嘉田由紀子（現滋賀県知事）、中島経夫、大塚泰介の各氏にはいろいろ貴重なご意見や資料の提供いただだいた。大阪府在住の紀平肇、紀平大二郎の両氏にはビワコオオナマズについての貴重な情報の提供をいただいた。さらに瀬田川の水位、水温データの入手にあたっては、建設省（現国土交通省）近畿地方建設局琵琶湖工事事務所にお世話をおかけした。また、琵琶湖博物館の川那部浩哉氏には、原稿を懇切丁寧に見ていただき有用なご助言とご指導をいただいた。これらの多くの方々および機関に対して謹んで感謝の意を表したい。

【注】

（1）Tomoda, Y. (1961) Two new species of the genus *Parasilurus* found in Lake Biwa-ko. Memoir of the College of Science, University of Kyoto Ser. B 28 : 347-354.

（2）吉岡（＝小早川）みどり（一九七八）「琵琶湖とナマズ」『淡水魚』（四）、八七-九一頁

（3）片野 修（一九九八）『ナマズはどこで卵を産むのか?』創樹社

（4）前畑政善・長田芳和・松田征也・秋山廣光・友田淑郎（一九九〇）「ビワコオオナマズの産卵行動」『魚類学雑誌』三七、三〇八-三一三頁

（5）Maehata, M. (2001) The physical factor inducing spawning of the Biwa catfish, *Silurus biwaensis*. Ichthyol. Res.48: 137-141.

（6）Maehata, M. (2001) Mating behavior of the rock catfish, *Silurus lithophilus*. Ichthyol. Res. 48: 283-287.

（7）友田淑郎（一九六二）「びわ湖産魚類の研究-I びわ湖産三種のナマズの形態の比較およびその生活との関連」『魚類学雑誌』八、一二六-一四六頁

（8）前掲注（5）

（9）前畑政善・秋山廣光（一九七八）「びわ湖の魚」『びわ湖の漁撈生活』（滋賀県教育委員会編）一-三〇頁

（10）宮地伝三郎・川那部浩哉・水野信彦（一九七六）『原色日本淡水魚類図鑑（全改訂新版）』保育社

（11）前掲注（7）

（12）小早川みどり（一九八九）「イワトコナマズ」『日本の淡水魚』（川那部浩哉・水野信彦編）四二〇-四二一頁、山と渓谷社

（13）前畑政善・長田智生（一九九四）「宇治川で採集されたビワコオオナマズ稚魚」『琵琶湖文化館研究紀要』（一二）、二〇-二二頁

（14）前掲注（1）

（15）Takai, N., W. Sakamoto, M. Maehata, N. Arai, T. Kitagawa, and Y. Mitsunaga (1997) Settlement characteristics and habitats use of Lake Biwa catfish *Silurus biwaensis* measured ultrasonic telemetry. Fish. Sci. 63: 181-187.

(16) 友田淑郎（一九七八）「琵琶湖とナマズ」『日本の野生生物』汐文社
(17) 前掲注（7）
(18) 前掲注（5）
(19) 前掲注（7）
(20) 前掲注（2）
(21) 前掲注（5）
(22) 前掲注（9）
(23) 中村守純（一九六九）『日本のコイ科魚類』資源科学研究所
(24) 今森光彦（一九九四）『里山の少年』新潮社
(25) 嘉田由紀子・藤岡和佳（二〇〇〇）「湖辺の水田景観と人びとのかかわりをめぐる環境社会学的研究」「還琵琶湖地域の生態、文化と保存修景」『研究成果報告書 第三冊 湖辺の景観と人びととのかかわり』三一-三四頁、生態・土地利用・社会研究会編
(26) 嘉田由紀子・遊磨正秀（二〇〇〇）『水辺遊びの生態学 琵琶湖地域の三世代の語りから』農山漁村文化協会
(27) 前掲注（7）
(28) 前畑政善・長田芳和（一九九〇）「イワトコナマズの新分布地」『滋賀県立琵琶湖文化館研究紀要』（八）、一-五頁
(29) 前掲注（6）
(30) 前掲注（3）
(31) 前掲注（7）
(32) 前掲注（12）
(33) 前畑政善（二〇〇〇）「イワトコナマズ」『滋賀県で大切にすべき野生生物 二〇〇〇年度版（CD-ROM）』滋賀県
(34) 片野 修・斉藤憲治・小泉顕雄（一九八八）「ナマズ *Silurus asotus* のばらまき型産卵行動」『魚類学雑誌』三五、二〇三-二一一頁
(35) 友田淑郎（一九八九）「日本のナマズ属三種」『日本の生物』三、五二-五九頁
(36) 小早川みどり（一九八九）「ナマズ」『日本の淡水魚』（川那部浩哉・水野信彦編著）四一二-四一五頁、山と渓谷社
(37) 前畑政善（一九九三）「ナマズ目」『第四回自然環境保全基礎調査 動植物分布調査報告書（淡水魚類）』環境庁自然保護局
(38) 前掲注（34）

(39) 琵琶湖産マナマズの産卵行動については、その後Maehata, M. (2002) Sereotyped sequence of mating behavior of the Far Eastern catfish, *Silurus asotus*. Ichthyol. Res. 49: 20-205.にて公表した。詳細については付記（二〇四頁）参照
(40) 滋賀県水産試験場（一九四二）『びわ湖重要魚族天然餌料調査報告』
(41) 前掲注（7）
(42) びわ湖生物資源調査団（一九六六）『びわ湖生物資源調査団中間報告』（一般調査の部）
(43) 前掲注（36）
(44) 水谷 浩・東 幹夫（一九九八）「浦上水源池におけるナマズによるブルーギルの被食について」『長崎県生物学会誌』（四九）、三三–三六頁
(45) 前掲注（34）
(46) Maehata, M. (2007) Reproductive ecology of the Far Eastern catfish, *Silurus asotus* (Siluridae), with a comparison to its two congners in Lake Biwa, Japan. Env. Biol. Fish. 78: 135-146.
(47) Roy, S. and B. C. Pal (1986) Quantitative and qualitative analysis of spawning behavior of *Heteropneustes fossilis* (Bloch.) (Siluridae) in laboratory aquaria. J. Fish. Biol. 28: 247-254.
(48) Watanabe, K. (1994) Mating behavior and larval development of *Pseudobagrus ichikawai* (Siluriformes: Bagridae). Japan. J. Ichthyol. 41: 243-251.
(49) 高井則之（一九九八）「バイオテレメトリーと生化学分析によるビワコオオナマズの生態学的研究」（博士論文）八五頁
(50) 前掲注（46）
(51) 前掲注（10）
(52) Kobayakawa , M. (1985) External characteristics of the eggs of Japanese catfish (*Silurus*). Japan. J. Ichthyol. 32:104-106.
(53) 桑村哲生（一九八九）「テンジクダイ科の口内保育と婚姻形態」『魚類の繁殖行動—その様式と戦略をめぐって—』（後藤 晃・前川光司編）一四〇–一五〇頁、東海大学出版会
(54) 幸田正典（一九八九）「なわばり性スズメダイ類の産卵活動の日周期性」『魚類の繁殖行動—その様式と戦略をめぐって—』（後藤 晃・前川光司編）一二〇–一二八頁、東海大学出版会
(55) 斉藤憲治・片野 修・小泉顕雄（一九八八）「淡水魚の水田周辺における一時的水域への侵入と産卵」『日生態会誌』三八、三五–四七頁
(56) 湯浅卓雄・土肥直樹（一九八九）「岡山県における水田及び水田に類似した一時的水域で産卵する淡水魚群—アユモドキを中心として—」『淡水魚保護』（二）、一二〇–一二五頁、（財）淡水魚保護協会
(57) 斉藤憲治（一九九七）「淡水魚の繁殖場所としての一時的水域」『日本の淡水魚の現状と系統保存——

よみがえれ日本産淡水魚』（長田芳和・細谷和海編）一九四－二〇四頁、緑書房
(58) 前掲注(25)
(59) 前掲注(26)
(60) 斉藤憲治（一九八四）「農業用水路の改修工事の影響を少なくするために（私案）」『淡水魚』（一〇）、四七－五一頁、（財）淡水魚保護協会
(61) 紀平肇（一九九三）「環境の変化と魚類相の変遷」『淡水魚』（九）、五八－六〇頁、（財）淡水魚保護協会
(62) 片野 修（二〇〇〇）「水田周辺の魚類」『農村と環境』一六、三六－四一頁、（社）農村環境整備センター

参考文献

阿刀田研二（一九三五）「鯰*Parasilurus asotus* Linneの稚仔魚及び卵」『動物学雑誌』四七、一二八－一三〇頁

人見必大（一六九二）『本朝食鑑』

貝原益軒（一七〇九）『大和本草』

建設省琵琶湖工事事務所（一九九三）「琵琶湖よ永遠に」『琵琶湖開発計画報告書』

Kobayakawa, M (1989b) Systematic revision of the catfish genus *Silurus*, with description of a new species from Thailand and Burma. Japan. J. Ichthyol. 36: 155-186.

小林義兄（一八〇六）『湖魚考（上下巻）』

桑村哲生・中嶋康裕（一九九六・九七）『魚類の繁殖戦略一・二』東海大学出版会

松田尚一・前畑政善・秋山廣光（一九八〇）『湖国びわ湖の魚たち』第一法規出版

中村守純（一九六三）『原色淡水魚類検索図鑑』北隆館

山本敏哉・遊磨正秀（一九九九）「琵琶湖におけるコイ科仔魚の初期生活史」『淡水生物の保全生態学』（森誠一編）一九三－二〇三頁、信山社サイテック

著者不詳（明治初期）『近江水産図譜』七四頁（図版三八枚）

琵琶湖周辺の淡水魚の分布

―自然と人間の営みの重層的な歴史の結果として―

中島経夫

湖岸堤が整備されその上を湖周道路が走り、親水公園が美しく造られている。湖周道路をドライブしながら琵琶湖の景観を楽しむことができるようになり、人々は容易に琵琶湖の岸辺に近づくことができるようになった。湖岸堤からバス釣りに興じている人々の姿は現代の琵琶湖の景観を代表している。その琵琶湖の沿岸帯は、ブルーギル（*Lepomis macrochilus*）やオオクチバス（*Micropterus salmoides*）が優占する魚類相となってしまった[1]。

私たちは「琵琶湖博物館うおの会」を組織し、湖岸から湖辺域の魚類の分布がどうなっているかを県民の方々と調査している。この調査は、予想された結果ではあるが、琵琶湖沿岸帯につながる内湖や湖辺の河川、水路というデルタの水域が、ブルーギルやオオクチバスに占拠されている実態を明らかにした。また同時に、それより内陸の扇状地帯（扇状地および扇状地性低地）の水域には、タモロ

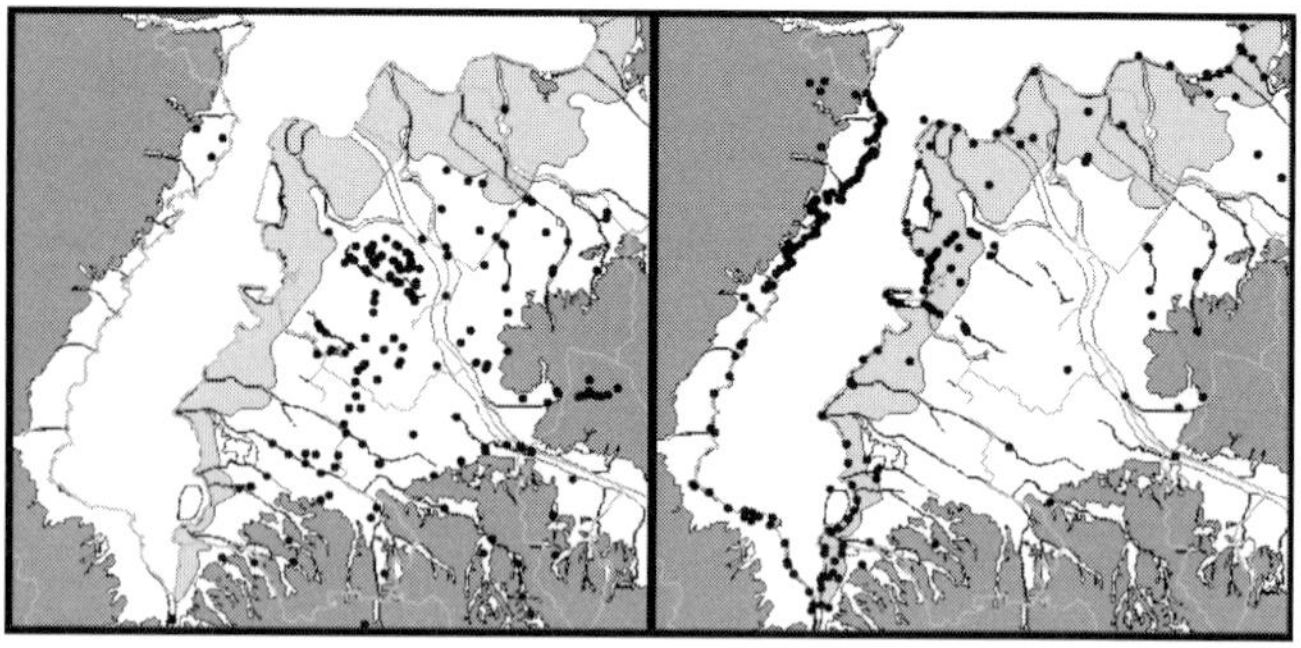

図１　湖南地域におけるブルーギル（右）とヌマムツ（左）の分布
「浜街道」付近で両者の分布は境されている。薄い影はデルタ域、濃い影は丘陵と山地を示す（中島ほか，2001を改変）

コ（*Gnathopogon elongatus elongatus*）に代表されるような在来種がまだ広く分布していることも明らかにした。タモロコと同様にヌマムツ（*Zacco sieboldii*）、ヤリタナゴ（*Tanakia lanceolata*）、アブラボテ（*Tanakia limbata*）、メダカ（*Oryzias latipes*）などもかなり広く分布している（図1）[2]。しかも、市街化が進みつつある地域の三面コンクリート張りの水路や田んぼの用排水路に、これらの魚たちは棲息している。湖と陸域では異なる生態系があり、その境界付近には移行帯がある。これを「湖と陸とのエコトーン」（以下、単にエコトーンとする）という。琵琶湖は東アジアのモンスーン地域に位置することから、一年の周期のなかに雨季と乾季がある。そのため雨季には琵琶湖の水位は上昇し、湖は拡大する。湖であったり陸であったりするエコトーンが広く分布していたはずである。今、扇状地帯に広く分布しているタモロコやヌマムツといった在来種は、琵琶湖の沿岸帯から内湾や内湖、デルタ域の小河川に棲息する魚たちで、エコトーンを生活場所とする魚たちといえる。「琵琶湖博物館うおの会」の調査で明らかになった在来種のこのような分布は、単に外来魚に本来の棲息場所が追われ、すみづらい環境の水路に追いやられたと解釈できる。しかし、それはまちがいだと思う。ここには魚たちの悲しい「したたかな生活の戦略」があるように思えてならない。

琵琶湖の魚類についての地史的背景

前期中新世には、ユーラシア大陸の東縁に日本海の開裂と日本列島の形成に先

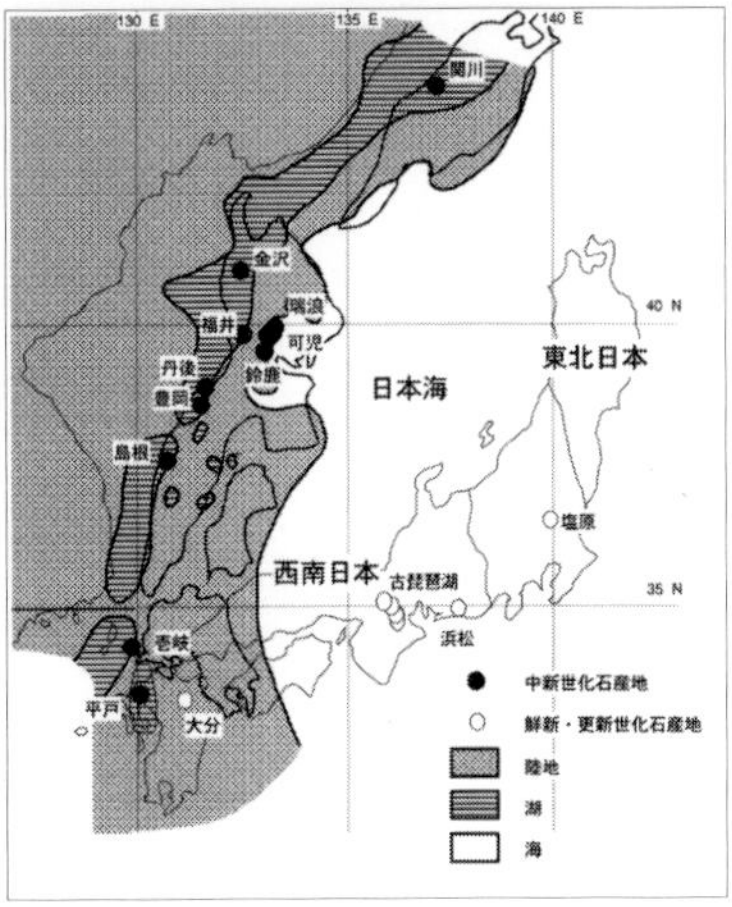

図2　日本列島のおもな化石産地。前期中新世の化石産地は日本海の前身であるリフトバレー湖沼群に沿った地域におもに分布している（Nakajima, 1994を改変）

立ち、背弧リフティングによるリフトバレーが形成され、そこに日本海の前身である当時の古代湖が形成された。そこには東アジアを特徴づける新しいコイ科魚類であるクルター亜科やクセノキプリス亜科が誕生した（図2）[3、4]。これらの魚たちは、コイ亜科魚類とともに、中期更新世までの日本列島の魚類相の中心をなす魚たちであったが、日本列島では琵琶湖の固有種であるワタカ（*Ischikauia steenackeri*）を除いて絶滅した。一方、大陸ではこれらの魚たちはもっとも普通の淡水魚として繁栄している（図3）。中期中新世には、日本列島は現在の位置に移動するが、海進によりフォッサマグナ以東の東日本は、北上《きたかみ》、阿武隈《あぶくま》などの小陸塊を残し激しい火成活動をともないながら海底に沈む（図4）[5]。一方、西日本は穏やかな海進による第一瀬戸内の海は形成されるが、陸地が広がりその淡水系には、ひきつづき前期中新世の豊かで多様な魚類相が引き継がれたと思われる。[6]

鮮新世になると、日本列島は準平原的に陸化した。西日本では中央構造線の北側に再び沈降域が形成され、第二瀬戸内湖沼群が形成される。[7] そのなかのひとつが古琵琶湖である。したがって、古琵琶湖を含む第二瀬戸内湖沼群は、前期中新世以来の淡水魚の豊かで多様な地域に誕生したことになる。このような日本列島の地史的な背景によって、現在、日本列島のなかで淡水魚類相の豊かな地域が、濃《のう》尾《び》平野の木曽三川流域、琵琶湖・淀川《よどがわ》水系、岡山平野の旭川《あさひかわ》水系、筑《ち》紫《くし》平野の筑《ちく》後川《ごがわ》水系となり、これらの水系は、中新世の大規模な海進をこうむらなかった糸《いと》魚川《いがわ》・静岡構造線以西の地域で、中央構造線以北の第二瀬戸内湖沼群の形成され

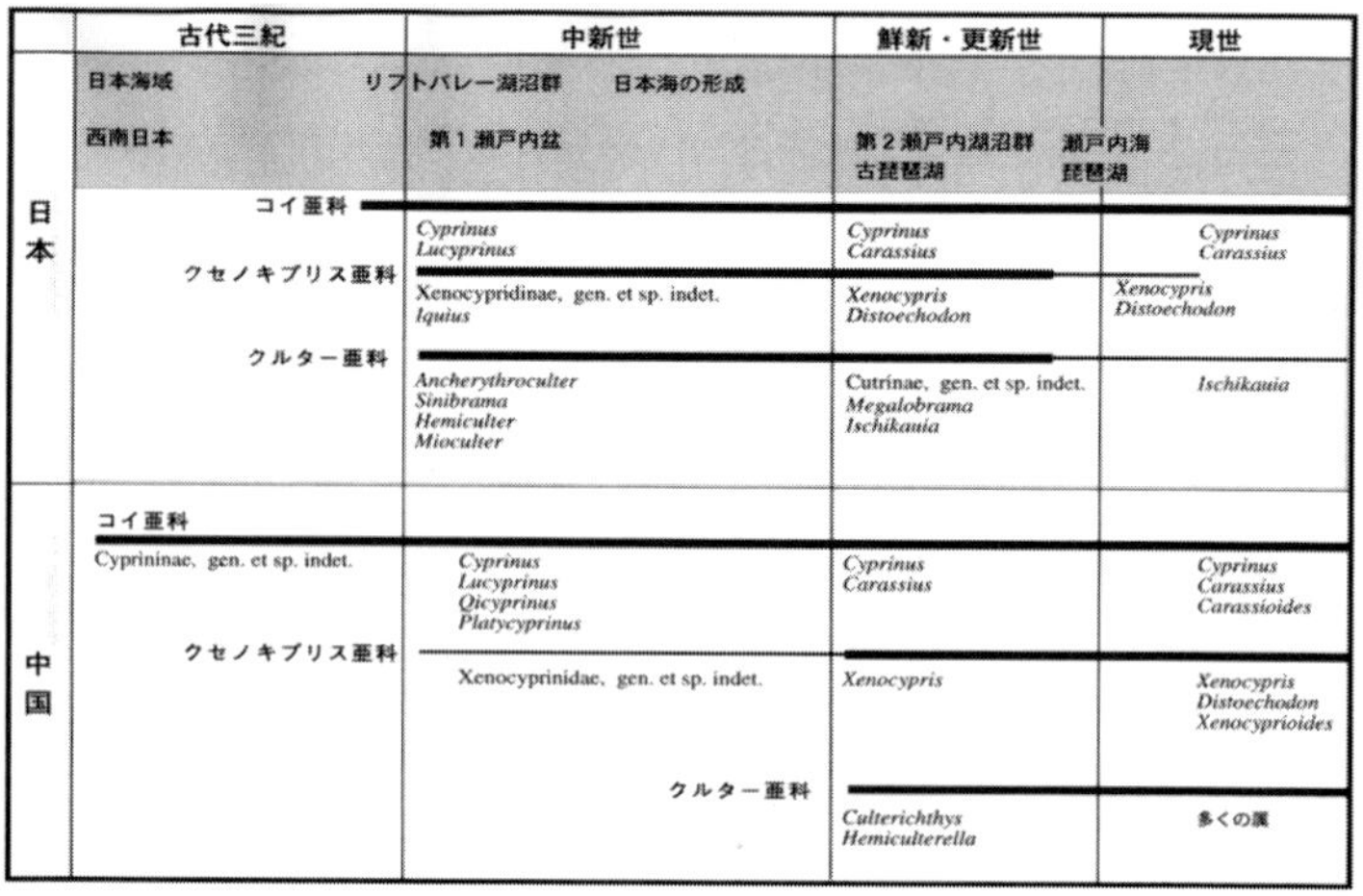

図3　コイ科魚類主要三亜科の化石についての日本と中国での産出情況の比較。現在、中国で繁栄し、ワタカ（*Ischikauia steenackeri*）を除いて日本にいないクセノキプリス類やクルター類は鮮新世になってから中国で見つかる。

た地域に含まれている。[8]

したがって、第二瀬戸内湖沼群のひとつである古琵琶湖の初期の魚類相は、現在の琵琶湖よりも前期中新世のものに類似している。古琵琶湖から琵琶湖にいたる構造発達史は八つのステージに分けられ、淡水環境は一様でなかったことが示されている。[9] ステージごとに古琵琶湖や琵琶湖の魚類相は移り変わっていった。この魚類相の変遷は、中新世と同様に、コイ亜科、クセノキプリス亜科、クルター亜科の三つのグループを軸に展開している。

琵琶湖の絶滅種

古琵琶湖の時代から見ていけば、たくさんの絶滅種がいたことは明らかである。大規模な絶滅は、琵琶湖ができるおよそ四〇万年前以降に起こった。このとき、古琵琶湖を含む西日本の淡水の環境は大きく変わった。山地の上昇と盆地の沈降という大規模な地殻の変動が起こった。[10] 古琵琶湖の時代には、中部山岳地帯を水源として古琵琶湖盆を通り、大阪堆積盆への物質の流れから、[11] 第二瀬戸内湖沼群を河川でつなぐ長大な古瀬戸内河湖水系[12]が存在していた。琵琶湖の時代になるまでに、古琵琶湖の兄弟の湖である第二瀬戸内湖沼群の湖は消滅した。東は、伊勢湾や濃尾平野に、西は京都盆地や大阪平野、大阪湾や瀬戸内海に変わった。淡水の環境が東西に延々と連なる古琵琶湖の景観とはちがう、淡水環境が生まれた。河川は流程が短くなり高度差が増し急流になったのである。もはや黄河や長江の

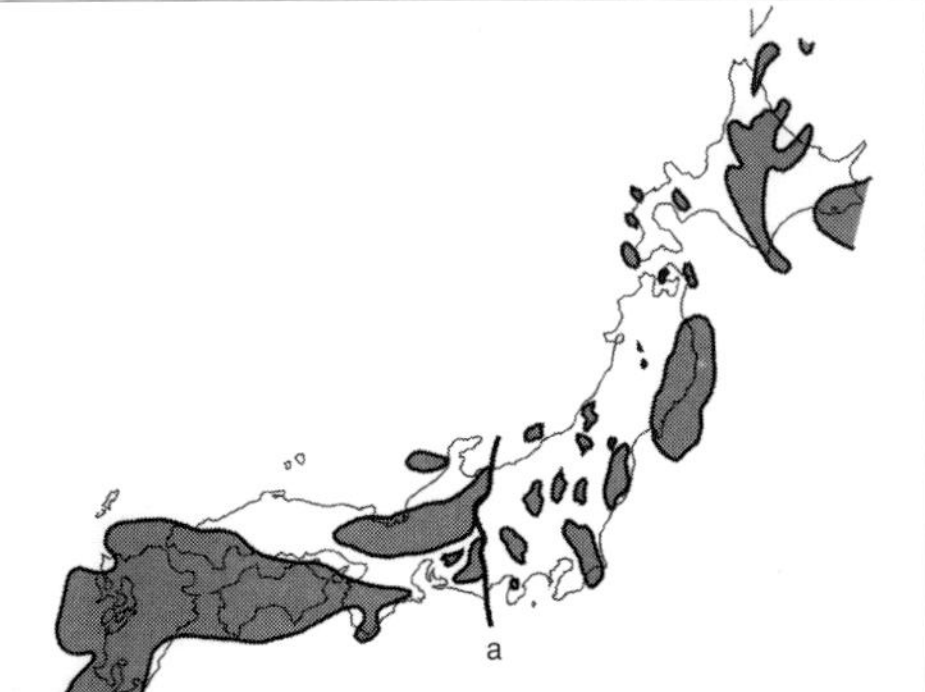

a：糸魚川一静岡構造線（フォッサマグナの西端）

図4　中期中新世における海進（Minato et al., 1965を改変）

ようにゆっくり流れる大陸的河川ではなくなる。また、琵琶湖も深くなり、洞庭《どうてい》湖《こ》や太湖《たいこ》のような広くて浅い湖もなくなった。日本列島特有の淡水環境が生まれたのである。[13]大陸的な淡水の環境に適応していたクルター類やクセノキプリス類といった魚たちは絶滅していったと考えられる。[14]また、ホンモロコ（*Gnathopogon caerulescens*）、ビワヒガイ（*Sarcocheilichthys variegatus mirooculus*）、スゴモロコ（*Squalidus biwae*）、ゲンゴロウブナ（*Carassius cuvieri*）といった琵琶湖の固有種（亜種を含む。以下、同様に亜種を含んで固有種とする）はこのとき分化したものと推定される。その後、氷期における変動をともなう気候の寒冷化を経験して、琵琶湖の魚たちは後氷期をむかえ現在に至っている。後氷期以降現在に至る一万年のあいだ、琵琶湖の環境は大きく変化していない。

ところが、後氷期の琵琶湖の魚たちのなかにもたくさんの絶滅種がいる。身近な例では、ニッポンバラタナゴ（*Rhodeus ocellatus kurumeus*）やイタセンパラ（*Acheilognathus longipinnis*）が絶滅し、アユモドキ（*Leptobotia curta*）も姿をまったく見なくなった。[15]おそらく琵琶湖では絶滅したと思われる。さらに遺跡の調査によって、縄文遺跡のなかには見つかるが、今の琵琶湖に棲息していない魚がかなりいることが最近わかってきた。縄文時代中期の粟津《あわづ》湖底遺跡第三貝塚（琵琶湖南湖）からは、クセノキプリス属（*Xenocypris*）とディステコドン属（*Distoechodon*）[16]やワタカではないクルター亜科の咽頭歯《いんとうし》の化石[17]が見つかっ

表1　粟津湖底遺跡第3貝塚の咽頭歯遺体（中島，1977）

亜科	種類	数
ダニオ亜科	オイカワ *Zacco platypus*	5
	ハス *Opsariichthys uncirostris*	2
	カワムツ *Zacco temmincki*	4
タナゴ亜科	アブラボテ属の1種 *Tanakia* sp.	1
ウグイ亜科	ウグイ *Tribolodon hakonensis*	20
クルター亜科	ワタカ *Ischikauia steenackeri*	87
	属種不明 Cultrinae, gen. et sp. indet.	2
クセノキプリス亜科	クセノキプリス属の1種 *Xenocypris* sp.	4
	ディステコドン属の1種 *Distoechodon* sp.	1
カマツカ亜科	ニゴイ *Hemibarbus barubus*	20
	ホンモロコ *Gnathopogon caerulescens*	1
コイ亜科	コイ *Cyprinus carpio*	91
	フナ属の種 *Carassius* spp.	431

ている。これらの魚は中国では繁栄している魚であるから絶滅属ではないが、日本列島や琵琶湖からは絶滅している。また、縄文時代早期の赤野《あかの》井《い》湾《わん》遺跡A調査区（滋賀県守山市の琵琶湖南湖東岸）からはコイ属の絶滅種（*Cyprinus* sp.）も見つかっている。[18] 縄文時代以降、琵琶湖の環境は大きく変化していないにもかかわらず、縄文遺跡から絶滅種がいくつも発見されたことは、人間の営みに絶滅の原因を求めなければ説明がつかない。

縄文遺跡の魚類遺体

粟津湖底遺跡第三貝塚からはたくさんの魚類遺体が見つかっている。湖底から取り上げられ保存されている第三貝塚の貝層の一％を水洗選別して得られた咽頭歯はおよそ六七〇点であった。それらを鑑別した結果を表1に示す。この表をもとに粟津の縄文人たちはどのように魚を捕っていたか考えてみた。その結果、粟津の縄文人は産卵期に琵琶湖からエコトーンにやってくる産卵個体群を捕っていたのだろうと結論した。[19]

もっとも多いフナ属（*Carassius*）は、種が同定されていないが、このなかには沖合いにすむゲンゴロウブナがかなり含まれていた。ゲンゴロウブナを産卵期以外に捕ることは当時の漁撈技術からいって無理である。あえて、琵琶湖の沖合いに魚捕りにいかなくとも産卵期にはたくさんのフナ類がエコトーンにやってくるのだから、それを捕らえれば、あまるほど魚が捕れたはずである。あまった魚

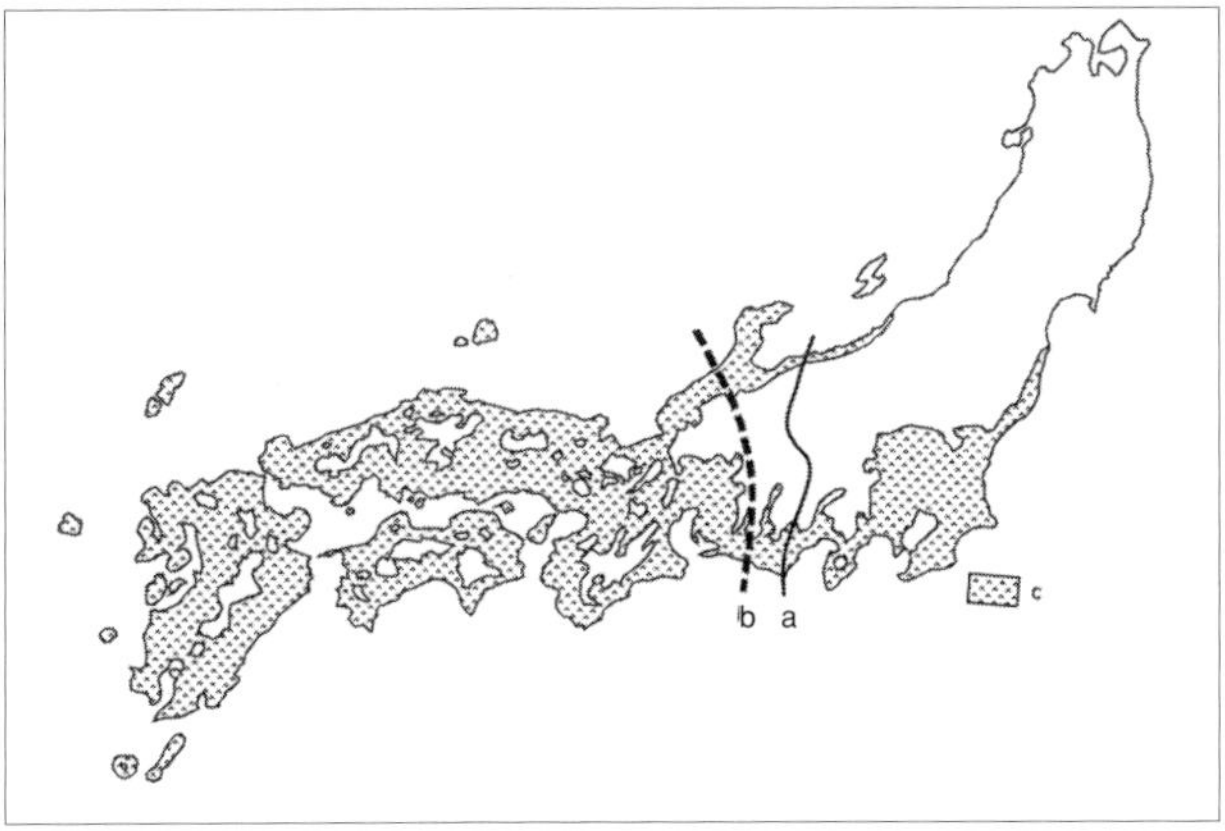

図5　縄文時代後期における照葉樹林の分布（c）と西日本の縄文文化圏の東縁（b）と淡水魚の分布を規定する糸魚川―静岡構造線（a）。西日本の縄文文化圏は照葉樹林の分布よりも淡水魚の分布に規定されている。（佐々木、一九七一を改変）

を保存しておけば、タンパク質が確保できないときの食料になる。獲物を求めて放浪の移住生活をする必要はなく、定住生活が可能になる。

保存処理についての証拠が守山市の赤野井湾湖底遺跡から見つかっている。この遺跡からは集石炉《しゅうせきろ》と別のタイプの土坑《どこう》が見つかり、それぞれの土坑から動物遺体が発見されている。集石炉からは、絶滅種のコイ属を含め、フナ類、コイ、ニゴイ類、ウグイ、ギギやスッポン、イノシシやシカなど多様な動物遺体が発見される。一方、別のタイプの土坑からはフナ類とコイばかり見つかる。また、出てくる部位も鰓蓋《えらぶた》や咽頭歯など頭部にかたよっている。[20]これらのことから、集石炉ではいろいろな動物を火にかけ食べた残りが見つかり、土坑では何かの作業をしたと考えられる。食べるところが少なく、腐りやすい鰓部《えらぶ》を含む頭部を切り落とし、鰓や内臓とともに捨てた場所だったのではないだろうか。一年の周期のなかで、雨季に必ず大量に沖合いから産卵にやってくるフナ類やコイを捕らえ、保存処理するという文化が琵琶湖周辺にあったと考えられる。フナ類やコイを対象とする淡水漁撈という視点で縄文時代を概観してみると、西日本の縄文文化圏はコイ科魚類の豊かな地域と一致している（図5）。[21]琵琶湖地域以外でも福井県の鳥浜《とりはま》遺跡をはじめ西日本の遺跡は低湿地に位置し、海の幸が得られるところでもフナやコイの咽頭歯遺体が大量に見つかる。[22]また、結論を急ぐことはできないが、東日本と西日本の縄文文化は、淡水漁撈の視点からかなり異質であったと考えられる。東日本における「サケ・マス文化」[23]に対し、西日本には「フナ・コイ文化」[24]

図6　ここであつかった縄文・弥生遺跡

があったのではないか。つまり、西日本の縄文文化は内水面に面する低湿地に集落が立地し、淡水漁撈を生業とする低湿地文化だったのではないか。

弥生遺跡の魚類遺体

初期の稲作は、雨季の水位上昇による水界が拡大した場、つまり産卵期のフナ類を捕える漁撈の場で行われていたのではないだろうか。さらにその後、沖積平野の谷筋が水田の場として利用されるようになる。これらの水田と水管理のシステムは、琵琶湖の魚たちを誘導する装置として機能したはずである。[25] そのことが守山市の下之郷《しものごう》遺跡によって明らかにされた。下之郷遺跡は弥生時代中期の環濠《かんごう》集落跡で、三重の環濠のもっとも内側からは、さまざまな動物遺存体が発掘されている。そのなかにフナ類の鰓蓋《えらぶた》の密集した骨塊《こっかい》があった。鰓蓋骨《さいがいこつ》の塊のまわりの泥を水洗し選別してみると、その泥のなかから、たくさんの咽頭歯が見つかった。骨塊とその周辺の泥からは鰓蓋と頭部の骨の残骸《ざんがい》、咽頭歯ばかり見つかる。これは先に述べた赤野井湾遺跡の土坑から出土する遺体の状況とよく似ている。なんらかの人為的な働きにより、かたよりが生じてくるはずである。下之郷遺跡は湖岸からかなり内陸の扇状地帯の末端に立地している。雨季は稲作の農繁期である。当時の人々は下之郷の集落からわざわざ湖岸までゲンゴロウブナを捕りに出かけたのではなく、沖合いからやってくるゲンゴロウブナを、湖岸から集落近くまで誘導する装置があったと考えたほうがよい。その装置とは、水田の用排水

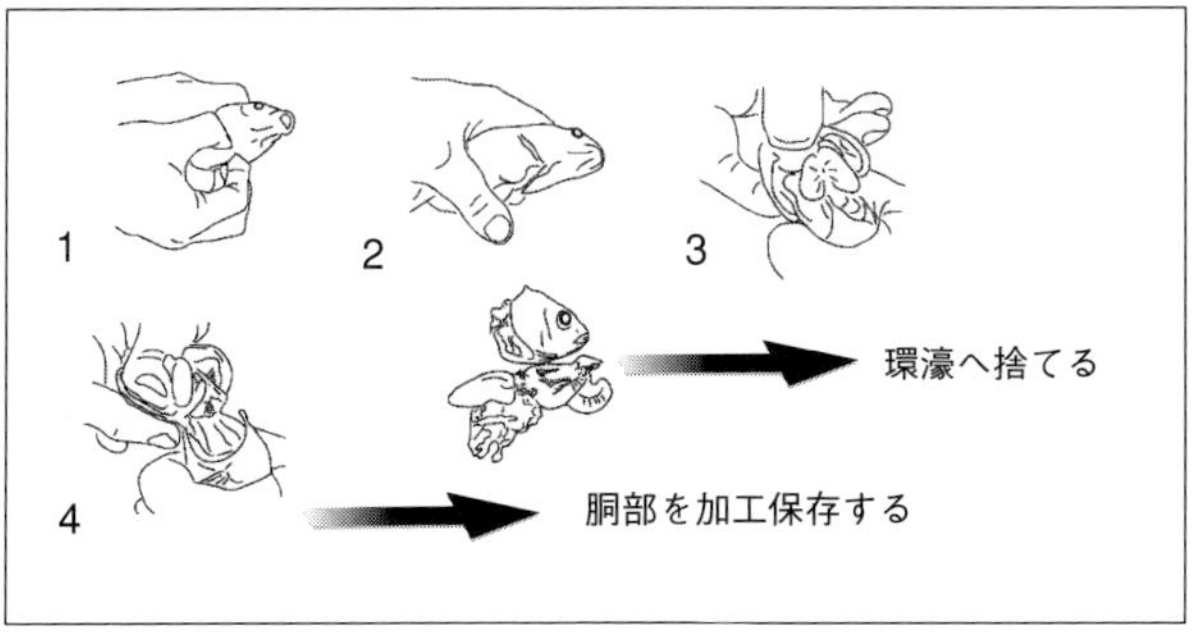

図7　フナを保存加工するための前処理　腐りやすい頭部や内臓と胴部を切り離し、胴部のみを加工保存にまわす

路であったり、環濠からの排水路だったのではないか。昼間の農作業が終わった雨上がりの夜半、あるいは農作業前の雨上がりの明け方に、琵琶湖から産卵のためにゲンゴロウブナが大挙して水路をのぼってくる。水路の水とともに魚を堰《せ》き止め、水路の水を抜けば手づかみで魚が捕れ、漁具は必要ない。集落の子どもも大人も魚捕りに興じたのではないだろうか。また、捕った魚はすぐに処理をしたはずである。

　魚の頭部の腹側の付け根を指でちぎると、鰓動脈《さいどうみゃく》が切れ血抜きができる。頭部を背側に折ると、頭骨と背骨の関節がはずれる。鰓とともに咽頭骨、それに続く内臓を引きずり出す。この方法によって、食べるところが少ない頭部や腐りやすい鰓や内臓を、肉の多い胴部から簡単に分離することができる。一尾について数秒で処理ができる（図7）。これを適当な草を燃やして薫製《くんせい》にすれば保存が可能である。食べられない頭部はまとめて環濠に捨てられたと思われる。それが、鰓蓋と咽頭歯の塊として発掘されたのであろう。[26]

　赤野井湾遺跡の土坑や下之郷遺跡の環濠からの鰓蓋や咽頭歯の塊は、まさに産卵期のフナを大量に捕獲し、保存のための処理をしていた証拠である。琵琶湖畔の守山市の縄文時代と弥生時代の二つの遺跡から、同じ方法で大量に捕れるフナ類を処理していたことが示されたことになる。このことは両時代とも淡水漁撈が重要な生業であったこと、さらに両時代に文化的継承があったことを示している。下之郷遺跡から見つかるイネは、縄文時代からすでにあった熱帯ジャポニカと新たに伝わった温帯ジャポニカが共存していた[27]という事実も、すでにあった縄文文化と伝来の新しい弥生文化が共存していることを示している。伝来の水田稲作とすでにあった淡水漁撈との結びつきが西日本の弥生文化を生み出したとも考えられる。西日本での弥生文化の定着がその後の社会のあり方まで規定している。つまり、西日本では、すでにあった縄文文化と新たに伝わった文化が融合しながら弥生文化が形成されたのではないだろうか。そして、下之郷遺跡から復元される生業複合は、安室知氏が指摘する[28]昭和初期まで琵琶湖畔につづいてきた「稲作に漁撈が内部化」していくという生業複合の原点を示しているのではないだろうか。

琵琶湖湖辺域の魚の分布の解釈

縄文時代の植生や景観は、入り江状の低湿地にヒシやヨシが群生し、水界の影響を受ける不安定な土地には、ハンノキ、サワグルミなど、安定した土地にはアカガシ属の高木にツバキ属、ヒサカキ、サカキ、アオキの低木が混じる常緑広葉樹を中心にした数種の落葉広葉樹が混じる混合林が広がっていた。また人為的な作用ばかりではないが二次林的要素や人里植物が繁っていた[29]。縄文時代の人々は林の開けた湖辺の高地に集落を作り、湖の幸と森の幸を求める漁撈と採集の生業複合によって生活は成り立っていたと考えられる。岡山県の南溝手《みなみみぞて》遺跡や津島遺跡でのイネのプラントオパールの検出による稲作の証拠[30]が示すように、縄文時代の終わり頃（琵琶湖周辺では縄文時代における稲作の確実な証拠はまだない）から、湖辺の湿地での熱帯ジャポニカを栽培する稲作が開始される。漁撈と稲作の生業複合の始まりでもある。稲作の場は、新しい水田稲作の技術の導入により、水管理をすることによって、湖辺からしだいに沖積平野の谷筋に拡大し、集落もデルタから内陸部へと移っていったのではないか。その水管理をする水田のシステムが琵琶湖の魚を内陸部へ誘導したと考えられる。古墳時代から奈良時代にかけて成立した中央集権的国家によって、沖積平野の森林は水田へと拓かれ、水田にかかわる淡水のシステムが沖積平野に作られ始めた。それ以後、沖積平野の開墾はさまざまな時代に行われた。そして、今見ることができるような湖東平野の平らな水田の広がりができあがったのである。この水田やその用排水路という水管理システムを魚の目で見てみたい。雨季に水位が上がり、水界が広がる。その時期に琵琶湖の多くの魚たちは産卵する。陸界が水界に変わったところ（エコトーン）を好んで産卵場所にするのである。琵琶湖の固有種である沖合いにすむゲンゴロウブナやニゴロブナ（*Carassius auratus grandoculis*）も、そのような場にやってきて産卵をする。沿岸帯の内湾や内湖、それにつながる水路や小河川にすんでいる在来種であるタモロコやフナ類、ドジョウ（*Misgurnus anguillicaudatus*）、ナマズ（*Sirulus asotus*）なども一時的水界を好んで産卵をするし、オイカワ（*Zacco platypus*）、カワムツ類（*Zacco* spp.）も餌を求めて侵入してくる。[31]

このような魚たちにとって、水田のシステムはどのように見えるのだろうか。雨季に水を入れる水田は、エコトーンにほかならない。水田とその水管理システムは、氾濫原《はんらんげん》というエコトーンを人為的に作り出し、生物の多様性を維持するシステムでもあることが指摘されている[32]。さらに人為的エコトーンである水田には肥料がまかれる。その肥料はイネばかりが消費するのではなく、その肥料によって付着藻類や植物プランクトンが生産される。さらに、それらを食べる小動物やミジンコ類などの動物プランクトンが、水田に水を入れることによっていっせいに活動を開始する[33]。これらの小動物や動物プランクトンを琵琶湖の魚たちは見逃さなかったはずである。沿岸帯から水辺エコトーンに棲息していた琵琶湖の在来種は人為的エコトーンが広がる沖積平野に分布を拡大したはずである。このような魚たちは文化概念として水田魚類と呼ばれている[34]。

在来種が広く分布している現状は、水田を拓いていく人間の営みにあわせて分布を拡大した魚たちの姿を反映している。水田のなかに入ってくる魚たちだけでなく、人の営みにあわせて繁栄し、水田やそのまわりの用排水路を含めてそこに棲息する魚たちである水田魚類が繁栄し、その一方で、人間の営みに生活をあわせることのできなかった魚たちは、繁栄する生物との生活の場をめぐる競争をしいられる。その生物間の競争に敗れた魚たちが、縄文遺跡から見つかる絶滅種なのではないだろうか。また、水田魚類は、すでに述べたエコトーンにすむ魚たちばかりではなく、琵琶湖の沖合いにすむ固有種も含まれる。ニゴロブナは湖辺の水田のなかにまで入ってきて産卵をし、仔稚魚は水田のなかで育ち、琵琶湖へ出ていく。ニゴロブナばかりでなく、ホンモロコやゲンゴロウブナも人間の営みにあわせて生産量を増した可能性がある。

現在の琵琶湖では、内湖の干拓や湖岸堤の整備によって、雨季の水位上昇は、単に垂直方向の水位変動でしかない。このことは湖辺域からエコトーンをなくしてしまったことを意味する。また、人為的なエコトーンである水田に入ることも容易でなくなってしまった。オオクチバスやブルーギルという外来種の移入は、在来種をこれらの領域から追いやってしまっている。在来種の多くは、人間とのかかわりのなかで棲息域としてきた旧市街地の水路や田んぼの水路といったところに今も棲息している。

琵琶湖の魚たちは、日本列島や琵琶湖の構造発達史という自然の長い歴史を経て、湖とその湖辺域という環境で生物間の関係を作りあげながら進化してきた。さらに縄文時代から活発になる漁撈活動によって、琵琶湖の魚たちは利用されつづけ、それと同時に、魚たちは人間が作り出した環境を利用してきたのである。琵琶湖の魚たちは人間の営みと深くかかわりながら、後氷期を生きつづけてきた。およそ一万年の歴史のなかでつちかわれてきた人間の営みを含む生物間の関係によって琵琶湖の生態系は維持されてきたのである。魚の側から見ても、人間の側から見ても、そのかかわりの原点を縄文時代や弥生時代に求めることができ、それが現在の姿を規定しているのである。

［付記］

本稿を執筆するにあたり、琵琶湖博物館の前畑政善氏および牧野厚史氏より貴重なご意見を賜った。ここに厚くお礼申し上げる。この研究の一部は琵琶湖博物館総合研究費と共同研究費による。

【注】

（1）滋賀県水産試験場（一九九六）『琵琶湖および河川の魚類等の生息状況調査報告書』滋賀県水産試験場

（2）中島経夫・藤岡康弘・前畑政善・藤本勝行・長田智生・佐藤智之・山田康幸・濱口浩之・木戸裕子・遠藤真樹（二〇〇一）「琵琶湖湖南地域における魚類の分布状況と地形との関係」『陸水学雑誌』六二、二六一–二七〇頁

（3）Nakajima, T. (1994) Succession of cyprinid fauna in Paleo-lake Biwa. In : Archeal. Hydrobiol. Beih. Ergebn. Limnol.: Speciation in Ancient Lakes (Martens, K., B. Gooderies and G. Coulter eds.) 44: 433-439.

（4）中島経夫・山崎博史（一九九二）「東アジアの化石コイ科魚類の時空分布と古地理学的重要性」『瑞浪市化石博物館研究報告』（一九）、五四三–五五七頁

（5）Minato, M., M. Gorai and M. Hunahashi (1965) The geologic development of the Japanese Islands. Tsukiji Shokan

（6）前掲注（4）

（7）前掲注（5）

（8）友田淑郎（一九七〇）「日本の淡水魚類の分布と地誌」『第四紀総合研究連絡誌』（一五）、五七–六三頁

（9）琵琶湖自然史研究会編（一九九四）『琵琶湖の自然史』八坂書房

（10）鹿野和彦・加藤碩一・柳沢幸夫・吉田史郎（一九九〇）「日本の新生界層序と地史」『地質調査所報告』（二七四）、一–一一四頁

（11）吉田史郎（一九九二）「瀬戸内区の発達史—第一・第二瀬戸内海形成期を中心に」『地調月報』四三、四三–六七頁

（12）市原　実（一九九三）『大阪層群』創元社

（13）山崎博史（二〇〇二）「烏丸ボーリング—琵琶湖環境史」『月刊地球』二三、三八七–三九二頁

（14）中島経夫（一九九六）「琵琶湖の生物」『日本の生物』（堀越増興・青木淳一編）二〇一–二一六頁、岩波書店

（15）滋賀県（二〇〇〇）『滋賀県で大切にすべき野生生物（二〇〇〇年版）』滋賀県琵琶湖環境部自然保護

課
(16) 中島経夫・内山純蔵・伊庭　功（一九九六）「縄文時代遺跡（滋賀県粟津湖底遺跡第三貝塚）から出土したコイ科のクセノキプリス亜科魚類咽頭歯遺体」『地球科学』五〇、四一九-四二一頁
(17) 中島経夫（一九九七）「粟津遺跡のコイ科魚類遺体と古琵琶湖層群」『化石研究会会誌』三〇、一三-一五頁
(18) Nakajima, T., Y. Tainaka, J. Uchiyama and Y. Kido (1998) Pharyngeal tooth remains of the Genus *Cyprinus*, including an extinct species, from the Akanoi Bay Ruins. Copeia 1998: 1050-1053.
(19) 中島経夫・宮本真二（二〇〇〇）「学際的研究から総合研究へ　自然の歴史からみた低湿地における生業複合の変遷」（松井　章・牧野久実編）『古代湖における考古学』一六九-一八四頁、クバプロ
(20) 内山純蔵・中島経夫（一九九八）「動物遺存体Ⅱ」『琵琶湖開発事業関連埋蔵文化財発掘調査報告書一—赤野井湾遺跡』二一八-五七頁、滋賀県教育委員会、（財）滋賀県文化財保護協会
(21) 前掲注（19）
(22) Hongo, H. (1989) Freshwater fishing in the Early Jomon Period (Japan): an analysis of fish remains from the Torihama Shell-mound. J. Archeol. Sci. 16 : 333-354.
(23) 山内清男（一九六四）「日本の先史時代概説　三　縄文式文化」『日本原始美術一』、一四〇-一四四頁、講談社
(24) 内山純蔵（一九九八）「フナとコイの縄文文化—滋賀県守山市赤野井湾遺跡にみる縄文時代の生業活動」『地域と環境』一、一一〇-一二三頁
(25) 高橋　護（一九八六）「弥生文化のひろがり—遠賀川式土器の伝播」『弥生文化の研究九　弥生人の世界』（金関　恕・佐原　眞編）三五-四四頁、雄山閣出版
(26) 前掲注（25）
(27) 佐藤洋一郎（二〇〇〇）「DNA分析からみた稲作の実像」守山市制三〇周年記念事業シンポジウム「弥生のなりわいと琵琶湖—近江の稲作漁撈民」資料集、一六-一八頁、守山市教育委員会
(28) 安室　知（一九八九）「エリをめぐる民俗一—琵琶湖のエリ前篇」『横須賀市博研報』（三四）、一-二四頁
(29) 伊庭　功（一九八七）「第三貝塚をとりまく環境」『「粟津湖底遺跡第三貝塚（粟津湖底遺跡Ⅰ）本文編』三五八-三六三頁、滋賀県教育委員会
(30) 藤原宏志（一九九八）『稲作の起源を探る』岩波書店
(31) 斉藤憲治（一九九七）「淡水魚の繁殖場所としての一時的水域」『日本の淡水魚の現状と系統保存—よみがえれ日本産淡水魚』一九四-二〇四頁、緑書房
(32) 守山　弘（一九九七）『水田を守るとはどういうことか』農山漁村文化協会

(33) 倉沢秀夫(一九五五)「水田における plankton の消長」『日本生物地学会報』一六―一九頁、四二八―四三二頁

(34) 安室 知(二〇〇一)「水田漁撈と水田魚類―水辺の生計維持戦略」『月刊地球』一三、四一九―四二五頁

参考文献

網野善彦(二〇〇〇)『「日本」とは何か 日本の歴史第〇〇巻』講談社

中村守純(一九六九)『日本のコイ科魚類 資源科学シリーズ四』資源科学研究所

佐々木高明(一九七一)『稲作以前』日本放送出版協会

佐藤洋一郎(一九九二)『稲のきた道』裳華房

上山春平(一九九一)『照葉樹林文化』中央公論社

アジア・モンスーン地域における
エコトーン研究の展望
―ベトナム北部クワァンニン省の事例を中心に―

秋道智彌

エコトーンの保全をめぐる諸問題

さまざまな生き物が棲息する干潟や田んぼの畔などは、人びとの遊びの場や生活の糧を提供してきた。しかし、こうした場所は土地改良や埋め立て、あるいは堤防や堰堤《えんてい》の建設により急速に失われてきた。干潟や田んぼの畔、さらには森林辺縁部、マングローブ林、河口部、河辺林などは、生態学的な移行帯（エコトーン：ecotone）を構成する。そもそも、エコトーンに棲息する生き物はどのような役割をもっているのか。そこは人間が保全すべきなのか、あるいはどの程度の開発行為が許されるのか。こうした問題をアジアの事例から考えてみることにしたい（図1）。

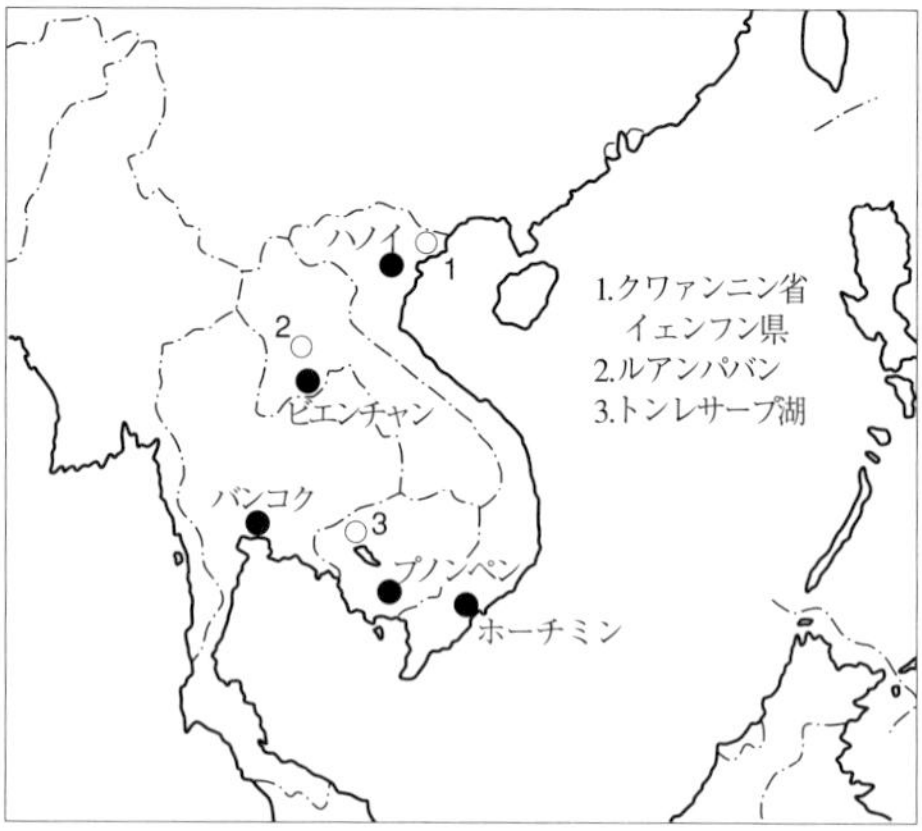

図1　東南アジアのモンスーン地域と本文に引用されている調査地

二つのエコトーン

エコトーンを定義づけると、「二つあるいはそれ以上の異なった生物群集のあいだにあって、幅は狭いがかなり明確にきまった移行帯で、生物種の多様性が顕著に見られる領域である。通常、自然界では陸域と水域の出会う場などが好例であるが、人為的な介入や攪乱《かくらん》によって森林を開墾してできる農耕地の周辺にも見られる」[1、2]となる。

アジアのモンスーン地域におけるエコトーンでは環境の様相が乾季と雨季とで顕著に異なり、しかも多様な生物相が見られる。それだけでなく、動物の移動や活動の転換が潮汐・日周・季節のリズムに応じて頻繁に生じる。とくに陸と水の交わる境界領域では典型的なエコトーンが随所に見られる。

エコトーンは、その雑多で曖昧な性格ゆえでもあるが、農林漁業や工業生産のために開発、改変されてきた。そのさいに起こる人為的な介入や攪乱の規模と度合いはさまざまである。たとえば、東南アジアの低湿地やマングローブ林のエコトーンは、水田やウシエビ、ミルク・フィッシュなどの汽水養殖池として、さらにはスズ鉱採掘のために大きく改変された。その結果、もともとあったエコトーンは、もとの状態に修復することなく、あるいはごくわずかな領域にのみ残存することとなった（図2）。

人為的な攪乱が季節的に起こるが、降雨の増減によりもとの状態に戻る例をあげよう。メコン河下流域では、一一～四月の乾季に水量が大幅に減じるが、五～

一〇月の雨季には水量が増し水位は五～一五メートルも上がる。乾季のあいだ、河岸斜面にはヒマ、カボチャ、トウモロコシ、サツマイモ、落花生、蔬菜《そさい》類などが植えられる。雨季には畑や草は水中に没して消滅するか、地下に根を残すのみとなる。この例は、年周期の中規模な人為的攪乱が加わる場合である（図3）。

小規模なエコトーン改変の例として、メコン河やその支流域の河岸でおこなわれる柴漬漁をあげよう。柴漬漁では川岸を数メートル分、網で囲い、そこに大量の柴を入れて魚や川エビの集まる場を人工的に造る。そして、乾季に網を揚げて柴のあいだに集まった魚やエビを獲る。柴漬は、雨季の増水で消滅し、川岸のエ

図2　タイ南部のエビ養殖池

図3　乾季にメコン河岸に造られた畑（ラオス中部ルアンパバン）

図4　柴漬漁（カンボジア・メコン河支流サープ川）

コトーンにはほとんど影響を及ぼさない（図4）。いずれにせよ、人間がエコトーンを改変する過程で水循環や水質、土壌生物、水棲生物の構成に変化が生じる。その規模や程度は多様であるが、自然状態のエコトーンと人為的な攪乱の加わった場合とを区別する意味で、前者を一次的なエコトーン（primary ecotone）、後者を二次的なエコトーン（secondary ecotone）と呼んで区別しておく。

エコトーンにおける生業複合

エコトーンにおける人間活動は多面的であり、とくに小規模な生業活動が多様な形で存在する。一次的、二次的なエコトーン利用の例をひとつずつあげよう。前者の例として、ベトナム北部の干潟エコトーンでは、沿岸域とマングローブ域までを含む領域の生物を対象とする活動がおこなわれる。そのなかには、カブトガニの刺し網漁、シャコのおとり漁、ハゼのうけ漁、ユムシ、サルボウ、シャミセンガイなどの底生動物の採集、プランクトン食の小魚の投網漁、マングローブの種子（*Sonneratia* sp.）の採集などが含まれる。[3]、[4] これらの活動は潮汐の干満や季節・場所に応じてなされ、自給用から地域の市場での換金用、都市市場用、輸出用（中国向けのユムシ）まで、小規模ではあるがその対象種類や技術・用途は多岐にわたっている。

二次的なエコトーン利用の例として、カンボジアのトンレサープ湖周囲の水田稲作エコトーンにおける場合を取り上げよう。ここでは年間に二回、稲の収穫を

図5　魚伏籠漁（カンボジア・トンレサープ湖周辺）

おこない、収穫後の湿地化した水田では泥中のタイワンドジョウやナマズを魚伏籠で捕獲する（図5）。雨季に冠水する水田では、ハスを栽培し地下茎のレンコンや若い茎と実を食用に、葉は包装用に用いる。水田に通じる水路には幅に応じて小型あるいは大型のえりをそれぞれ仕掛ける。溜池《ためいけ》や休耕田の水溜《みずたま》りには抽水《ちゅうすい》・沈水《ちんすい》植物が繁殖する。ホテイアオイは刻んで米ヌカと混ぜてブタの飼料とされる。ホテイアオイやキンギョモ、ユウガオなどの繁茂する池は水牛やアヒルなどの索《さく》餌場《じば》として利用する。池は自然の養魚池ともなり、コイ科、ナマズ科の魚やタイワンドジョウなどをすくい具や投網によって漁獲する。水田や水路のタニシ、カワニナ、カメ、タガメ、ゲンゴロウ、イモリ、カエル、オタマジャクシなども自給用、地域の市場での換金用に利用される。

　干潟エコトーンと水田稲作エコトーンを比較した場合、淡水の循環する後者の系では、農業や家畜飼育との結合が見られ、おこなわれる生業活動の種類や利用形態は多様である。一方、干潟エコトーンは汽水域にあり、おこなわれる生業は漁撈・採集に特化し、農業や家畜飼育そのほかの活動との結びつきはないに等しい。

　もっとも、二次的なエコトーンが多様な生業複合の創出に結びつくとはかならずしも限らない。南タイのシャム湾にあるナコン・シ・タマラートでは、マングローブ林の大量伐採によりエビ養殖池が造成された。その結果、環境が単純化し、マングローブが本来もつ環境保護の役割がなくなった。すなわち、エビ養殖池は洪水や強い波浪で崩壊する危険性を常にはらみ、稚魚やエビの育成場、産卵場としての機能も喪失し、沿岸漁業が衰退するもととなった。また、閉鎖的なエビ養殖池はエビ自体の成長や池中の底質環境を劣化させ、いったん病害が発生するとエビ養殖業は壊滅的な打撃を受けることになった。

以上のように、環境の改変と人為的な撹乱が一方で生物の多様性を増大させ、多様な生業複合を可能にする二次的なエコトーンを産み出し、他方ではエコトーンのもつ生物多様性を減らす変化が生じた。いずれの場合にしろ、水田の二次的な淡水系エコトーンと干潟の一次的な汽水系エコトーンは、ともに東南アジアのモンスーン地帯で見られ、両者のあいだで生業複合との結合度にちがいが認められる。しかし、以下に取り上げるベトナム北部では、汽水系のエコトーンが一部、淡水系の二次的なエコトーンへと改変され、しかも、淡水系と汽水系のエコトーンが併存している。この点はエコトーンの研究で注目すべきと思われるので、詳しく取り上げてみたい。

ベトナム北部の二つのエコトーンと水循環

ベトナム北部の低湿地開発と堤防

中国と国境を接するベトナム北部のクワァンニン省沿岸部では、マングローブや泥干潟からなるエコトーンが顕著に見られる。クワァンニン省中部にあるイェンフン県沿岸部の低湿地一帯では、紅河やその他の河川がもたらす土砂の堆積と、

図6　湿地帯に造成された堤防（ベトナム北部・クワァンニン省ハー・ナム島）

海からの塩水の侵入、さらには頻繁に襲う台風によって引き起こされる洪水がこの地域の開発を阻害してきた。しかし一五世紀中葉以来、この地域では中国の長江流域で発達した大輪中堤防の技術が導入され、ベトナム語で「デー」と呼ばれる堤防（dike）の建設が進められてきた。[5]、[6]

調査をおこなったイェンフン県ハー・ナム島は、もともとあった低湿地を囲んで成立した。周囲の堤防は全長三四キロメートルあり、一四三四年に完成した。その後、一七〇〇年頃にイェン・ギアン村が、一七八〇年代にソン・コアイ村とハーン村が成立した。村人は現在のハノイにあたるタン・ロンのデルタ地帯でもともと農業と漁業をおこなっていたが、黎王朝の政策で開拓民として紅河の河口部に移動した。そこで漁業を営みながら堤防建造に従事し、初代のハー・ナム島民となったのである。その後合計で七村が作られ、ハー・ナム島は日本の輪中集落と類似した淡水系の生活の場に変化した（図6）。

ハー・ナム島は汽水のエコトーンを堤防建設により淡水化することにより造られた。そのために、島と堤防の外部とは分断され、一次的なエコトーンが消滅した。しかし、島の内部に造られた水田や畑、水路、淡水養殖池など、新たに二次的なエコトーンを数多く造り出した。二次的なエコトーンの資源は、住民により自給用と商品生産用に利用されている。たとえば、水田と道路のあいだの水路ではヒルガオ科植物の*Ipomoea aquaticus*《イポメア・アクアティクス》や蔬菜類が半栽培の状態で生育している。大型のタニシ（*Bellamya* sp.）は食用となるほか、淡水産のカニを獲るうけに入れる餌とする。このカニはそのまま地域の市場で商品となるほか、ハゼを獲るうけに入れる餌となる。ハスは専用の池で栽培され、実を食用にし、葉は食物の包装に地下茎は食用に利用される。また、集落周辺ではさまざまな果樹や薬用植物、サトウキビなどが植栽されている。ハー・ナム島の事例はカンボジアのそれと類似しているが、堤防によって雨季の洪水が調節されている。堤防内に溜池、水路、養魚池、ハス池などの周囲に二次的なエコトーンが比較的、整然と分布している。水牛、アヒルなどは自由に索餌している。これに対して、カンボジアでは堤防内にあたる農耕地自体が雨季に冠水するためにエコトーンがパッチ状に分散している。

エビ養殖池―半閉鎖系から閉鎖系へ

ハー・ナム島では、堤防内の淡水系エコトーンだけが利用されるのではない。ハー・ナム島から川を隔てた対岸にも周囲に堤防を造成してできた島があり、ここはもっぱらエビ養殖池として利用されている。さらに、堤防の外側のマングローブ地帯も島民によって漁撈・採集に利用されている。すなわち、ハー・ナム島では堤防内の淡水系エコトーンとともに、堤防内のエビ養殖池、堤防の外側のマングローブ林の汽水系エコトーンが隣接して分布していることになる。

ハー・ナム島の川向かいにある低湿地を囲んで造成された堤防は、島のイェン・ハイ、プン・コイ、リェン・ヴィの三村の共同作業により一九七〇年に完成した。その面積は約四〇〇〇ヘクタールである。この場所は合作社によるザムと呼ばれるエビ養殖池として利用されている。もともとこの地域では、海水域と養殖池とは潮位差によって水が自由に出入りする粗放的な養殖業が営まれてきた。この方法はザム・クワァン・カン（広耕の意味）と呼ばれ、水の出入りに応じて稚エビや稚ガニ（ノコギリガザミやタイワンガザミ）、ハゼ科の小魚も移動する。そこで、干潮時に排水口に網を設置していったん池に入ったエビや魚を捕獲する。粗放的な養殖対象としては、トム・ヘー（white prawn: *Penaeus merguiensis*）やトム・ザオ（yellow prawn: *Metapenaeus brevitorinus*）などがあった。

ところが一九九〇年からは、稚エビをハイ・フォンから購入し、養殖池で給餌して育てる方法が採用されるようになる。この方法は広耕に対してザム・タムカン（深耕の意味）と呼ばれる。さらに一九九三年からは地区の区役所の指導で、新たにトム・スー（black tiger prawn: *Penaeus monodon*）を養殖する事業が開始された。また養殖池に自然繁殖していた海藻類（*Gracilaria* sp.）とエビとの混合養殖も一九九〇年以降に開始された。海藻養殖のためにブタの糞や化学肥料が投与された。海藻は地元で一部、消費されるとともにハイ・フォンにキロ単価四〇〇～一〇〇〇ドンで出荷され、最終的には日本に輸出される。このような集約化と混合養殖は、近代的な養殖と都市向けの商品生産、輸出産業として村人が対応してきたことを示すものである。

エコトーンを結ぶ生業複合

しかし、他方では従来からの粗放的なエビ養殖にも注目しておきたい。なぜなら、水の出入りに応じて水門を開閉し、ブラックタイガー（トム・スー）以外に養殖池に紛れ込んでくる小型のエビ、カニ、総称でカ・ボンと呼ばれるハゼ科の魚などは、(7) 地元の市場や近所に売るための重要な副業産品となっている。ブラックタイガーは商人に売られるが、それ以外のものはおよそ五キログラム以上の収穫があればナム・ホアの市場で売られる。それ以下の量の場合、近所の人に販売される。価格は市場向けの生きたハゼでキロ単価一・二万ドン、死んだもので一万ドン、近所には生きたハゼで一万ドン、死んだもので八〇〇〇ドン見当である。近所の人は買い取ったハゼを自家消費するだけでなく、村内で売り歩く。

ハゼはエビ養殖池からだけ漁獲されるのではけっしてない。ハゼは小型の竹製うけにより、堤防の外側にあるマングローブ地帯で漁獲され、市場で売られる。一～二人がカニの餌を入れたうけを五〇～一〇〇個、干潮時にハゼの潜む穴の前面に仕掛け、竹棒でその場所の目印として満潮時にうけを回収する（図7）。マングローブ地帯では、ハゼ以外にシレナシジミ、ノコギリガザミなども採捕される。

このように、ハー・ナム島では、堤防によって完全に淡水化したハー・ナム島と、ほとんど海水の出入りのないブラックタイガーと海藻の混合養殖池、汽水の出入りする粗放的なエビ養殖池だけでなく、堤防の外側のマングローブ低湿地を利用している。しかも、ハゼ漁におけるように、粗放的なエビ養殖池に由来する

図7　マングローブ地帯のハゼ漁（ベトナム・クワァンニン省ハー・ナム島）

図8　ハー・ナム島の農地と堤防（左）ハス池（奥）、養殖池（中央）（ベトナム・クワァンニン省）

ハゼと、淡水産のカニを餌として汽水域で漁獲したハゼがともに村落内で消費されるわけであり、エコトーンの重層的な利用が実現している。さらに水循環についてみると、堤防内の用水や水路の水はハー・ナム島から堤防外に排出され、エビ養殖場も水路を通じて外側の汽水域と互いにつながっている。

以上のように、ベトナム北部のデー地帯では、堤防の内外で農業、家畜飼育、養魚、エビ養殖、汽水域での漁撈・採集を組み合わせた生業複合が実現している。そして、汽水系のエコトーンと淡水系のエコトーンの両方にまたがった、より多様な生業が営まれていることが明らかとなった。

アジア・モンスーンにおけるエコトーン研究の展望

生態と政治のはざま

ベトナム北部、タイ南部、カンボジアの低湿地エコトーンの例を見てもわかるように、水循環をめぐる問題の重要性が浮かび上がってくる。つまり、二次的なエコトーンにおいては一次的なエコトーン以上に水循環が保証されているかが、生物の多様性や多様な生業を生み出す鍵となる。しかし一方では、水循環を分断した開発計画が豊かな二次的なエコトーンを創出するのではなく、一次的なエコトーンの喪失と環境破壊につながる場合もあった。

その違いの背景には、エコトーンの利用を進めた当事者や国家の政策、さらには外部からの経済的な要因が関与していることは明らかである。水循環をどのようにに実現するかは、きわめて政治的な課題でもある。

そこで最後に、エコトーンの利用権や所有権はどのようにしてきまるのかについて考察を加えてみたい。たとえば、インドネシアのマングローブ地帯では、最大高潮線より海側は国有とされ、誰でもが利用可能であるが、最大高潮線より陸側は私有地や村落の共有地あるいは国有地となっていて、そこを利用するさいには制限を受ける。北スラウェシ州の北端周辺と周辺の島じまのマングローブ地帯は海中公園として国の指定を受け、その利用が禁止されている。[8]

二次的に改変されたエビやミルク・フィッシュの養殖池における場合、タイ、ベトナム、インドネシア、フィリピンなどでは、個人や私企業、あるいは生産組合が国家から国有地を有償で借り受けて事業を営む利権（concession）を有する。さらに、政治的・社会的条件の変化で、エコトーンが国有地から私有化されたり、共有地が一次的に私有地になったり、森林伐採禁止令が発布されるような変化が起こる。[9、10] その場合、エコトーンに対する人為的影響は法的な権利をめぐり、大きく変化する。

エコトーンの利用権なり所有権が、海側の延長にあるものとされているのか、陸側のものか、あるいは誰のものでもない共有物とされているのかなどの点を明らかにすることは、開発の規制や抑制化、不法な環境開発を防止する案件を策定するうえで重要な根拠を与えるものと思われる。

おわりに

アジアのモンスーン地域では、とくに陸と水の境界領域である熱帯湿地林、マングローブ林、干潟が典型的なエコトーンを形成する。水の循環に着目すると、一次的エコトーンのもっとも重要な人為的攪乱要因は堤防や堰堤、汽水養殖池などの造成である。そこでは、有効な水循環が達成されていると、淡水と汽水、海水が相互に交換され新たな水循環の回路が起動する。その結果、二次的なエコトーンが形成される。二次的なエコトーンが周辺住民に多様な生業複合の実践を可能にするかどうかは、結局のところ、水循環に対する政治的な配慮に大きくかかわっている。水循環を具体的な計画として進めるための政治的な意思決定が地域住民や（地方）政府の共同作業によって今後進められるべきだろう。以上のように、エコトーン研究には、水循環、生業複合、利害関係の政治、の三点に着眼することは必須と思われる。

〔付記〕

本稿は平成一〇–一二年度文部省海外学術調査（「東南アジアの湿地帯における資源と経済–開発と保全の生態史的研究」）の成果を踏まえたものである。調査許可とご協力をいただいたベトナム民族博物館に厚くお礼申し上げる。

【注】

（1）Allaby, M. (1994) The Concise Oxford Dictionary of Ecology. Oxford University Press, Oxford.

（2）Tetren, K. (2001) Habitat and Niche, Concept of. In: Encyclopedia of Biodiversity (Levin Simon

Asher editor-in-Chief) 3: 303, Academic Press, San Diego.

（３）Phan, D. P. (1998) Zoobenthos Resource: potential, current situation of utilization and management in the northern sea of Vietnam. In: Proceedings of the CRES/ MacArthur Foundation Workshop on Management and Conservation of Coastal Biodiversity in Vietnam, Ha Long City, 24-25 December 1997: 54-60, Centre for Natural Resources and Environmental Studies, Vietnam National University, Hanoi.

（４）野中健一（二〇〇〇）「ベトナム北部における干潟の水産小動物利用」『動物考古学』一四、五五－六八頁

（５）桜井由躬雄（一九九七）「ベトナム紅河デルタの開拓史」『稲のアジア史 普及版二、アジア稲作文化の展開―多様と統一』（渡部忠世編）二三五－二七六頁、小学館

（６）Phan, H. L., Q. Nguen and D. L. Ngoc-Nguen (1997) The Country Life in the Red River Delta. Centre for Vietnemese and Intercultural Studies, Vietnam National University, The Gioi Publishers, Hanoi.

（７）Nguễn, Nhàt Thi (1991) Cá Biển Viêtnam, Nhà Xuất Bản Khoa Hoc và kỹ Thuât, Hanoi.

（８）Akimichi, T. (2001) The conservation and use of mangrove by the Bajau: The case of north Sulawesi, Indonesia. In: Human and Environmental Forum (Takahashi, Y. et al. eds.), pp.27-31, Kyoto University.

（９）秋道智彌（編著）（一九九八）『自然はだれのものか』昭和堂

（10）秋道智彌（二〇〇四）『コモンズの人類学―文化・歴史・生態』人文書院

認識と文化と生き物

―メコン河のプラー・ブックを例として―

秋篠宮　文仁

「生き物」の認識

人は生き物をどのように認識しているのだろうか。リンネの『自然の体系』以来、さまざまな生き物には、その姿形から「属」と「種」からなる名称が付されてきた。いわゆる二名法で学名と呼ばれているものである。このおかげで、私たちは生き物を文化の違いを超えて、共通した名称によって認識することができるようになった。現代の自然科学のすぐれた所産ということもできるだろう。

しかしいっぽうで、生き物をこの範疇《はんちゅう》だけで解釈してよいものか。この疑問は常につきまとう。たとえば、われわれ人間は、面と向かった相手を*Homo sapiens*という捉えかたはせず、必ず個々の名称（姓名）とその人が保有する特徴や立場によって認識をしている。私は、このことは人がほかの生き物と接触するときについても同様のことがいえると思っている。このことを踏まえたうえで、

図1　捕獲されたプラー・ブック。まわりに立っている人たちと比べると、その巨大さがよくわかる（河本新 撮影）

以下に二点ほどナマズについて考えたことを記すことにしたい。

第一は、ある知りあいが「タイにナマズはいない」と言ったことについてである。タイにナマズの仲間がいないはずはない。図1に示されているプラー・ブックも日本のナマズが属している「ナマズ科」ではないものの、「ナマズ目《もく》」の魚である。その分類基準にしたがえば、タイには日本の十倍以上の種類のナマズがおり、生物学的にはたいそう妙な意見である。しかし、タイにナマズはいないというその言葉にはきわめて重要な事柄が含まれていると思わざるをえない。わが国において「鯰」の一言もしくは一文字を用いれば、ひとつの具体的な魚がイメージされるが、タイ語のなかに「ナマズ」に相当する語はない。すべて「プラー」すなわち「魚」の後にそれを修飾している言葉をつけて表現しているのである。プラー・ブックも「魚＋大きい＝大きい魚」ということになり、ここに「ナマズ」という概念は存在しないのである。これは地域や言語とともに認識の違いによるものであろう。

第二は、日本人に鯰というと即地震を連想してしまうことと関連する。日本人は地震から鯰を連想し、鯰をある特殊な生き物として自分たちのなかに位置づけている。日本の魚に関していえば、鯰以外では端午の節句の鯉や土用の鰻などをあげることができよう。これは、ある特定の魚がなんらかの文化的背景をもとに人間の意識に与えている文化表象の大きさによるものといえる。そして表象の大きさにともなって、人間はそれぞれの魚に対しての価値を決めているといっても

図2　「パーテームの岩壁画」。当時の人々の営みが描かれている。そのなかにプラー・ブックに擬せられた魚の姿が見える（著者撮影）

よいのではないだろうか。地球上には数多くの民族が存在し、それぞれの人々が独自の生き物観をもっている。そこには当然のことながら、文化表象の違いによる魚の価値観がまちまちに見られることになる。言い換えれば、地域や民族が異なる場所に同一の種が存在する場合においても、それに対峙《たいじ》する人間側の認識は多様性に富むということになる。

このような視点に立ってナマズを考えた場合、同じナマズの仲間に属する種もさまざまに異なる見方をされることになる。一概に「ナマズ」として一括りにできるものではないと思う。その意味において、今回紹介するプラー・ブックはさまざまな理由から、タイ国の人々にとってもっとも大きな文化表象としてイメージされている魚といえる。プラー・ブックのもつおもしろさを紹介してみよう。

不明な生態

プラー・ブックは全長三メートル、体重二五〇キロにもなる巨大な魚であり、メコン水系のみに棲息している。タイのレストランなどへ行くと、メニューにプラー・ブックの名前を見ることができるし、時として、食用とされない部分である頭が飾られていることがあったりする。また、東北地方ウボンラーチャターニー県のパーテームには約三〇〇〇年前のものといわれる岩壁画があり、そのなかに人々の営みの様子とともに、プラー・ブックとおぼしき魚が描かれている（図2）。このように、プラー・ブックはその大きさや美味さ、そして当該地域の人々

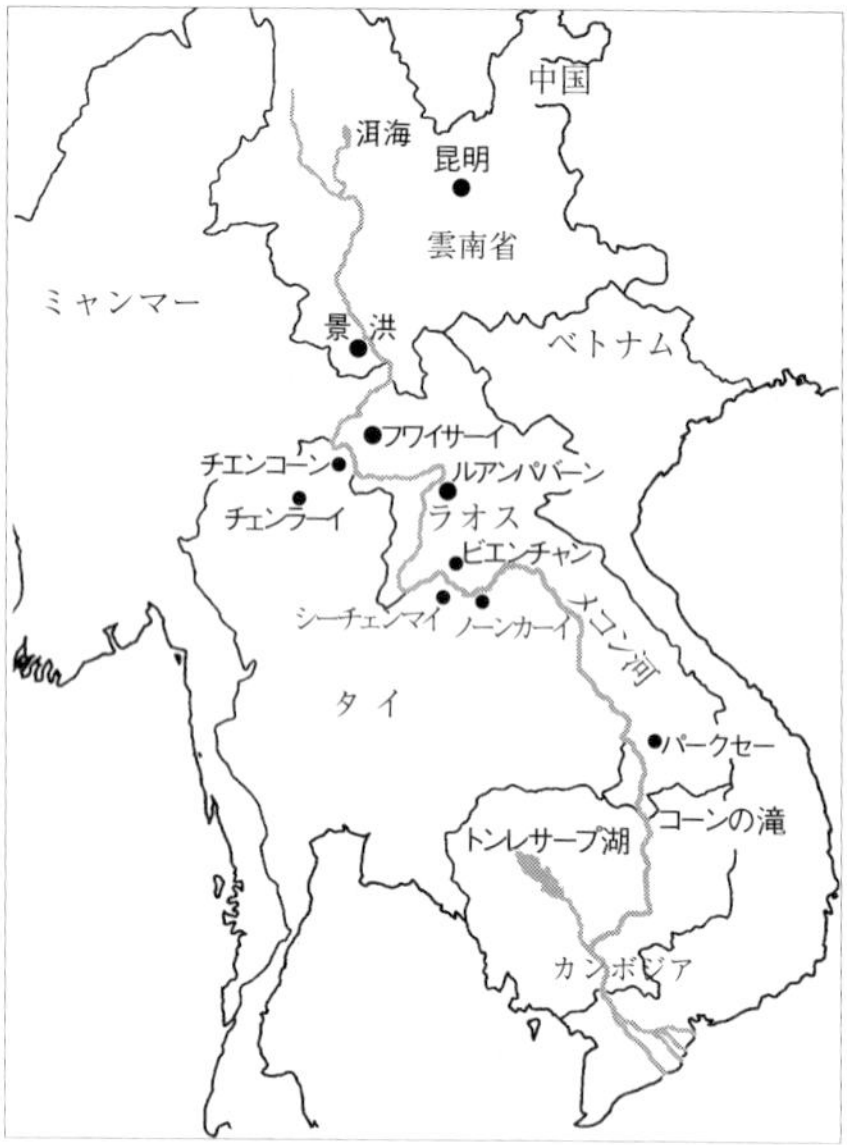

図3　メコン河概図

にとって、古来より現在にいたるまで親しまれている魚なのである。しかし、これだけ知られている魚ながら、その生態は未だほとんど解明されていない。平素の棲息場所も、どこで産卵しているのかもわからないのである。伝承によれば、深い河底の洞窟に棲んでいるといわれ、また産卵地は中国雲南省大理にある洱海という湖だと伝えられている（図3）。

確かにプラー・ブックは、二月頃から産卵のためにメコン河を溯上していき、ラオスのビエンチャン、ルアンパバーンそしてタイのチエンコーンと上流になるにつれて出現時期が遅くなり、それにともなって卵巣の成熟度も増すという。しかし、雲南省にある中国科学院昆明動物研究所の人の話によれば、この魚が上ってくるのは、せいぜい西双版納傣族自治州の州都景洪までのようである。

いくつもの顔

生態が不明ないっぽうで、プラー・ブックには伝承や捕獲儀礼など、いくつもの興味深い事例を見ることができる。

伝承については、先に記した洞窟に棲んでいる話や洱海における産卵のほかに、「神によって保護されている魚」、「諸葛孔明の生まれ変わり」、さらには「三種類のプラー・ブック」の話などがある。このなかでとくに注目に値するのは、最後の「三種類のプラー・ブック」の話などがある。これはチエンコーン県ハートクライ村の人から聞いた話である。すなわち、魚類の専門家たちが一種類であるとしているプラー・ブックをこの村の漁師たちは、それぞれの大きさや模様などの形質によって三種類に見分けて、それぞれに呼称を与えているのである。これを突き詰めて尋ねてみると、私見では、結局大きさによる区分に収斂するように思われる。つまり出世魚ということになるが、村人がこの魚に対して並々ならぬ関心を寄せている結果ではないだろうか。

もうひとつ、村人たちのプラー・ブックに対する思い入れを表しているのが捕獲儀礼であろう。詳しい記述はここでは省くが、この儀礼は捕獲が本格的に始まる前の四月中旬に、漁の安全と豊漁を主たる祈願の対象として執りおこなわれる。河の精霊、土地の精霊、漁場の精霊そして漁に用いる舟の精霊を招いて供物を捧

図4　村を象徴する木であるトウダイグサ科のクライ樹の下に建てられた祠。この前でモー・ピーは、プラー・ブック漁にかかわる種々の儀礼をおこなう。なお、村名のハートクライはクライ樹のある浜の意味（高井康弘撮影）

げるのである。そのために、一時的な祠を建てる(図4)。そして「モー・ピー」あるいは「モー・プラーム」と呼ばれる儀礼の専門家による儀式がおこなわれる。専門家による儀礼執行は招聘《しょうへい》される精霊たちがきわめて強力かつ危険な自然霊として認識されているからであろう。それだけ村の人たちにとってのプラー・ブックは真摯《しんし》に対応すべき魚なのである。

もっとも、このような儀礼も現在では観光産業のひとつになっている。なぜならば、この儀礼がおこなわれる時期はタイ国の正月と相前後し、もっとも大きな祭りであるソンクラーン(水掛け祭り)と重なっているからである。したがって、現在では本来の儀礼とその翌日におこなわれる観光用の儀礼との二回に分けて挙行されている。そして、儀礼場も本来のものが河畔の繁みのなかにあるひっそりとした場所であるのに対して、観光用として再演されるときには開けた河原へ場所を移しておこなっている。しかも、官庁主導ではじまったものである。この再演儀礼を村人たちはどのように受け止めているのだろうか。今後、ハートクライ村を訪れる機会があるならば彼らに聞いてみたいと思っている。

プラー・ブックについての生態、伝承そして捕獲儀礼の概要を見てきたが、新たに観光産業もしくは村おこし戦略の対象としてのプラー・ブック像も見えてきた。これら以外にも、生物種保全キャンペーンの対象としても扱われている。このように、プラー・ブックにはいくつもの「顔」が存在する。日本の鯰にしてもこれだけ多くの顔をもっているとは思えない。実際、この魚ほど多面的な顔をもつ魚を私はほかに知らないのである。

いままで述べてきたことをもう一度整理してみよう。そうすると次の一点につきるといえるだろう。すなわち、生物学的にも民俗学的にもきわめて多くの顔をもつこの魚を理解するには、ひとつの分野に限ることができないということである。多方面からのアプローチが必要になってくる。このことは魚類に限らず、広く「生き物」を考究するときには「生物としての特徴」を考察するとともに「認識や文化としての側面」を無視することができないということを教示しているのではないだろうか。本稿を終えるにあたりこの点を強調しておきたい。

参考文献

赤木 攻・秋道智彌・秋篠宮文仁・高井康弘（一九九六）「北部タイ、チエンコーンにおけるプラー・ブック（*Pangasianodon gigas*）の民族魚類学的考察」『国立民族学博物館研究報告』二一巻、二九三―三四四頁

秋篠宮文仁・多紀保彦（一九九四）「東南アジア人と魚」『水産振興』二七巻、五二頁

あとがき

本書の編集は、専門分野がそれぞれ「水族繁殖学」専門の前畑と「微古生物学」専門の宮本が担当しました。前畑は琵琶湖に棲む三種のナマズの繁殖生態を研究しており、宮本は花粉化石の組成から古環境の変遷や遺跡の立地を調べるという研究をおこなっています。このように、一見かみ合わないようにも見えるこの二人の組み合わせを奇異に感じられる方もきっといらっしゃることでしょう。でも、その組み合わせの秘密は、実は本書のタイトル『鯰―イメージとその素顔―』にもその一端が表れています。

「はしがき」で監修者・川那部さんが述べられているように、本書は二〇〇一年に琵琶湖博物館において開催された企画展「鯰―魚がむすぶ琵琶湖と田んぼ」の展示解説書をベースに、版を全面的に組み改めたものです。琵琶湖博物館では「湖と人間」というテーマを掲げており、この企画展もこのテーマに沿ったものですから、生き物としての「ナマズ」そのものに焦点をあてるのではなく、「ナマズ」はあくまでも自然と人の関係を浮かびあがらせるための媒体でした。すなわち、この企画展では琵琶湖と——人間が造ってきた二次的自然である——「水田」のあいだを往き来する生物としての「ナマズ」を軸に、生き物としての「ナマズ」はもちろん、人によって内部化された文化的存在としての「鯰」をも紹介し、究極的には私たちの身近にある水域環境、特に水辺の今後のあり様を探ろうとの意図をもって開催されたものでした。本書もその延長線上にありますので、一見無関係とも思える分野（自然科学系と人文系）の二人が協働して編集にあたったというわけです。

本書の意図が成功裏に終えたか否かは、読者の皆様方の判断によると思います。ともあれ、私たちの身のまわりの環境の質がいちじるしく劣化しつつある昨今、その進行をとどめ、次世代に快適な環境を残すことが、現代を生きている私たちに求められています。そのためには、各方面で異分野の者同士が、互いに異なった視点から、人と生き物・自然との関係を見つめなおす作業が、今求められているのではないでしょうか。

本書が取りあげたナマズの繁殖の場である「水辺」の変化は、今始まったことではなく、水辺に人々が住みついて以来、たいへん永い期間にわたって徐々に改変されてきたものです。しかし、ここ三〇〜四〇年間の改変は、それまでにおこなわれてきたよりもはるかに大規模、かつ急速に進行したことは疑いようがありません。

湖や河川、海なども含め、水辺（水辺移行帯）はもともと何かにつけて人の手による改変を受けやすい場のひとつです。すなわち、私たちは、宅地、農地、道路などの拡張、港湾建設、その他いろいろな産業活動などを通して、過去数十年間にこの場をずいぶんと改変してきました。水域と陸域の境目にある移行帯《エコトーン》は、自然状態下ではもともとなだらかにつながり、水のなかから陸にかけてさまざまな植物が生い茂り、こうした植生はまたいろいろな生き物に棲息の場、繁殖の場、摂餌の場、ならびに隠れの場などを提供してきました。しかし、現今では、水辺はコンクリートや矢板が切り立った護岸となり、生き物の棲息空間を奪ったばかりか、人と水との距離をも隔絶してしまい、そのことがまた水質汚濁を助長したり、生き物のすみかを荒廃させるなど、多くの問題を引き起こしているように思われます。そして、こうした状況は琵琶湖地域に限らず、国内各地、また多くのアジア地域においても起こっているようです。いずれにしても、水辺移行帯の改変は、経済活動や、——その試みが成功したか否かはさておいて——生活の質を向上させるべくおこなわれたさまざまな人為活動にあることもまた明白なる事実です。

本書では、水辺移行帯を繁殖の場として利用しているナマズを媒体に、生き物と人との関係性をひもとくことを試み、ナマズ、ひいては私たち自身が生活していくうえでもたいへん重要と考えられる水辺移行帯の変化についても概観しました。今日、国内各地で、失われた水辺環境（水辺移行帯）の復活と私たち自身の生活を見直そうという動きが大きく芽生えています。そんななか、本書が水辺環境の今後の在り方について考える際のひとつの材料ともなれば幸いです。（ナマズとそれに纏《まつ》わる文化、水辺移行帯の今後などに関心をお持ちの方は、二〇〇一年に琵琶湖博物館で開催されたシンポジウム「魚がむすぶ琵琶湖と田んぼ」をもとに出版された『鯰―魚と文化の多様性―』（サンライズ出版、彦根市）を、本著に併せてお読みいただくことをお推めします。）

最後になりましたが、本書の出版に際しては、執筆者の方々にいろいろご無理をお願いしました。また、多くの機関、個人の方々に貴重な資料の提供をいただきました。特に本書の出版元である（株）八坂書房の中居恵子さんには、私たちの遅筆も手伝って、並々ならぬご厄介をお掛けいたしました。以上の方々に、ここに記して心からお礼申し上げます。

二〇〇八年　初春の琵琶湖畔にて

前畑政善・宮本真二

中島経夫（なかじま・つねお）

滋賀県立琵琶湖博物館上席総括学芸員。理学博士。専門は魚類生態学。コイ科魚類の咽頭歯の研究から身近な環境やそこに棲息する魚の環境とのかかわりの歴史、さらにその環境を構成するもののひとつである人間とのかかわりの歴史を研究している。おもな著書に『琵琶湖の自然史』（編著）八坂書房、『日本の生物』（分担執筆）岩波書店など。

日比野光敏（ひびの・てるとし）

名古屋経済大学短期大学部准教授。専門は日本文化論、生活民俗誌。民俗事象、とくに食べ物を通じて、自然と人間の関わりを考えようとする。主な著書に、『すしの貌』大巧社、『すしの歴史を訪ねる』岩波新書、『すしの事典』東京堂出版など。

横谷賢一郎（よこや・けんいちろう）

大津市歴史博物館学芸員。専門は日本近世絵画史。おもに、18世紀～19世紀の近江・京坂の画人の作品・史料を発掘しつつ、当時の画人が文化人として現代以上に社会的に旺盛な活動をしていたことを紹介しようと努めている。また、近江八景・大津絵の探求もあわせて行っている。「近江の巨匠海北友松」「京の絵師は百花繚乱」「知られざる日本絵画」「近江八景」「大津絵の世界」「楳亭と金谷」展等担当。

渡辺勝敏（わたなべ・かつとし）

京都大学大学院理学研究科准教授。水産学博士。専門は魚類進化学。おもに東アジアのギギ科やコイ科などの淡水魚類の生態、系統進化、生物地理、古生物学、保全について研究を行っている。主な著書に、『魚の自然史』（共著）北海道大学図書刊行会、『保全遺伝学入門』（共訳）文一総合出版など。

加藤光男（かとう・みつお）

埼玉県立嵐山史跡の博物館主任学芸員。専門は日本近世史。江戸庶民の視座から、文学や浮世絵を当時のマスメディアとして捉えた上で文芸作品による世相・政治等の情報収集のあり方、争いごとの内済を通して課題解決の作法のあり方などについて研究。おもな著書に、『原典で楽しむ江戸の世界　～江戸の文学から浮世絵・錦絵まで～』（共著）里文出版など。

気谷　誠（きたに・まこと）

ビブリオテカ・グラフィカ主宰。聖学院大学等非常勤講師。美術史と出版史を複合的に研究。主著に『鯰絵新考　災害のコスモロジー』筑波書林、『風景画の病跡学　メリヨンとパリの銅版画』平凡社、『愛書家のベル・エポック　アンリ・ベラルディとその時代』図書出版社など。

北原糸子（きたはら・いとこ）

神奈川大学。文学博士。専門は災害社会史。おもに近世の災害と人々とのかかわりに関心を抱いている。おもな著書に、『都市と貧困の社会史』吉川弘文館、『磐梯山噴火―災異から災害の科学へ』吉川弘文館、『地震の社会史』講談社など。

小早川みどり（こばやかわ・みどり）

九州大学研究生。西南学院大学非常勤講師、福岡工業大学非常勤講師。理学博士。専門は系統分類学。おもにナマズの起源に興味を抱き、琵琶湖を中心に、日本、ユーラシア大陸のナマズを形態学的に調査。おもな著書に、『琵琶湖の自然史』（共著）八坂書房、『世界のナマズ』（共著）マリン企画など。

佐藤　哲（さとう・てつ）

長野大学環境ツーリズム学部教授。理学博士。生態学者としての専門は、東アフリカ・タンガニイカ湖、マラウィ湖のカワスズメ科魚類（シクリッド類）の生態と自然環境に関する保全生態学。地域住民主体の資源管理と地域振興の方策を考える実践的な地域環境学が最近の主な関心。

友田淑郎（ともだ・よしお）

北びわ湖研究室主宰。理学博士。専門は魚類形態学・生態学。琵琶湖特有の魚類相に惹かれ、おもにその研究に従事。おもな著書、『琵琶湖とナマズ』汐文社、『琵琶湖のいまとむかし』青木書店など。

【監修者紹介】

川那部浩哉（かわなべ・ひろや）

滋賀県立琵琶湖博物館館長。京都大学名誉教授。理学博士。専門は生態学、生物・文化多様性論。丹後半島の宇川をおもなフィールドに、アフリカのタンガニイカ湖などで魚類の生態を見てきた。近年のおもな編著書に、『曖昧の生態学』農山漁村文化協会、『生物界における共生と多様性』人文書院、『博物館を楽しむ 琵琶湖博物館ものがたり』岩波ジュニア新書、『生態学の「大きな」話』農山漁村文化協会、『琵琶湖博物館を語る』（編集）サンライズ出版など。

【編者紹介】

前畑政善（まえはた・まさよし）

滋賀県立琵琶湖博物館上席総括学芸員。理学博士。専門は水族繁殖学・生態学。おもに稀少淡水魚の繁殖や日本産ナマズ類の繁殖生態を研究。おもな著書に、『湖国びわ湖の魚たち』（共著）第一法規、『日本の淡水魚』（分担執筆）山と渓谷社、『育てて、しらべる日本の生きものずかん12 ナマズ』（監修）集英社、『鯰－魚と文化の多様性』（共著）サンライズ出版など。

宮本真二（みやもと・しんじ）

滋賀県立琵琶湖博物館主任学芸員。理学博士。専門は微古生物学。おもに花粉化石の組成変化からみた古環境の変遷や遺跡の立地について研究。おもな著書に、『古水文と環境変動』（共著）Wiley出版、『ヒマヤラの環境誌』（共著）八坂書房など。

【執筆者紹介】（五十音順）

秋篠宮文仁（あきしののみや・ふみひと）

（社）日本動物園水族館協会総裁、（財）山階鳥類研究所総裁。理学博士。専門は民族生物学。鶏や魚をはじめとする生き物と人の多様な関係に関心を抱いている。おもな著書に、『鶏と人』（編著）小学館など。

秋道智彌（あきみち・ともや）

人間科学研究機構総合地球環境学研究所副所長。理学博士。専門は生態人類学。おもにアジアをフィールドにして、資源の管理や利用をめぐる研究に従事する。おもな著書に、『コモンズの人類学』人文書院、『なわばりの文化史』小学館、『自然はだれのものか』（編著）昭和堂など。

鯰—イメージとその素顔—

2008年 2月25日　初版第1刷発行

監　　修　川 那 部 浩 哉
編　　者　前　畑　政　善
　　　　　宮　本　真　二
発 行 者　八　坂　立　人
印刷・製本　モリモト印刷（株）

発 行 所　（株）八 坂 書 房
〒101-0064 東京都千代田区猿楽町1-4-11
TEL.03-3293-7975　FAX.03-3293-7977
http://www.yasakashobo.co.jp

ISBN978-4-89694-904-9

関連書籍のごあんない

表示価格は税別価格です

うちのカメ
——オサムシの先生 カメと暮らす

石川良輔著　Ａ５変型判　２０００円

オサムシの研究で有名な著者のうちに飼われて35年にもなるクサガメの半生記。生物学者の鋭い観察から浮彫りにされるカメのユニークな生活が豊富な写真や図版とともに展開。

スズメバチ
——都会進出と生き残り戦略〈増補改訂版〉

中村雅雄著　Ａ５変型判　２０００円

「殺人バチ」と恐れられるスズメバチの観察を続けて30年あまり。知られざる行動や習性を紹介して好評を博した旧版に、新たな知見を加えて、スズメバチと人との関係、巣への対処法・事故の防ぎ方などを考える。

ハエ
——人と蠅の関係を追う

篠永　哲著　Ａ５変型判　２０００円

衛生害虫の第一人者の著者が出会った、未知なるハエたちの世界。各地の珍しくも美しい昆虫写真もまじえ、ハエの分類と分布から、大陸や島々の歴史と人々のくらしを描く異色の科学読み物。

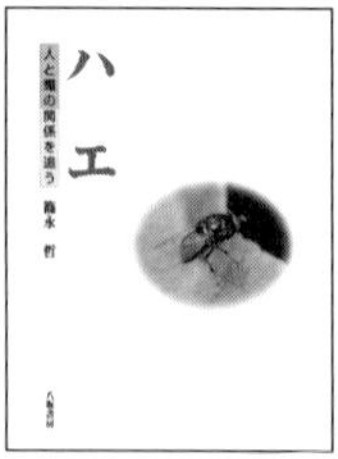

小さな蝶たち
——身近な蝶と草木の物語

西口親雄著　Ａ５変型判　２０００円

森や高原で出会った小さな蝶たち。彼らはどうして日本にたどり着き、順応していったのか？　天敵を騙す術を身につけている蝶や蛾をつぶさに眺め、模様や姿が少しずつ異なる彼らの実体を探る。

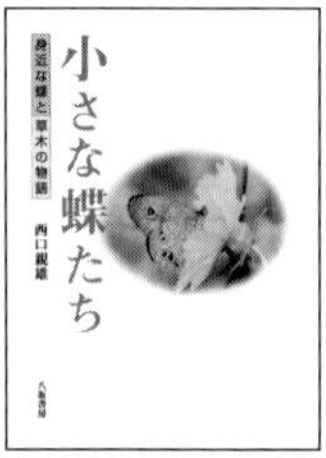

虫こぶ入門
——虫えい・菌えいの見かた・楽しみかた〈増補版〉

薄葉　重著　四六判　２４００円

虫たちの産卵や摂食に伴う刺激で植物につくられる奇妙な虫こぶ。人間との関わりを絡めて書かれた初めての虫こぶ入門書にカラー写真と最新の情報を増補した決定版。付・観察の手引き・虫こぶ一覧。

生きている化石〈トリオップス〉
カブトエビのすべて

秋田正人著　四六判　１６００円

種類と分布、体内のしくみ、生態から名前の由来、水田での除草効果、飼育・観察の方法まですべてがわかる一冊。水田の減少や除草剤などにより生息環境の悪化が懸念される今日、人間との共存を考える。

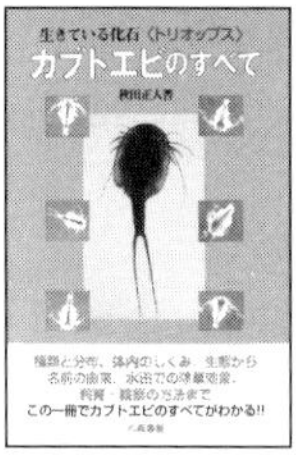